JN296485

平成18年2月

国土交通省鉄道局　監修
鉄道総合技術研究所　編

鉄道構造物等設計標準・同解説

変位制限

丸善出版

監修者の序

　我が国の鉄道構造物は，国土交通省令で定める「鉄道に関する技術上の基準」に合致したものとする必要があります．国土交通省鉄道局では，鉄道構造物の設計が基準に合致し安全で経済的なものとなるよう，標準的な設計手法を「鉄道構造物等設計標準」として定めています．この設計標準については，最新の技術開発や研究成果等を取り込みながら順次改訂してきており，今般，構造物の変位制限に関する設計標準を改訂しました．

　構造物の変位制限については，従来はコンクリートや鋼構造物の設計標準の中にそれぞれ記載されていましたが，技術基準の性能規定化に併せて性能照査型の設計体系に対応した形に整える必要があること，最近の列車速度向上や利用者の輸送サービスへの要求レベルの高度化に対応させる必要があること，地震時における車両の走行安全性を考慮した設計が行えるようにする必要があることなどから，従来の規定を見直すとともに，整理・体系化して新たな設計標準を制定することとしたものです．

　この新たな設計標準を検討するための調査研究は，財団法人鉄道総合技術研究所に委託しましたが，同研究所では，構造設計のみならず車両や軌道の技術に関する有識者等からなる「列車走行性に係る構造物の変位制限に関する委員会」（委員長：西岡隆筑波大学名誉教授）を設置し詳細な調査研究が重ねられました．平成18年1月に定めた「鉄道構造物等設計標準（変位制限）」は，この調査研究の成果を踏まえて制定したものです．

　なお，このとりまとめの過程にあった平成16年10月23日に，新潟県中越地震により，営業運転中の新幹線が初めて脱線するという事故が発生しました．幸い一人の死傷者もありませんでしたが，この事故を踏まえ，車両の軌道からの逸脱防止対策についても解説に盛り込むこととしました．地震時においても脱線しない構造物とすることは必ずしも容易ではありませんが，構造物の変位制限を考慮した設計を行うことにより，地震時の走行安全性の向上が図られるものと考えています．

　このような内容も含め，このたび財団法人鉄道総合技術研究所が，これまでの調査研究等で得られたデータの蓄積等を活用して設計実務の一助となるよう設計標準に解説を加え，「鉄道構造物等設計標準・同解説（変位制限）」をとりまとめ刊行されることは，誠に時宜を得たもので

あり，本書が鉄道構造物全般の設計実務に大いに活用されることを期待しています．西岡委員長をはじめ，本書の刊行に至るまで多大なご尽力を頂いた関係各位に対し，心からの敬意と謝意を表します．

平成 18 年 2 月

国土交通省大臣官房技術審議官（鉄道局担当）

山　下　廣　行

刊行にあたって

　鉄道総合技術研究所では，国の技術基準に係る省令および告示に関わる具体的な研究委託を受け，国土交通省の指導のもとに各分野の設計標準に関する委員会を設けて，条文策定に必要な調査検討を進めてきている．その成果として平成4年10月に最初の「鉄道構造物等設計標準・同解説」をコンクリート構造物，鋼・合成構造物および土構造物の3分野について刊行した．引き続き，基礎構造物・抗土圧構造物（平成9年3月），シールドトンネル（平成9年7月），鋼とコンクリートの複合構造物（平成10年7月），耐震設計（平成11年10月），開削トンネル（平成13年3月）および都市部山岳工法トンネル（平成14年3月）等について刊行している．また最近では，平成16年3月にコンクリート構造物の設計標準を性能照査型の設計体系に即して改訂しており，これらの設計標準は，様々な分野の設計実務に広く利用して頂いている．

　本書は，平成18年1月に国土交通省鉄道局長から通達された「鉄道構造物等設計標準（変位制限）」に解説を加えたもので，平成12年末から3年余にわたり，当研究所に設置した「列車走行性に係る構造物の変位制限に関する委員会」（委員長：西岡隆筑波大学名誉教授）において調査検討された成果に，巻末の付属資料を併せて今回の刊行としたものである．

　本書に示された構造物の変位に関する規定は，各分野の構造物において共通に適用されるものであるが，鉄道車両や軌道の特性に依存するものであるため，上記委員会では構造物の設計に携わる専門技術者のみならず，車両や軌道に関連する専門技術者も参画して検討が行われており，それらの最新の研究成果が取り込まれている．

　もとより，「鉄道構造物等設計標準・同解説」は，現時点における鉄道構造物の標準的な設計手法を示すものであるとともに，設計実務者において利用しやすいことが重要であるため，本書では従来から用いられている構造物の変位に関する設計手法との連続性も重視している．今後，技術の進歩や設計データの蓄積により，逐次，見直し等を図ってゆく必要のあるものと考えられるが，本書が，鉄道事業者が実施される構造物設計の実務に大いに活用されることを期待している．

　おわりに，本標準・解説の作成および審議にあたられた「列車走行性に係る構造物の変位制

限に関する委員会」の委員長・幹事長をはじめ，委員・幹事各位の長期間にわたるご指導に対し，深甚なる謝意を表する次第である．

　　平成18年2月

　　　　　　　　　　　　　　　　　　　　　　　　　財団法人　鉄道総合技術研究所
　　　　　　　　　　　　　　　　　　　　　　　　　　理事長　秋　田　雄　志

まえがき

　鉄道構造物を設計するにあたっては，部材に十分な耐荷性能を持たせることと同時に，適度な剛性を持たせて，構造物上を走行する鉄道車両の走行安全性や乗り心地が保たれるように構造物の変位を一定以内に収める必要がある．

　このような鉄道構造物に特有な設計規定は，鋼やコンクリートなどの構造物の構成材料に拘らず共通のもので，構造物の設計に与える影響も大きい．しかし，それを定めるには構造物のみならず車両や軌道などの特性についても十分に理解する必要があるため，その内容は限られた研究者によりもたらされた成果が直接利用されてきた．

　近年，国内外の構造物の設計体系が仕様規定型から性能規定型に移行しつつあり，鉄道構造物でも耐震設計標準（平成10年）およびコンクリート構造物設計標準（平成16年）が性能照査型の体系に改訂された．鉄道構造物の変位に関わる性能についても，最近の列車速度向上，車両や軌道構造の変化，利用者からみた輸送サービスへの要求レベルの変化への対応や地震による走行安全阻害の軽減を踏まえ，構造物に対する要求性能を明確にして，合理的な照査方法を提示することが求められるようになった．

　このような背景のもと，国土交通省の指導により，鉄道構造物の変位制限に関する設計規定を設計標準としてまとめることを目的に，平成12年11月に財団法人鉄道総合技術研究所を事務局とする「列車走行性に係る構造物の変位制限に関する委員会」が設けられた．この委員会では，車両および軌道の専門技術者も交えて，3年間にわたり日常の走行安全性・乗り心地，および地震時の走行安全性について，性能照査型の体系に基づく設計方法の検討を行ってきた．本書は，これらの検討の成果を「鉄道構造物等設計標準・同解説（変位制限）」としてまとめたものである．

　この委員会が平成16年4月に終了し，事務局が出版の準備をしている最中の同年10月に新潟県中越地震が発生し，これまでに経験の無い新幹線車両の脱線といった事象が発生した．幸い負傷者もなく早期の復旧が行われたことに安堵を覚えるが，この事象から，車輪がレールの上を転がりながら走行するという鉄道システムでは，大規模地震に対して構造物の設計のみの工夫で絶対の安全を確保することは難しく，鉄道システム全体として取り組むことの重要性が

明らかとなった．本書には，走行安全性からみて有利な構造物を設計するために必要な情報が盛り込まれているが，それに加えて地震時の列車走行性を鉄道システム全体として取り組むべきことも述べられている．本書が，より安全性の高い鉄道構造物の実現に役立てば幸いである．

　最後に，本委員会の活動に終始専門的な立場からご尽力を賜った幹事長（松浦章夫　芝浦工業大学教授）をはじめ，委員・幹事の関係各位の長期間にわたるご努力に対して深甚なる謝意を表する次第である．

　平成 18 年 2 月

列車走行性に係る構造物の変位制限に関する委員会

委員長　西　岡　　　隆

列車走行性に係る構造物の変位制限に関する委員会

(平成 16 年 4 月現在)

委 員 長	西 岡 　 　 隆	筑波大学　機能工学系　名誉教授
委員兼幹事長	松 浦 章 夫	芝浦工業大学　土木工学科　教授
委 員 兼 幹 事	宮 本 昌 幸	明星大学　理工学部　機械工学科　教授
委 　 　 員	松 本 　 　 陽*	独立行政法人　交通安全環境研究所　交通システム部　室長
〃	水 間 　 　 毅	独立行政法人　交通安全環境研究所　交通システム研究領域　上席研究員
委 員 兼 幹 事	三 浦 　 　 重	(株)日本線路技術　代表取締役　社長
委 　 　 員	一 條 昌 幸*	北海道旅客鉄道株式会社　鉄道事業本部工務部長
〃	吉 野 伸 一	北海道旅客鉄道株式会社　鉄道事業本部工務部専任部長
〃	石 橋 忠 良	東日本旅客鉄道株式会社　建設工事部担当部長
〃	後 藤 晴 男*	東海旅客鉄道株式会社　技術本部副本部長
〃	増 田 幸 宏*	東海旅客鉄道株式会社　技術本部副本部長
〃	関 　 　 雅 樹	東海旅客鉄道株式会社　総合技術本部技術開発部　チームマネージャー
〃	北 園 茂 喜*	西日本旅客鉄道株式会社　建設工事部マネジャー
〃	杉 岡 　 　 篤	西日本旅客鉄道株式会社　建設工事部マネジャー
〃	宮 井 　 　 徹	四国旅客鉄道株式会社　工務部長
〃	江 村 康 博*	九州旅客鉄道株式会社　施設部長
〃	細 田 勝 則	九州旅客鉄道株式会社　施設部長
〃	三 枝 長 生	日本貨物鉄道株式会社　物流システム本部保全部長
〃	宇 留 賀 　 武	西武鉄道株式会社　常務取締役
〃	柿 木 浩 一*	阪急電鉄株式会社　技術部長
〃	鬣 　 　 恒 三	阪急電鉄株式会社　鉄道事業本部技術部長
〃	横 田 三 則*	帝都高速度交通営団　建設本部　技術基準・技術開発　担当部長
〃	名古屋 菊 夫*	帝都高速度交通営団　建設本部　技術基準・技術開発　担当部長
〃	狩 谷 明 男*	帝都高速度交通営団　工務部次長
〃	中 島 宗 博	東京地下鉄株式会社　工務部長

〃		金安　　進*	東京都交通局	建設工務部長
〃		北川　知正	東京都交通局	建設工務部長
〃		綿谷　茂則*	大阪市交通局	建設技術本部計画部長
〃		太田　　拡	大阪市交通局	建設技術本部計画部長
〃		梅原　俊夫*	日本鉄道建設公団	設計技術室長
〃		平岡　愼雄	独立行政法人　鉄道建設・運輸施設整備支援機構 鉄道建設本部　設計技術室長	
〃		野竹　和夫*	国土交通省鉄道局	技術企画課長
〃		山下　廣行	国土交通省鉄道局	技術企画課長
委員兼幹事		村田　　修	財団法人鉄道総合技術研究所	事業推進室長
〃		市川　篤司	財団法人鉄道総合技術研究所	構造物技術研究部長
〃		鈴木　康文	財団法人鉄道総合技術研究所	鉄道力学研究部長
〃		涌井　　一	財団法人鉄道総合技術研究所	研究開発推進室主管研究員
〃		内田　雅夫*	財団法人鉄道総合技術研究所	軌道技術研究部長
〃		高井　秀之	財団法人鉄道総合技術研究所	軌道技術研究部長
〃		棚村　史郎*	財団法人鉄道総合技術研究所	鉄道技術推進センター次長
〃		小西　真治	財団法人鉄道総合技術研究所	鉄道技術推進センター次長
〃		村田　清満	財団法人鉄道総合技術研究所	企画室次長
幹　事		佐藤　安弘	独立行政法人　交通安全環境研究所 交通システム研究領域 主任研究員	
〃		吉野　伸一*	北海道旅客鉄道株式会社　鉄道事業本部工務部専任部長 兼工務技術センター所長	
〃		小西　康人	北海道旅客鉄道株式会社	工務部工事課グループリーダー
〃		伊藤　昭夫	東日本旅客鉄道株式会社	建設工事部構造技術センター次長
〃		松田　　猛*	東海旅客鉄道株式会社	技術本部副主幹
〃		長縄　卓夫	東海旅客鉄道株式会社　総合技術本部技術開発部 グループリーダー	
〃		森　　満夫	西日本旅客鉄道株式会社	大阪建設工事事務所施設技術課長
〃		久島　義憲*	四国旅客鉄道株式会社	工務部工事課長
〃		美馬　将男	四国旅客鉄道株式会社	工務部工事課長
〃		大石　立美*	九州旅客鉄道株式会社	施設部工事課担当課長
〃		宮武　洋之	九州旅客鉄道株式会社	施設部工事課担当課長
〃		宮本　三平*	日本貨物鉄道株式会社	運輸技術部保全グループ主席
〃		三浦　康夫	日本貨物鉄道株式会社　物流システム本部保全部 工事管理施設グループリーダー	

〃	金杉 和秋	西武鉄道株式会社　工務部次長兼保線課長	
〃	今里 悦二	阪急電鉄株式会社　鉄道事業本部技術部調査役	
〃	桑田 幸男*	帝都高速度交通営団　建設本部設計部設計第一課長	
〃	西村 正和*	帝都高速度交通営団　工務部工務課長	
〃	武藤 義彦	東京地下鉄株式会社　工務部工務課長	
〃	町田 俊二*	東京都交通局　建設工務部保線課長	
〃	橿尾 恒次	東京都交通局　建設工務部保線課長	
〃	林 二郎*	大阪市交通局　建設技術本部計画部改良計画担当課長	
〃	浅岡 克彦	大阪市交通局　建設技術本部計画部改良計画担当課長	
〃	平岡 愼雄*	日本鉄道建設公団　設計技術室調査役	
〃	生馬 道紹	独立行政法人　鉄道建設・運輸施設整備支援機構　鉄道建設本部　設計技術室上席調査役	
〃	綱島 和憲*	国土交通省　鉄道局　技術企画課補佐官	
〃	伊藤 範夫	国土交通省　鉄道局　技術企画課課長補佐	
〃	今村 徹*	国土交通省　鉄道局　技術企画課土木基準係長	
〃	板橋 孝則	国土交通省　鉄道局　技術企画課土木基準係長	
〃	石田 弘明	財団法人鉄道総合技術研究所　鉄道力学研究部　車両力学　研究室長	
〃	須永 陽一	財団法人鉄道総合技術研究所　軌道技術研究部　軌道管理　研究室長	
〃	鬼 憲治*	財団法人鉄道総合技術研究所　軌道技術研究部　軌道構造　研究室長	
〃	阿部 則次	財団法人鉄道総合技術研究所　軌道技術研究部　軌道構造　研究室長	
〃	安藤 勝敏*	財団法人鉄道総合技術研究所　軌道技術研究部　軌道・路盤　研究室長	
〃	関根 悦夫	財団法人鉄道総合技術研究所　軌道技術研究部　軌道・路盤　研究室長	
〃	佐藤 勉*	財団法人鉄道総合技術研究所　構造物技術研究部　コンクリート構造　研究室長	
〃	鳥取 誠一	財団法人鉄道総合技術研究所　構造物技術研究部　コンクリート構造　研究室長	
〃	舘山 勝	財団法人鉄道総合技術研究所　構造物技術研究部　基礎・土構造　研究室長	
〃	羅 休	財団法人鉄道総合技術研究所　構造物技術研究部	

〃			基礎・土構造　主任研究員
〃	名村　明*	財団法人鉄道総合技術研究所　鉄道力学研究部 軌道力学　主任研究員	
〃	五十嵐　良博	財団法人鉄道総合技術研究所　鉄道技術推進センター 副主査	
事務局	松本　信之	財団法人鉄道総合技術研究所　鉄道力学研究部 構造力学　研究室長	
〃	古川　敦	財団法人鉄道総合技術研究所　軌道技術研究部 軌道管理　主任研究員	
〃	杉本　一朗	財団法人鉄道総合技術研究所　構造物技術研究部 鋼・複合構造　主任研究員	
〃	曽我部　正道	財団法人鉄道総合技術研究所　鉄道力学研究部 構造力学　主任研究員	
〃	宮本　岳史	財団法人鉄道総合技術研究所　鉄道力学研究部 車両力学　主任研究員	
〃	池田　学	財団法人鉄道総合技術研究所　構造物技術研究部 鋼・複合構造　副主任研究員	
〃	谷口　望	財団法人鉄道総合技術研究所　構造物技術研究部 鋼・複合構造　研究員	
〃	江口　聡	財団法人鉄道総合技術研究所　構造物技術研究部 鋼・複合構造　研究員	
〃	吉村　剛*	財団法人鉄道総合技術研究所　構造物技術研究部 鋼・複合構造　副主任研究員	
〃	小林　俊彦*	財団法人鉄道総合技術研究所　鉄道力学研究部 構造力学　研究員	

（＊印　途中退任の委員・幹事）

目　　次

1章　総　　則 ··· 1

　1.1　適用の範囲 ··· 1
　1.2　用語の定義 ··· 2
　1.3　記　　号 ·· 5

2章　設計の基本 ·· 7

　2.1　設計の基本 ··· 7
　2.2　設計の前提条件 ·· 8
　2.3　設計計算の精度 ·· 8
　2.4　設計計算書に記載すべき事項 ·· 8
　2.5　設計図に記載すべき事項 ··· 9

3章　構造物の要求性能と性能照査 ·· 11

　3.1　一　　般 ··· 11
　3.2　構造物の要求性能 ··· 11
　3.3　性能照査の原則 ·· 14
　3.4　性能照査の方法 ·· 14
　3.5　応答値の算定と限界値の設定 ··· 15
　3.6　安全係数 ·· 15
　3.7　修正係数 ·· 17

4章　作　　用 ·· 19

　4.1　一　　般 ··· 19
　4.2　作用の特性値 ··· 20
　4.3　作用係数 ·· 21

4.4 作用の種類と特性値の算定 ……………………………………………………… 21
4.4.1 一般 ………………………………………………………………………… 21
4.4.2 死荷重（D）……………………………………………………………… 21
4.4.3 列車荷重（L）……………………………………………………………… 22
4.4.4 衝撃荷重（I）……………………………………………………………… 26
4.4.5 遠心荷重（C）……………………………………………………………… 30
4.4.6 地震の影響（E_Q）………………………………………………………… 31
4.5 設計作用の組合せ ………………………………………………………………… 31

5章 材料 …………………………………………………………………………………… 35
5.1 一般 ………………………………………………………………………………… 35
5.2 材料の品質 ………………………………………………………………………… 36
5.3 材料の特性値および設計値 ……………………………………………………… 37
5.4 土質諸定数の設計値 ……………………………………………………………… 38
5.5 材料係数 …………………………………………………………………………… 39

6章 応答値の算定 ………………………………………………………………………… 41
6.1 一般 ………………………………………………………………………………… 41
6.2 構造物のモデル化 ………………………………………………………………… 42
6.2.1 一般 ………………………………………………………………………… 42
6.2.2 部材のモデル化 …………………………………………………………… 43
6.2.3 地盤のモデル化 …………………………………………………………… 43
6.3 構造解析 …………………………………………………………………………… 44
6.3.1 一般 ………………………………………………………………………… 44
6.3.2 常時の走行安全性の照査に関する構造解析 …………………………… 45
6.3.3 地震時の走行安全性に係る変位の照査に関する構造解析 …………… 45
6.3.4 乗り心地の照査に関する構造解析 ……………………………………… 46
6.3.5 常時の軌道の損傷の照査に関する構造解析 …………………………… 46
6.3.6 地震時の軌道の損傷に係る変位の照査に関する構造解析 …………… 46
6.4 設計応答値の算定 ………………………………………………………………… 47
6.4.1 一般 ………………………………………………………………………… 47
6.4.2 コンクリート構造の桁のたわみ ………………………………………… 47
6.4.3 鋼・複合構造の桁のたわみ ……………………………………………… 49
6.4.4 軌道面の不同変位 ………………………………………………………… 51
6.4.5 地震時の横方向の振動変位 ……………………………………………… 52

6.4.6　地震時の軌道面の不同変位 ·· 54

7章　安全性の照査 ·· 55

　7.1　一　　般 ·· 55
　7.2　常時の走行安全性の照査 ··· 55
　　　7.2.1　一　　般 ··· 55
　　　7.2.2　走行安全性の照査 ··· 56
　　　7.2.3　桁のたわみの照査 ··· 61
　　　7.2.4　軌道面の不同変位の照査 ·· 63
　7.3　地震時の走行安全性に係る変位の照査 ·· 66
　　　7.3.1　一　　般 ··· 66
　　　7.3.2　地震時の横方向の振動変位の照査 ·· 67
　　　7.3.3　地震時の軌道面の不同変位の照査 ·· 69

8章　使用性の照査 ·· 71

　8.1　一　　般 ·· 71
　8.2　乗り心地に関する使用性の照査 ·· 72
　　　8.2.1　一　　般 ··· 72
　　　8.2.2　乗り心地の照査 ·· 72
　　　8.2.3　桁のたわみの照査 ··· 74
　　　8.2.4　軌道面の不同変位の照査 ·· 76

9章　復旧性の照査 ·· 79

　9.1　一　　般 ·· 79
　9.2　常時の軌道の損傷に関する復旧性の照査 ··· 80
　　　9.2.1　一　　般 ··· 80
　　　9.2.2　軌道の損傷の照査 ··· 81
　　　9.2.3　軌道面の不同変位の照査 ·· 82
　9.3　地震時の軌道の損傷に係る変位の照査 ·· 83
　　　9.3.1　一　　般 ··· 83
　　　9.3.2　地震時の軌道面の不同変位の照査 ·· 83

付 属 資 料

1. 性能照査に対する基本的考え方 ……………………………………………87
2. 車両および構造物の全体をモデル化した動的相互作用解析法 ………………92
3. 鉄道構造物上での車両の応答挙動……………………………………………102
4. 乗り心地の照査指標について…………………………………………………106
5. 軌道の損傷に係る軌道面の不同変位の検討方法……………………………111
6. 鉛直目違いが列車走行性に及ぼす影響………………………………………121
7. 地震時の車両運動シミュレーション解析の検証……………………………126
8. 車両運動シミュレーション解析による走行安全限界の設定…………………129
9. スペクトル強度 SI および限界スペクトル強度 SI_L について ……………133
10. 構造物の非線形性を考慮した地震時走行安全性……………………………136
11. 地震時における軌道面の不同変位の応答値の算定法………………………140
12. 地震時における軌道面の不同変位の限界値および照査法…………………149
13. 盛土の地震時挙動およびスペクトル強度 SI による照査……………………157
14. 耐震性(セメント改良補強土)橋台…………………………………………162
15. 締結装置の強度と変形(直結8形レール締結装置)………………………173
16. 車両の軌道からの逸脱防止対策等の例………………………………………176

1章 総則

1.1 適用の範囲

　鉄道構造物を新設する際の設計において，列車の走行に係る性能を照査する場合は，本標準によることとする．

　ただし，特別な検討により，構造物が本標準に定める性能を満足することを確かめた場合は，この限りでない．

【解説】

　鉄道構造物を新設する際の設計において，常時および地震時の列車の走行に係る性能を照査する場合は，原則として「鉄道構造物等設計標準（変位制限）」（以下，本標準という）によることとした．本標準は，構造物に要求される性能のうち，走行安全性，地震時の走行安全性に係る変位，乗り心地，軌道の損傷に関する復旧性，地震時の軌道の損傷に係る変位に関する照査を適用範囲とする．

　実車走行試験，実物大試験，模型実験，高度な解析等により，工学的な方法で所要の性能を満足することを確かめた場合には，必ずしも本標準によらなくてよいが，主旨を十分に尊重し，実状に適合するように行う必要がある．

　また，関連法令，および本標準に記述されていない事項で参照すべき基準類のうち主なものを次に示す．

「鉄道に関する技術上の基準を定める省令」　　　　国土交通省令第151号（平成13年12月25日）
「鉄道構造物等設計標準・同解説（鋼・合成構造物）」　　　鉄道総合技術研究所（平成12年7月）
「鉄道構造物等設計標準・同解説（コンクリート構造物）」　　鉄道総合技術研究所（平成16年4月）
「鉄道構造物等設計標準・同解説（鋼とコンクリートの複合構造物）」
　　　　　　　　　　　　　　　　　　　　　　　　　　　　鉄道総合技術研究所（平成14年12月）
「鉄道構造物等設計標準・同解説（基礎構造物・抗土圧構造物）」鉄道総合技術研究所（平成12年6月）
「鉄道構造物等設計標準・同解説（土構造物）」　　　　　　鉄道総合技術研究所（平成12年2月）
「鉄道構造物等設計標準・同解説（耐震設計）」　　　　　　鉄道総合技術研究所（平成11年10月）
「鉄道構造物等設計標準・同解説（省力化軌道用土構造物）」　鉄道総合技術研究所（平成11年12月）
「鉄道構造物等設計標準・同解説（軌道構造［有道床軌道］（案））」鉄道総合技術研究所（平成9年3月）

　なお，本標準では地中構造物については適用範囲外としている．また，既設構造物や仮設構造物の列車の走行に係る性能を照査する場合は，必要に応じて本標準を参考としてよい．

1.2 用語の定義

本標準では，用語を次のように定義する．

設　　　　　　　　計：要求される性能を念頭において計画された構造物の形を創造し，性能を照査し，設計図を作成するまでの一連の作業

構　　造　　設　　計：構造物の具体的な形状・寸法を設定すること

構　造　物　の　機　能：目的に応じて，構造物が果たす役割

構　造　物　の　性　能：構造物が発揮する能力

要　　求　　性　　能：目的および機能に応じて，構造物に求められる性能

照　　　　　　　　査：構造物が，要求性能を満たしているか否かを，適切な供試体による確認実験や，経験的かつ理論的確証のある解析による方法等により判定する行為

検　　　　　　　　討：照査に加え，定性的，経験的な事項も考慮すること

設　計　耐　用　期　間：構造物または部材がその使用にあたり，目的とする機能を十分に果たさなければならない設計上与えられた耐用期間

常　　　　　　　　時：通常の使用状態

地　　　震　　　時：地震の影響を考慮した状態

大　規　模　地　震　動：L1地震動を超える規模の地震動

安　　　全　　　性：構造物が使用者や周辺の人々の生命を脅かさないための性能

使　　　用　　　性：構造物の使用者が快適に構造物を使用するための性能，周辺の人々が快適に生活するための性能，および構造物に要求される諸機能に対する性能

復　　　旧　　　性：構造物の機能を使用可能な状態に保つ，あるいは短期間で回復可能な状態に留めるための性能

走　行　安　全　性：安全性に係る性能項目の一つで，常時においては車両を平滑に走行させ，地震時においては車両を脱線させないための性能

地震時の
走行安全性に係る変位：安全性に係る性能項目の一つで，地震の影響による構造物の変位を走行安全上定まる一定値以内に留めるための性能

乗　　　り　　　心　　　地：使用性に係る性能項目の一つで，車体振動に対して利用者の快適性を確保するための性能

軌道の
損傷に関する復旧性：復旧性に係る性能項目の一つで，軌道部材を健全あるいは補修しないで使用可能な状態に保つ，または短期間で補修可能な程度の損傷に抑えるための性能

地震時の軌道の損傷に係る変位	復旧性に係る性能項目の一つで，地震の影響による構造物の変位を軌道の損傷に関する復旧性から定まる一定値以内に留めるための性能
照査指標	性能項目を定量的評価可能な物理量に置き換えたもの
限界状態	構造物が要求性能を満足しなくなる状態
作用	構造物または部材に応力や変形を増減させ，もしくは材料特性に経時変化を起こさせるすべての働き
荷重	各種作用のうち，設計に考慮するために力や重量にモデル化したもの
永久作用	変動がほとんどないか，変動が持続的成分に比べて無視できるほど小さい作用
変動作用	変動が頻繁または連続的に起こり，かつ変動が持続的成分に比べて無視できないほど大きい作用
主たる変動作用	安全性および復旧性の照査において主体とする変動作用
従たる変動作用	安全性および復旧性の照査において副次的に考慮する変動作用
偶発作用	設計耐用期間中に発生する頻度は稀であるが，発生すると構造物または部材に重大な影響を及ぼす作用
作用の特性値	性能項目ごとに，および変動作用の主たる・従たる区分ごとに定められた作用の基本値
作用の規格値	作用の特性値とは別に，本標準以外の示方書または規格等に定められた作用の値
作用の公称値	作用の特性値とは別に，慣用的に用いられている作用の値
作用修正係数	作用の規格値または公称値を特性値に変換するための係数
作用係数	作用の特性値からの望ましくない方向への変動，作用の算定方法の不確実性，設計耐用期間中の作用の変化，作用の特性が限界状態に及ぼす影響，環境の影響等を考慮するための安全係数
設計作用	作用の特性値に作用係数を乗じた値
固定死荷重	死荷重のうち変動する可能性が小さい荷重
付加死荷重	死荷重のうち変動する可能性が大きい荷重
標準列車荷重	列車荷重の特性値とするモデル荷重
構造解析係数	応答値を算定する構造解析の不確実性等を考慮するための安全係数
設計応答値	設計作用を組合せて得られる応答値に構造解析係数を乗じた値
材料強度の特性値	定められた材料強度試験法による試験値のばらつきを考慮した上

	で，試験値がそれを下回る確率がある一定の値以下となることが保証された材料強度の値
材料強度の規格値	：材料強度の特性値とは別に，本標準以外の示方書または規格等に定められた材料強度の値
材料修正係数	：材料強度の規格値を特性値に変換するための係数
材料係数	：材料強度の特性値から望ましくない方向への変動，供試体と構造物との材料特性の差異，材料特性が限界状態に及ぼす影響，材料特性の経時変化等を考慮するための安全係数
設計材料強度	：材料強度の特性値を材料係数で除した値
部材係数	：部材性能の限界値設定上の不確実性，部材寸法のばらつきの影響，部材の重要度（対象とする部材が限界状態に達したときに構造物全体に及ぼす影響）等を考慮するための安全係数
設計限界値	：材料の設計値を用いて設定した性能の限界値を部材係数で除した値
構造物係数	：構造物の重要度，限界状態に達したときの社会的影響，経済性等を考慮するための安全係数
変位	：たわみ，軌道面の不同変位，軌道面の横方向の振動変位等の総称
軌道面の不同変位	：常時および地震時に軌道面に生じる目違いおよび角折れ
横方向の振動変位	：地震時に構造物の軌道面に生じる線路直角方向の水平変位
脱線係数	：常時の脱線の可能性を判断するための指標で，車輪横圧を輪重で除した値
輪重減少率	：常時の脱線の可能性を判断するための指標で，輪重の減少量を静止輪重で基準化した値
軌道変位	：主として列車荷重の繰り返しによって生じる軌道の不整
上部構造物	：一般にフーチング天端より上方の構造物で，橋台く体，橋脚く体，桁等の構造物の総称
基礎構造物	：橋台，橋脚その他構造物の下部にあって上部構造物からの荷重を地盤に伝える構造物の総称
PRC構造	：通常の使用状態においてひび割れの発生を許容し，異形鉄筋の配置とプレストレスの導入により，ひび割れ幅を制御する構造
PC構造	：通常の使用状態においてひび割れの発生を許さないことを前提とし，プレストレスの導入により，コンクリートの縁応力度を制御する構造
合成桁	：鉄筋コンクリート床版と鋼桁が一体となって挙動するように，両者を適当なずれ止めにより合成した桁

> S R C 構 造：原則として鉄骨のまわりに鉄筋を配し，コンクリートで被覆された構造で，鉄骨部分と鉄筋コンクリート部分が力学的に一体となって外力に抵抗する構造

【解説】
　本標準で用いられている照査に関する一般的な用語および列車の走行に係る性能に関する用語等のうち，主なものについて定めた．

1.3 記号

本標準では，記号を次のように定める．
(1) 安全係数
　　γ_f：作用係数
　　γ_m：材料係数
　　γ_a：構造解析係数
　　γ_b：部材係数
　　γ_i：構造物係数
(2) 修正係数
　　ρ_f：作用修正係数
　　ρ_m：材料修正係数
(3) 作用
　　F_k：作用の特性値
　　F_d：設計作用
　　i ：設計衝撃係数
　　β_l：複線を支持する部材に対する設計衝撃係数の低減係数
(4) 設計応答値
　　I_{Rd}：設計応答値
(5) 材料の設計値
　　f_k：材料強度の特性値
　　f_n：材料強度の規格値
　　f_d：設計材料強度
　　f_g：地盤調査係数
(6) 部材の諸元
　　L_b：桁または部材のスパン
(7) 設計限界値
　　I_{Ld}：設計限界値

【解説】
　本標準において一義的に用いられている記号のうち，代表的なものを示した．

2章　設計の基本

2.1　設計の基本

（1）　鉄道構造物は，その目的に適合し，安全かつ経済的となるよう設計することとする．

（2）　常時においては，車両が安全かつ快適に走行できる構造物を設計することを基本とし，適切な性能を定めて照査することとする．

（3）　地震時においては，走行安全性に有利な構造物を設計することを基本とし，適切な性能を定めて照査することとする．

　　なお，大規模地震動に対しては走行安全性を確保するのは困難な場合もあるため，構造物の重要度等を考慮して鉄道システム全体からみて適切な対策を施すのがよい．

【解説】
（1）について

　鉄道構造物は，多くの客貨を輸送する車両を支持する構造物であるため，十分に安全性が高く，また耐久性の高い構造であることが必要である．また，経済性も考慮して設計することが重要である．

（2）について

　常時においては，日常の軌道の維持管理が行われることを前提として，構造物上を通過する車両の走行安全性および乗り心地が適切に確保されることを基本とした．この照査方法としては，車両と構造物および軌道についてモデル化を行い，車両応答から求まる走行安全性および乗り心地に関する指標を用いて照査をすることが原則となるが，設計実務においてこのような車両応答を求めるのは煩雑であるため，本標準では，従来の設計標準と同様に，列車荷重や衝撃荷重等の変動作用によって生じる構造物の変位の応答値を算定し，適切に設定した構造物の変位の限界値に対して照査を行う方法を用いることとした．

（3）について

　地表面に比べて増幅された応答が生じる鉄道構造物上では，一般に，車両の走行安全性が不利となるが，最近の地震時の走行安全性に関する基本的な実験や解析結果を踏まえると，構造物に適切な剛性を与えることにより，相当の強さの地震に対しても車両が安全に走行できる性能を持たせることが可能であることが示されている．このため本標準では，L1地震動を尺度として立地条件や構造物の重要度，経済性等を考慮しながら，地震時の走行安全性に有利な構造物を採用することにより，脱線に至る可能性をできるだけ低減することを設計の基本的な考えとした．

一方,発生する確率は低いが強い地震動である大規模地震動に対しては,兵庫県南部地震や過去の震災例をみると在来車両の脱線が地表面においても生じていることから,鉄道構造物上での走行安全性に関する実験ならびに解析を限られた条件下ではあるが行ったところ,ある規模を超える地震動が橋軸直角方向から加わると,構造物のみによる対策では走行安全性を確保するのが困難な場合があることも明らかになった.また,最近では新潟県中越地震において,震源に近い高架橋上で走行中の新幹線が脱線する被害が生じた.このような場合であっても,利用者の人的被害に至っていないが,高速走行による被害への影響等を勘案すると,とくに新幹線構造物等では,このような規模の地震動に対しては,地震早期検知システムの利用による速やかな減速や,車両特性の改善,軌道からの逸脱防止施設の設置による脱線後の被災軽減(**付属資料16参照**)等,ソフト・ハードの両面において鉄道システム全体からみて適切で効果的なリスク低減手段を講じる必要があると考えられる.しかし,これらの具体的なリスク低減手段については,今後さらに研究開発を進めていく必要がある.

2.2 設計の前提条件

本標準に基づく設計は,現場等において適切な施工が行われ,また,構造物の供用中は構造物および軌道の適切な維持管理が行われることを前提とする.

【解説】

構造物の施工は,現場作業が多く,その良否が構造物の性能に与える影響が非常に大きい.したがって,設計段階において,前提とする施工の条件を定めておくことが重要である.施工段階において,設計で前提とした施工の条件が満足されない場合には,その時点において,試験等を行い,所要の性能が得られることを確認する必要がある.

構造物上での列車の応答は,構造物の変位によるものと,軌道変位に起因するものとに分けることができる.したがって,列車走行性に係る所要の性能を確保するためには,通常の供用時において適切な構造物および軌道の維持管理が行われることが前提となる.また,構造物の設計においては,極力軌道の維持管理が容易となるように計画する必要がある.

2.3 設計計算の精度

設計計算は,最終段階で有効数字2桁が得られるように行うこととする.

【解説】

最終段階とは,性能の照査では,式(3.4.1)に示す $\gamma_i \cdot I_{Rd}/I_{Ld}$ の値等を意味する.これらの値で2桁の有効数字を得るためには,設計応答値,設計限界値等の値には,一般に3桁の有効数字が必要である.

2.4 設計計算書に記載すべき事項

設計計算書には,構造物が所要の性能を有することを照査した計算の過程を明記することと

する．

【解説】
　一般に必要となる記載事項については，各構造物ごとの「鉄道構造物等設計標準・同解説」によることとする．

2.5 設計図に記載すべき事項

　設計図には，一般に記載する事項のほか，施工および維持管理の条件等を明示するのがよい．

【解説】
　一般に必要となる記載事項については，各構造物ごとの「鉄道構造物等設計標準・同解説」によることとする．施工や維持管理に際し構造物の性能を確保し，目的に十分適合したものとするために，設計者の意図を正確に伝える目的で，施工に必要な事項，構造物を維持管理する上で必要となる事項等を明示しておくことが必要である．

3章　構造物の要求性能と性能照査

3.1　一般

構造物の性能照査においては，使用目的に応じた要求性能を設定し，適切な照査指標を用いて，要求性能を満足することを照査することとする．

【解説】

構造物が要求性能を満たすことを確認するためには，定量評価が可能な指標により性能を表す必要がある（**解説表 3.2.1** 参照）．本標準では，現状の技術で評価可能な指標を用いた算定方法を記述しているが，技術の進歩にともない高度な方法が利用可能となり，各性能をより直接的に表現する指標により照査できる場合には，その方法によってよい．

3.2　構造物の要求性能

（1）構造物には，設計耐用期間内において，「2.1 設計の基本」に適合するために要求されるすべての性能を設定することとする．

（2）構造物には，一般に，安全性，使用性および復旧性に関する要求性能を設定することとする．

（3）安全性は，想定される作用のもとで，構造物が使用者や周辺の人々の生命を脅かさないための性能である．本標準では，常時の走行安全性および地震時の走行安全性に係る変位を性能項目として，それらの性能を次の（a），（b）のように定める．

　（a）常時の走行安全性：設計耐用期間内に想定される常時のすべての作用のもとで，車両を平滑に走行させるための性能．

　（b）地震時の走行安全性に係る変位：地震時において車両が脱線に至る可能性をできるだけ低減するための性能で，少なくともＬ１地震動に対して構造物の変位を走行安全上定まる一定値以内に留めるための性能．

（4）使用性は，想定される作用のもとで，構造物の使用者が快適に構造物を使用するための性能，周辺の人々が快適に生活するための性能，および構造物に要求される諸機能に

対する性能である．本標準では乗り心地を性能項目として，その性能を次のように定める．

  乗り心地：通常の使用状態において，構造物上を通過する車両の車体振動に対して利用者の快適性を確保するための性能．

（5）復旧性は，想定される作用のもとで，構造物の機能を使用可能な状態に保つ，あるいは短期間で回復可能な状態に留めるための性能である．本標準では，常時の軌道の損傷に関する復旧性および地震時の軌道の損傷に係る変位を性能項目として，それらの性能を次の（a），（b）のように定める．

（a）常時の軌道の損傷に関する復旧性：設計耐用期間内に想定される常時のすべての作用のもとで，軌道部材を健全あるいは補修しないで使用可能な状態に保つための性能．

（b）地震時の軌道の損傷に係る変位：地震時において，軌道部材を健全あるいは補修しないで使用可能な状態に保つ，または短期間で補修可能な程度の損傷に抑えるための性能で，少なくともL1地震動に対して構造物の変位を軌道の損傷に関する復旧性から定まる一定値以内に留めるための性能．

【解説】
（2）について

構造物には，一般に，安全性，使用性および復旧性に関する要求性能を設定する．解説表 3.2.1 に，これらの要求性能に対する鉄道構造物の一般的な性能項目および照査指標の例を示す．

解説表 3.2.1 に示す性能項目のうち，本標準で具体的な照査方法と限界値を提示しているのは，次のとおりである．本標準に定められていない性能項目に対する照査については各構造物ごとの「鉄道構造物等設

解説表 3.2.1 鉄道構造物の設計に用いる要求性能，性能項目および照査指標の例

要求性能	性能項目	照査指標の例
安全性	常時の走行安全性	変位
	地震時の走行安全性に係る変位	
	破壊[*1]	耐力，変形
	疲労破壊[*1]	疲労強度，疲労耐力
	安定[*1]	基礎地盤の安定 桁の転倒モーメントや上揚力
	公衆安全[*1]	かぶり健全度 ボルト強度（遅れ破壊）
使用性	乗り心地	変位
	外観[*1]	ひび割れ幅，応力度
	水密性[*1]	ひび割れ幅，応力度
	耐振動・騒音[*1]	振動レベル，騒音レベル
復旧性	損傷に関する復旧性[*1]	
	常時の軌道の損傷に関する復旧性	変位，変形，耐力，応力度
	地震時の軌道の損傷に係る変位	

[*1] 各構造物ごとの「鉄道構造物等設計標準・同解説」により照査する性能項目

計標準・同解説」による.

　安全性：常時の走行安全性，地震時の走行安全性に係
　　　　　る変位……………………………………「**6章** 応答値の算定」,「**7章** 安全性の照査」
　使用性：乗り心地……………………………………「**6章** 応答値の算定」,「**8章** 使用性の照査」
　復旧性：常時の軌道の損傷に関する復旧性，地震時の
　　　　　軌道の損傷に係る変位…………………「**6章** 応答値の算定」,「**9章** 復旧性の照査」

　解説表3.2.2に，本標準における構造種別ごとの性能項目，構造物の変位による照査指標の例，およびそれらの応答値の算定，限界値の設定ならびに照査の関連箇所について示す．

解説表 3.2.2　本標準における構造種別ごとの性能項目および照査指標の例

構造種別	性能項目	照査指標	応答値の算定		限界値の設定および照査	
単純桁，連続桁等	常時の走行安全性	主桁のたわみ	6.4.2 6.4.3	コンクリート構造の桁のたわみ 鋼・複合構造の桁のたわみ	7.2.3	桁のたわみの照査
		端横桁のたわみ 支承鉛直変位	6.4.4	軌道面の不同変位	7.2.4	軌道面の不同変位の照査
	乗り心地	主桁のたわみ	6.4.2 6.4.3	コンクリート構造の桁のたわみ 鋼・複合構造の桁のたわみ	8.2.3	桁のたわみの照査
		端横桁のたわみ 支承鉛直変位	6.4.4	軌道面の不同変位	8.2.4	軌道面の不同変位の照査
	常時の軌道の損傷に関する復旧性	支承鉛直変位	6.4.4	軌道面の不同変位	9.2.3	軌道面の不同変位の照査
橋脚，橋台，ラーメン高架橋等	地震時の走行安全性に係る変位	振動変位（SI）	6.4.5	地震時の横方向の振動変位	7.3.2	地震時の横方向の振動変位の照査
		桁端の角折れ 桁端の目違い	6.4.6	地震時の軌道面の不同変位	7.3.3	地震時の軌道面の不同変位の照査
	地震時の軌道の損傷に係る変位	桁端の角折れ 桁端の目違い	6.4.6	地震時の軌道面の不同変位	9.3.2	地震時の軌道面の不同変位の照査

注）ラーメン橋，アーチ橋，斜張橋は，軌道を支持する桁の部分については「単純桁，連続桁等」に，橋脚等の部分については，「橋脚，橋台，ラーメン高架橋」に準じる．

（5）について

　復旧性は，次に示す性能項目がある．

　軌道の損傷に関する復旧性：復旧性に係る性能項目の一つで，軌道部材を健全あるいは補修しないで使用可能な状態に保つ，または短期間で補修可能な程度の損傷に抑えるための性能である．具体的には軌道を構成するレール，レール締結装置，軌道パッド，路盤等の損傷に対して規定する．

　なお復旧性においては，次の2つの性能レベルを考える．

　　性能レベル1：機能は健全で補修をしないで使用可能な状態
　　性能レベル2：機能が短時間で回復できるが，補修が必要な状態

3.3 性能照査の原則

(1) 構造物の性能照査は，要求性能に対して限界状態を設定し，構造物または部材が限界状態に達しないことを確認することにより行うこととする．

(2) 構造物の性能照査は，性能の経時変化を考慮して，設計耐用期間内において設定された要求性能を満足することを確認することにより行うこととする．

【解説】
(1) について

構造物に求められる要求性能を設定し，それに対応する等価な限界状態を設定する方法を用いて照査を行うことを基本とした．構造物または部材が，限界状態と呼ばれる状態に達すると，構造物はその機能を果たさなくなったり，様々な不都合が発生して，要求性能を満足しなくなる．本標準では，このような考え方に則り，限界状態に達しないことを確認することで性能照査を行うこととした．

限界状態を設定する場合，構造物や部材の状態，材料の状態，構造物上を走行する車両の状態に関する指標を選定し，要求性能に応じた適切な限界値を与えることとする．これに対して，各種作用により生じる応答値を算定し，それが限界値を超えないことで照査することとする．なお，限界値は，応答値の算定に用いる解析方法やモデルの信頼性も考慮して，設定する必要がある．

(2) について

設計耐用期間内において，作用による構造物中の材料の変化，損傷の累積等による構造物の保有する性能の経時変化を適切に照査できる手法を用いることとした．具体的には，クリープ変形等による長期的な構造物の挙動や材料の劣化による構造物の剛性低下などが考えられる．なお，要求性能が設計耐用期間中に変化することがあらかじめ明らかな場合は，このことも考慮する必要がある．

3.4 性能照査の方法

(1) 性能照査は，「**4章 作用**」に定める作用に従い，「**3.6 安全係数**」に定める安全係数を用い，「**6章 応答値の算定**」に定める方法で設計応答値を算定した上で，「**7章 安全性の照査**」，「**8章 使用性の照査**」および「**9章 復旧性の照査**」に定める照査方法に基づき行うこととする．

(2) 性能照査は，一般に，式 (3.4.1) により行うこととする．

$$\gamma_\mathrm{i} \cdot I_\mathrm{Rd}/I_\mathrm{Ld} \leqq 1.0 \tag{3.4.1}$$

ここに，I_Rd：設計応答値
I_Ld：設計限界値
γ_i：構造物係数で，「**3.6 安全係数**」による．

【解説】
(1) について

性能の照査における，設計応答値の算定，設計限界値の設定および照査の流れを**解説図 3.4.1** に示す．

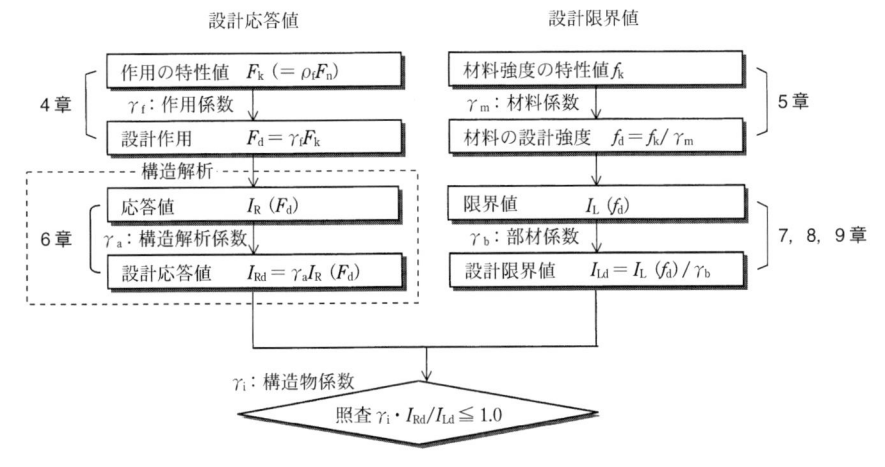

解説図 3.4.1 性能照査の流れ

（2）について

　性能の照査は，一般には，経時変化の影響を考慮し，設計耐用期間終了時点の状態に対して，式(3.4.1)により行う必要がある．式(3.4.1)における不等号の向きは，性能の限界値 I_{Ld} を下限とする場合を示しており，I_{Ld} が上限を表すような場合には不等号の向きが逆となる．

3.5 応答値の算定と限界値の設定

（1）　応答値を算定する関数は，作用および部材や材料の剛性を実際の値としたときに，応答値の平均値を算定するものであることを原則とする．

（2）　構造物または部材の性能の限界値を設定する関数は，材料強度や剛性等を実際の値としたときに，限界値の平均値を与えるものであることを原則とする．

【解説】
（1），（2）について

　性能の照査における，応答値を算定する関数 I_R および限界値を設定する関数 I_L についての原則を定めたものである．新たな知見によって定めた新しい算定式等を用いる場合には，この原則に則して，それが応答値あるいは限界値の平均値を表す式であることが必要であり，同時にその式のばらつきを考慮して，これに対する安全係数もあわせて提案することが望ましい．

　なお，構造物の変位や車両および軌道の応答などに対しては，式によらず直接数値で限界値が与えられる場合がある．その場合の限界値は，それぞれ要求される性能を考慮して定める必要がある．

3.6 安全係数

（1）　安全係数は，作用係数 γ_f，構造解析係数 γ_a，材料係数 γ_m，部材係数 γ_b および構造物係数 γ_i とする．

(2) 作用係数 γ_f は，作用の特性値からの望ましくない方向への変動，作用の算定方法の不確実性，設計耐用期間中の作用の変化，作用の特性が限界状態に及ぼす影響，環境の影響等を考慮するための安全係数とし，「**4.3 作用係数**」において定める値とする．

(3) 構造解析係数 γ_a は，構造解析の不確実性等を考慮するための安全係数とし，「**6章 応答値の算定**」において定める値とする．

(4) 材料係数 γ_m は，材料強度の特性値からの望ましくない方向への変動，供試体と構造物中との材料特性の差異，材料特性が限界状態に及ぼす影響，材料特性の経時変化等を考慮するための安全係数とし，「**5章 材料**」において定める値とする．

(5) 部材係数 γ_b は，部材性能の限界値算定上の不確実性，部材寸法のばらつきの影響，部材の重要度，すなわち対象とする部材がある限界状態に達したときに，構造物全体に与える影響等を考慮するための安全係数とし，関連する各章において定める値とする．

(6) 構造物係数 γ_I は，構造物の重要度，限界状態に達したときの社会的影響等を考慮するための安全係数とする．本標準では，構造物係数は，一般に1.0とする．

【解説】

(1)～(6)について

安全性の照査においては，作用から設計応答値を求める過程で，作用係数 γ_f と構造解析係数 γ_a の2つの安全係数を適用し，また，材料特性から部材性能の設計限界値を求める過程で，材料係数 γ_m と部材係数 γ_b の2つの安全係数を適用し，さらに設計応答値と部材性能の設計限界値を比較する段階で構造物係数 γ_I を適用する．これらの5つの安全係数を用いた照査方法は，性能に応じた適切な値をとることにより，概念的には他の性能の照査に対しても適用できる．

作用係数 γ_f は，作用の種類によって変化するとともに，性能項目の種類および検討の対象としている応答値への作用の影響（例えば，最大値，最小値のいずれが不利な影響を与えるか等）によっても異なる．

構造解析係数 γ_a においては，応答値を算定する関数 I_R は「**3.5 応答値の算定および限界値の設定**」により平均値を与えることが原則であるので，この関数からの変動分を γ_a で考慮する必要がある．

部材係数 γ_b で考慮する部材の重要度とは，例えば主部材が二次部材より重要であるというように，構造物中に占める対象部材の役割から判断されるものである．また，限界値を設定する関数 I_L は，「**3.5 応答値の算定および限界値の設定**」により平均値を与えることが原則であるので，この関数からの変動係数を γ_b で考慮する必要がある．

構造物係数 γ_I の中には，対象とする構造物の重要度や限界状態に至った場合の社会的影響のほか，防災上の重要性，補修に要する費用等の経済的要因も含まれる．

安全係数に配慮されている内容とその取扱いをまとめると**解説表3.6.1**のようになる．安全係数は対象とする性能に応じて定まるものであり，必ずしも同一の値をとるものではない．さらに，安全係数は考えられる不確実性を分割して割り付けたものであるが，これらをまとめて取り扱ってもよい．

本標準では，他の「鉄道構造物等設計標準・同解説」との整合性の観点から，5つの安全係数を用いて性能を照査する手法を採用したが，安全係数の標準的な値は**解説表3.6.2**に示すとおりとした．

安全係数の値は，本来，その定義に応じて定める必要があるが，本標準のようにその取り扱う範囲が車両，軌道，構造物と多岐に渡る場合には，個々の性能の照査における各安全係数の値を，その定義に応じ

解説表 3.6.1 安全係数に配慮されている内容とその取扱い

配慮されている内容		取扱う項目
応答値	1. 作用のばらつき 　(1) 作用のデータから判断できる部分 　(2) 作用の統計データから判断できない部分 　　（統計的データの不足，偏り，設計耐用期間中の変化，算定方法の不確実性等によるもの） 2. 限界状態に及ぼす影響の度合い 3. 応答値算定時の構造解析の不確実性	特性値 F_k 作用係数 γ_f 構造解析係数 γ_a
限界値	1. 材料強度のばらつき 　(1) 材料実験データから判断できる部分 　(2) 材料実験データからの判断できない部分 　　（実験データの不足・偏り，品質管理の程度，経時変化等によるもの） 2. 限界状態に及ぼす影響の度合い 3. 限界値設定の不確実性，部材寸法のばらつき，部材の重要度等	特性値 f_k 材料係数 γ_m 部材係数 γ_b
構造物の重要度，限界状態に達した時の社会的影響，経済性等		構造物係数 γ_i

解説表 3.6.2 安全係数の標準的な値

要求性能	安全係数	作用係数 γ_f	構造解析係数 γ_a	材料係数 γ_m			部材係数 γ_b	構造物係数 γ_i
				γ_c	γ_r	γ_s		
安全性	常時の走行安全性	1.0	1.0	(1.0)	(1.0)	(1.0)	1.0	1.0
	地震時の走行安全性に係る変位	1.0	1.0	1.3	1.0	1.05	1.0	—
使用性	乗り心地	1.0	1.0	(1.0)	(1.0)	(1.0)	1.0	1.0
復旧性	常時の軌道の損傷に関する復旧性	1.0	1.0	(1.0)	(1.0)	(1.0)	1.0	1.0
	地震時の軌道の損傷に係る変位	1.0	1.0	1.3	1.0	1.05	1.0	—

注）（　）：必要に応じて照査に用いる係数

て確率・統計学的に定量的に定めることが困難となる．このため本標準では，工学的判断により，形式的に各安全係数を1.0とすることを前提に，現時点で集められる限りの測定データおよび数値解析結果を踏まえて，構造物に十分な安全性が確保されるように，それぞれの要求性能に応じた応答値の算定，限界値の設定および照査の方法を定めることとした．

3.7 修正係数

（1）修正係数は，作用修正係数 ρ_f および材料修正係数 ρ_m とする．

（2）作用修正係数 ρ_f は，作用の規格値または公称値を特性値に変換するための係数とする．

（3）材料修正係数 ρ_m は，材料強度の規格値を特性値に変換するための係数とする．

【解説】
(1)～(3)について

作用および材料特性に関して，特性値とは別に規格値または公称値がある場合，それらの特性値は，規格値または公称値を適切な修正係数により変換して定めなければならない．

4章 作 用

4.1 一 般

(1) 構造物の性能照査には，設計耐用期間中に想定される作用（永久作用，変動作用，偶発作用）を，要求性能に応じて，適切な組合せのもとに考慮することとする．
(2) 設計作用 F_d は，作用の特性値 F_k に作用係数 γ_f を乗じた値とする．
(3) 本標準における設計作用の組合せは，表 4.1.1 によることとする．

表 4.1.1 設計作用の組合せ

要求性能	性能項目	設計作用の組合せ
安全性	常時の走行安全性	永久作用＋変動作用
	地震時の走行安全性に係る変位	永久作用＋偶発作用＋従たる変動作用
使用性	乗り心地	永久作用＋変動作用
復旧性	常時の軌道の損傷に関する復旧性	永久作用＋変動作用
	地震時の軌道の損傷に係る変位	永久作用＋偶発作用＋従たる変動作用

【解説】
（1）について

構造物の設計で考慮すべき作用は，持続性，変動の程度および発生頻度によって，一般に，永久作用，変動作用および偶発作用に分類される．

永久作用は，その変動が無視できるほどに小さく，持続的に影響を及ぼす作用であり，死荷重，プレストレス力等がある．コンクリートの収縮およびクリープの影響も永久作用と同様に扱ってよい．

変動作用は，頻繁あるいは継続的に働き，その変動が無視できない作用であり，列車荷重，衝撃荷重，遠心荷重，車両横荷重，車輪横圧荷重，制動荷重，始動荷重，ロングレール縦荷重，温度変化の影響，風荷重，雪荷重等がある．

偶発作用は，設計耐用期間中に生じる頻度は極めて小さいが，一度生じるとその影響が非常に大きい作用であり，地震の影響，衝突荷重等がある．

性能の照査においては，要求性能および性能項目に応じて，これらの作用を適切な組合せのもとに考慮しなければならない．

（2）について

設計作用は，個々の作用について，作用の特性値に作用係数を乗じた値とした．

作用の特性値は，「4.2 作用の特性値」に従い，要求性能および性能項目に応じて定める．作用係数は，「4.3 作用係数」に従い，要求性能，性能項目および作用の種類ごとに定める．

（3）について

性能の照査においては，永久作用と組み合わせる変動作用は，一つだけを対象とすることは少なく，同時に複数を考慮するのが一般的である．しかし，同時に考慮すべき変動作用であっても，最大値の期待値が同時に起きる可能性は一般に小さいと考えられるので，複数の変動作用を組み合わせる場合には，何らかの調整を行うことが合理的かつ経済的な設計のために必要となる．そのため，各構造物ごとの「鉄道構造物等設計標準・同解説」では一般に，変動作用を「主たる」と「従たる」に分け，「4.2 作用の特性値」に定めるように，主たる変動作用の特性値は最大値の期待値とし，従たる変動作用の特性値は，主たる変動作用または偶発作用との組合せに応じて適切な値を定めることとしている．

ここで，すべての変動作用は，主たる変動作用にも従たる変動作用にもなりうる．それゆえ，一方を「主たる」とし他方を「従たる」とした場合，常にその逆の作用の組合せもありうる．ただし，決定ケースとならないことが明らかな組合せは，照査を省略することができる．

偶発作用は，設計耐用期間中に生じる頻度は極めて小さいが，一度生じた場合その影響が非常に大きい作用であり，変動作用を組み合わせる場合には，一般に従たる変動作用として考慮すればよい．

変動作用を主・従に区別する必要がない性能項目については，単に「変動作用」とした．

なお本標準においては，常時の照査における変動作用は，一般に列車荷重および衝撃荷重のみでよく，主・従に区別する必要がないことから，主たる変動作用は用いない．また地震時の照査における変動作用は，列車荷重を従たる変動作用として，偶発作用としての地震の影響と組み合わせることとする．

4.2 作用の特性値

（1） 作用の特性値は，要求性能に応じて適切に定めることとする．

（2） 偶発作用の特性値を定める場合，地震の影響については，「鉄道構造物等設計標準（耐震設計）」によることとする．

（3） 従たる変動作用の特性値は，偶発作用との組合せに応じて適切に定めることとする．

（4） 作用の規格値または公称値が特性値とは別に定められている場合，作用の特性値は，規格値または公称値に作用修正係数 ρ_f を乗じた値とする．

【解説】

（1）について

永久作用および変動作用の特性値は，要求性能に応じて設計耐用期間中の変動や発生頻度を考慮して定めてよい．また，同じ性能項目の照査であっても，その照査の方法に応じて特性値が異なってよい．

（3）について

従たる変動作用は，主たる変動作用や偶発作用と組み合わせて，副次的に考慮すべき変動作用である．したがって，その特性値は，同じ変動作用を主たる変動作用とした場合よりも小さい値に設定することができる．

4.3 作用係数

作用係数 γ_f は，一般に表 4.3.1 によることとする．

表 4.3.1 作用係数 γ_f

要求性能	性能項目	作用の種別	作用係数 γ_f
安全性	常時の走行安全性	すべての作用	1.0
	地震時の走行安全性に係る変位	すべての作用	1.0
使用性	乗り心地	すべての作用	1.0
復旧性	常時の軌道の損傷に関する復旧性	すべての作用	1.0
	地震時の軌道の損傷に係る変位	すべての作用	1.0

【解説】

1) 永久作用の作用係数

　死荷重による構造物の変位は，一般に軌道敷設前に明らかとなるため，これを打ち消すような施工が行われる．このため常時の走行安全性，乗り心地および軌道の損傷に関する復旧性の照査では，永久作用の変動の影響は少ない．このため作用係数は一般に 1.0 としてよいことにした．

2) 変動作用の作用係数

　常時の走行安全性，乗り心地および軌道の損傷に関する復旧性の照査では，列車荷重および衝撃荷重の特性値のみを用いて照査することを前提として，予め様々な要素を想定した上で安全側に限界値を定めている．このため作用係数は一般に 1.0 としてよいことにした．

3) 偶発作用の作用係数

　偶発作用は，設計耐用期間中に発生する頻度が極めて小さい作用であり，その特性値を適切に定めることを前提として，作用係数は一般に 1.0 としてよいことにした．

4.4 作用の種類と特性値の算定

4.4.1 一般

　作用の特性値は，次の「4.4.2 死荷重」～「4.4.6 地震の影響」に従い，作用の種類ごとに算定することとする．ただし，本節に示していない事項については，各構造物ごとの「鉄道構造物等設計標準」によることとする．

【解説】

　本標準で示した応答値の算定，限界値の設定および照査の方法は，本節に示す死荷重，列車荷重，衝撃荷重および地震の影響の特性値を用いて，「4.5 設計作用の組合せ」に従うことを前提として定めている．

4.4.2 死荷重（D）

　死荷重の特性値は，各構造物ごとの「鉄道構造物等設計標準」に示す材料の単位重量を用い，設計図書の寸法に基づいて算定してよい．ただし，軌きょう重量等，実重量が明らかなものは，

その値を用いることを原則とする．

【解説】

死荷重とは，構造物を構成する部材，または付帯する設備等の重量による作用をモデル化したものをいう．

死荷重の特性値は実重量を基本とし，そのばらつきを調査して決めることが原則である．しかし，実際の構造物では，単位重量のばらつきはあまり大きくなく，かつ設計寸法も相応の精度を有していることから，各構造物ごとの「鉄道構造物等設計標準・同解説」に示す材料の単位重量を用い，設計図書の寸法に基づいて特性値を算定してよいことにした．

バラストのように保守等により著しく変動することが予想されるものについては，特性値を性能項目に応じて別に定める必要がある．

4.4.3　列車荷重（L）

（1）　一　般

列車荷重は，機関車荷重，電車・内燃動車荷重および新幹線荷重からなるものとし，次の（a）～（e）により特性値および載荷方法を定めることとする．

（a）　常時の走行安全性の照査に用いる列車荷重
　（i）　列車荷重の特性値は，構造物または部材に最大の影響を及ぼす列車および車両を包含するように，軸配置，車両実重量および最大積載重量に基づいて定める．
　（ii）　列車荷重は，構造物または部材に最大の影響を及ぼす範囲に載荷する．ただし，列車荷重を途中で切って2箇所以上に載荷することは，一般に行わなくてよい．
　（iii）　複線を支持する構造物または部材の場合，列車荷重は複線同時に載荷する．この場合，同方向および異方向のうち，構造物または部材に大きな影響を及ぼす方向に載荷する．

（b）　地震時の走行安全性に係る変位の照査に用いる列車荷重
　（i）　列車荷重の特性値は，列車または車両の使用状況に基づき定める．
　（ii）　複線を支持する構造物または部材の場合は，使用状況に応じて載荷線数を定める．

（c）　乗り心地に関する使用性の照査に用いる列車荷重
　（i）　列車荷重の特性値は，列車または車両の使用状況に基づき定める．
　（ii）　複線を支持する構造物または部材の場合，使用状況に応じて載荷線数を定める．

（d）　常時の軌道の損傷に関する復旧性の照査に用いる列車荷重
　　　列車荷重の特性値および載荷方法は，（a）常時の走行安全性の照査に用いる列車荷重に準じて定めてよい．

（e）　地震時の軌道の損傷に係る変位の照査に用いる列車荷重
　　　列車荷重の特性値および載荷方法は，（b）地震時の走行安全性に係る変位の照査に用いる列車荷重に準じて定めてよい．

4 章 作　用　23

(2) 標準列車荷重の設定
(1) の (a) ～ (e) に従い，列車荷重の特性値とする標準列車荷重を定めてよい．

【解説】
(1) について
　性能の照査に用いる列車荷重の特性値の設定方法，列車荷重を載荷する線路本数の例を**解説表 4.4.1** に示す．

解説表 4.4.1　列車荷重の特性値の設定と載荷する線路本数の例

要求性能	性能項目	特性値の設定	載荷する線路本数		
			1～2 線支持	3～4 線支持	5 線以上支持
安全性	常時の走行安全性	最大積載	全線		
	地震時の走行安全性に係る変位	使用状況に基づき定める*1	1	2	3
使用性	乗り心地	使用状況に基づき定める*1	1	2	3
復旧性	常時の損傷に関する復旧性	最大積載	全線		
	地震時の損傷に係る変位	使用状況に基づき定める*1	1	2	3

*1 新幹線，電車・内燃動車については定員乗車，機関車については通常の牽引重量に基づき定める．

(1) (a) について
　常時の走行安全性の照査に用いる列車荷重は，最も不利となるように定めなければならない．単線の線路を支持する構造物上を通過する際の鉄道車両の応答は，空車時がやや不利であるが乗車率にはそれほど依存しない．一方，2 線以上の線路を支持する構造物上を通過する際には，着目した照査線側が空車で，非照査線側が最大積載となった場合に応答が最も大きくなる傾向にある．列車荷重の特性値の設定においては，このような影響について適切に考慮する必要があるが，設計における取扱いが煩雑であるため，本標準では，最大積載を見込んだ軸重により定まる列車荷重の特性値を用いることとし，これを全線に対して載荷することとした．「**7.2 常時の走行安全性の照査**」に示す限界値は，この状態の列車荷重により算定される応答値に対応した値を設定している．

　鉄道車両は，設計時に計画重量を定めて製作されており，同一形式における車両実重量のばらつきは極めて小さい．旅客列車の最大積載重量は，最大乗車可能人員の重量により予測することができる．詰め込み乗車試験の結果[1]によれば，座席部以外の床面に対する乗客重量は，最大 7.8 kN/m² (12 人/m²×0.65 kN/人) 程度となっており，このような数値を用いて最大積載重量を予測することができる．一方，貨物列車の牽引荷重は，積載容積や積荷の種類から想定される重量を考慮しておけば十分であると判断される．

(1) (b) について
　地震時の走行安全性に係る変位の照査に用いる列車荷重は，従たる変動荷重として，定員乗車時軸重に基づき特性値を定めてよい．機関車荷重については通常の載荷重量に基づく牽引等分布荷重として定めることができる．なお，2 線以上の線路を支持する構造物では，一般に，**解説表 4.4.1** により列車荷重を載荷する線路本数を定めてよい．

(1) (c) について
　乗り心地に関する使用性の照査に用いる列車荷重は，定員乗車時軸重または通常の牽引重量に基づき定めるのがよい．橋梁上を通過する際の鉄道車両の応答は，乗車率にはあまり依存しないことから，一般に

は，定員乗車時軸重のみを検討すればよい．なお，2線以上の線路を支持する構造物では，一般に，**解説表4.4.1**により列車荷重を載荷する線路本数を定めてよい．

（2）について

1) EA荷重

機関車における標準列車荷重の一例として，EA荷重[2]を**解説図4.4.1**に示す．これは，**解説図4.4.2**に示すように，JR社の機関車を基本モデルとしたものである．

このように，適切な軸重および牽引等分布荷重を与えたEA荷重が，構造物または部材に最大の影響を及ぼす列車または車両を包含する場合には，これを最大積載時の列車荷重の特性値としてよい．

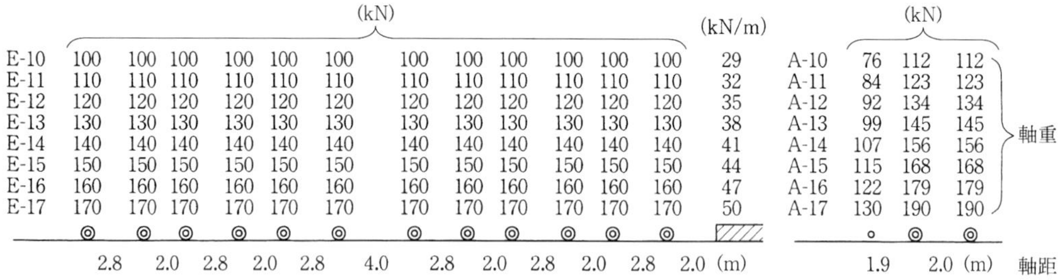

	(kN)												(kN/m)		(kN)			
E-10	100	100	100	100	100	100	100	100	100	100	100	100	29	A-10	76	112	112	
E-11	110	110	110	110	110	110	110	110	110	110	110	110	32	A-11	84	123	123	
E-12	120	120	120	120	120	120	120	120	120	120	120	120	35	A-12	92	134	134	
E-13	130	130	130	130	130	130	130	130	130	130	130	130	38	A-13	99	145	145	軸重
E-14	140	140	140	140	140	140	140	140	140	140	140	140	41	A-14	107	156	156	
E-15	150	150	150	150	150	150	150	150	150	150	150	150	44	A-15	115	168	168	
E-16	160	160	160	160	160	160	160	160	160	160	160	160	47	A-16	122	179	179	
E-17	170	170	170	170	170	170	170	170	170	170	170	170	50	A-17	130	190	190	

軸距： 2.8　2.0　2.8　2.0　2.8　4.0　2.8　2.0　2.8　2.0　2.8　2.0 (m)　　1.9　2.0 (m)

解説図4.4.1　EA荷重

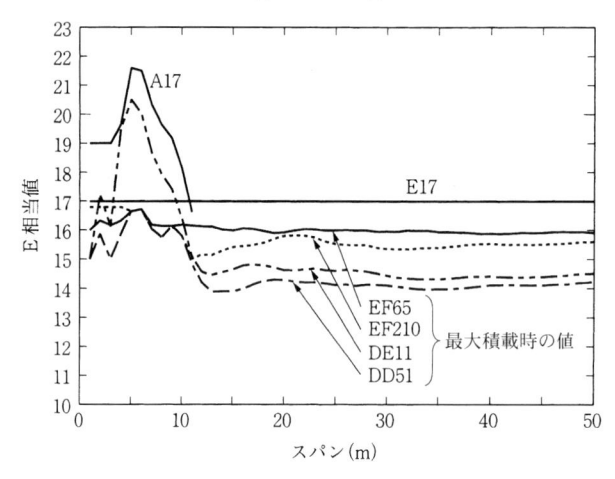

解説図4.4.2　EA荷重とJR社の機関車による荷重との関係

2) M荷重

電車または内燃動車の荷重における標準列車荷重の一例として，M荷重を**解説図4.4.3**に示す．これは，JR社において標準的に使用されている20m長車両の軸配置を基本モデルとしたものである．軸重は車両の形式により異なるが，JR社において車両重量の最も重い201系電車を対象とし，乗車率350％

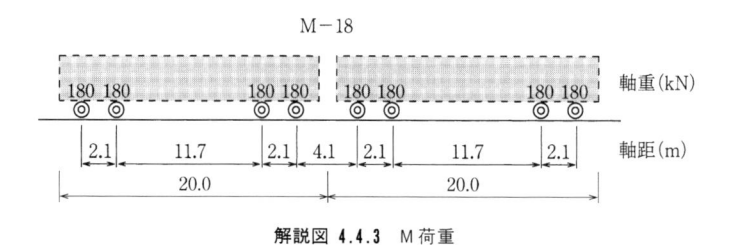

M-18

軸重(kN)： 180 180　180 180　180 180　180 180

軸距(m)： 2.1　11.7　2.1　4.1　2.1　11.7　2.1

20.0　20.0

解説図4.4.3　M荷重

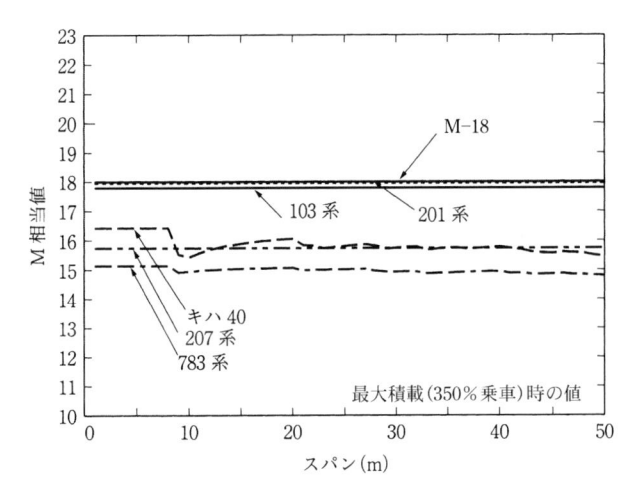

解説図 4.4.4 M荷重とJR社の電車・内燃動車による荷重との関係

程度の最大限の乗車人員を見込むと，**解説図 4.4.4**に示すように，軸重の特性値は 180 kN 程度となる．

このように，適切な軸重を与えたM荷重が，構造物または部材に最大の影響を及ぼす列車または車両を包含する場合には，これを最大積載時の列車荷重の特性値としてよい．

3) 新幹線荷重

新幹線荷重における標準列車荷重の一例として，H荷重を**解説図 4.4.5**に示す．これは，JR社において標準的に使用されている 25 m 長車両の軸配置を基本モデルとしたものである．H荷重に用いる軸重は車両の形式により異なるため，将来の需要や線区の特性に合わせて乗車定員や乗車率を見込み適切に

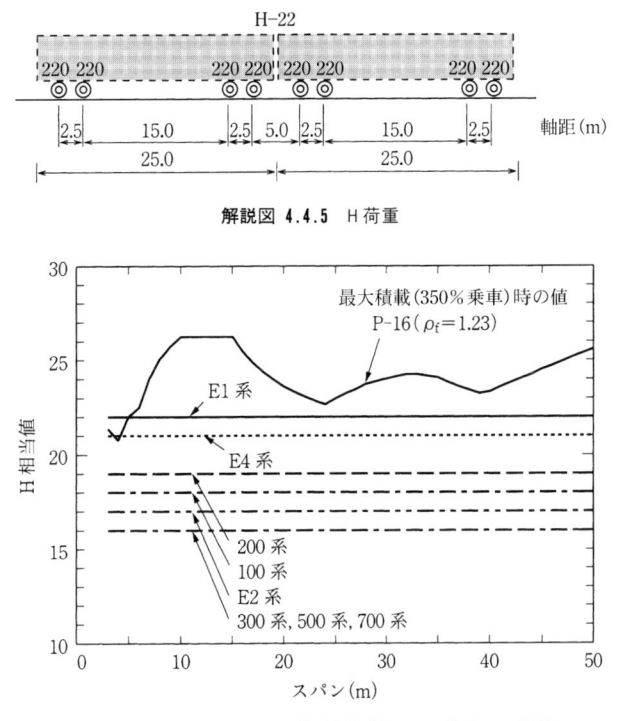

解説図 4.4.5 H荷重

解説図 4.4.6 H荷重とJR社の新幹線による荷重との関係

定める必要がある．

このように適切な軸重を与えた H 荷重が，構造物または部材に最大の影響を及ぼす列車または車両を包含する場合には，これを最大積載時の列車荷重の特性値としてよい．また，新幹線と在来線の直通運転を行う 20 m 程度車両が走行する場合等には，M 荷重等，適切な標準列車荷重を別途定め併用するのがよい．

また，新幹線鉄道構造規則(昭和 39 年運輸省令第 70 号，平成 14 年廃止)に規定されていた N 標準活荷重および P 標準活荷重（以下 NP 荷重と総称する）を**解説図 4.4.7** に示す．P 標準活荷重は定員乗車状態で軸重 160 kN を想定しているため，列車荷重の特性値とする場合には，作用修正係数 ρ_f は，最大積載重量に見合う適切な値としなければならない．例えば，定員乗車時軸重 160 kN に対して最大積載時の乗車率を 350% と仮定すると，作用修正係数 ρ_f は 1.23 となる．

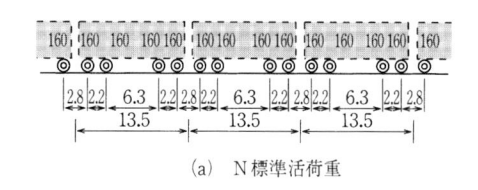

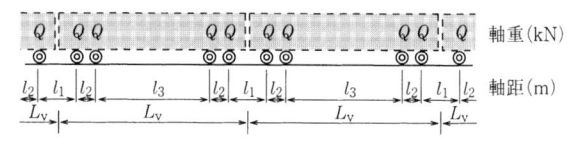

(a) N 標準活荷重

長さ(m) 軸重 Q(kN)	L_v	l_1	l_2	l_3
160	20.0	2.8	2.2	12.8
170	20.0	3.5	2.2	12.1

(b) P 標準活荷重

解説図 4.4.7 NP 荷重

4.4.4 衝撃荷重（I）

（1）列車または車両の走行により構造物に生じる応答の動的な増加分は，静的な荷重の増加に置換し算定してよい．この場合，衝撃荷重の特性値は，「**4.4.3 列車荷重（L）**」に定める列車荷重の特性値に設計衝撃係数を乗じた値とする．

（2）設計衝撃係数は，動的解析等の適切な方法を用い，列車または車両の最高速度，軸配置，編成両数，部材のスパン，非線形性，基本固有振動数および減衰定数の他，求めようとする応答値の種類，軌道や車輪の整備状況等を勘案し算定することを原則とする．

（3）単線を支持する構造物または部材の安全性および復旧性の照査に用いる設計衝撃係数は，式(4.4.1)により算定することとする．

$$i = (1+i_a)(1+i_c) - 1 \tag{4.4.1}$$

ここに，i：設計衝撃係数
　　　　i_a：速度効果の衝撃係数
　　　　i_c：車両動揺の衝撃係数

$$i_c = \frac{10}{65+L_b} \tag{4.4.2}$$

ここに，L_b：桁または部材のスパン（m）

（4）使用性の照査に用いる設計衝撃係数は，（3）に定める設計衝撃係数の 3/4 としてよい．

(5) 複線を支持する構造物または部材の照査に用いる設計衝撃係数は，(3)，(4)に定める設計衝撃係数に，式(4.4.3)により算定される低減係数 β_l を乗じた値としてよい．

$L_b≦80$ m の場合　$\beta_l=1-L_b/200$
$L_b>80$ m の場合　$\beta_l=0.6$
(4.4.3)

ここに，L_b：部材のスパン（m）

(6) 構造物の上面に土被りがある場合や断面の大きい橋脚や柱等の場合には，(3)～(5)に定める設計衝撃係数を減じてよい．

【解説】
(1) について

列車または車両の走行により構造物には動的な応答が生じるが，動的応力またはたわみの静的応答に対する増加割合を衝撃係数と定義している．衝撃係数を式で表せば，式(解4.4.1)となる．

$$i=\frac{f_d-f_s}{f_s}$$
(解4.4.1)

ここに，i：衝撃係数
f_d：動的な応力またはたわみの最大値
f_s：静的な応力またはたわみの最大値

構造物の設計では，列車荷重に設計衝撃係数を乗じることにより，動的応答を静的荷重に置換するのが簡便であり，本標準でもこの方法を用いてよいこととした．

ただし，車両と構造物との動的相互作用を考慮した精密なシミュレーション解析等を行う場合には，これによらなくてもよい．

(2),(3) について

列車または車両の走行により構造物には動的な応答が生じるが，本標準では，時刻歴応答解析等により，構造物の動的な影響を適切に評価することを原則とした．一般には，次の1)～3)により行ってよい．

1) 設計衝撃係数

鉄道構造物の動的応答は，多くの要因が関与して発生するものであるが，大別して，

a) 連行移動荷重の速度効果
b) 車両が発生する周期力の効果
c) 軌道および車両の不整に伴う車両動揺の影響

の3つにまとめられる．

これらの個々の要因に関しては，これまでに，大地[3]，松浦[4]らによる理論的検討や，ORE(国際鉄道連合技術研究所)による数多くの橋梁に対する実測値の統計的分析[5]等多くの理論解析，実測がなされてきた[6),7]．

式(4.4.1)に示した $i_α$ は速度効果の衝撃係数で，「鉄道構造物等設計標準・同解説（コンクリート構造物）」の**付属資料4**より，式(解4.4.2)に示す速度パラメーター $α$，車両形式，車両長 L_v および部材のスパン L_b を用いて求めることができる．

$$α=\frac{v}{7.2n\cdot L_b}$$
(解4.4.2)

ここに，$α$：速度パラメーター
v：列車または車両の最高速度（km/h）

n：部材の基本固有振動数（Hz）

L_b：部材のスパン（m）

部材のスパンは，最大活荷重断面力を生じさせる同符号の影響線の基線の長さであり，鋼・合成構造物の各部材のL_bのとり方については，「鉄道構造物等設計標準・同解説（鋼・合成構造物）」による．

速度効果については，近年の列車の高速化や桁の低剛性化等の影響により，共振速度付近における設計事例が増え，かつ従来を上回る実測値が報告されるようになってきたため，実測値や解析値を包絡するように速度パラメーターαの1次式で近似する従来の手法[8]から，**解説図 4.4.8**に示すような動的シミュレーションの結果を図から読みとる手法とした[9]．

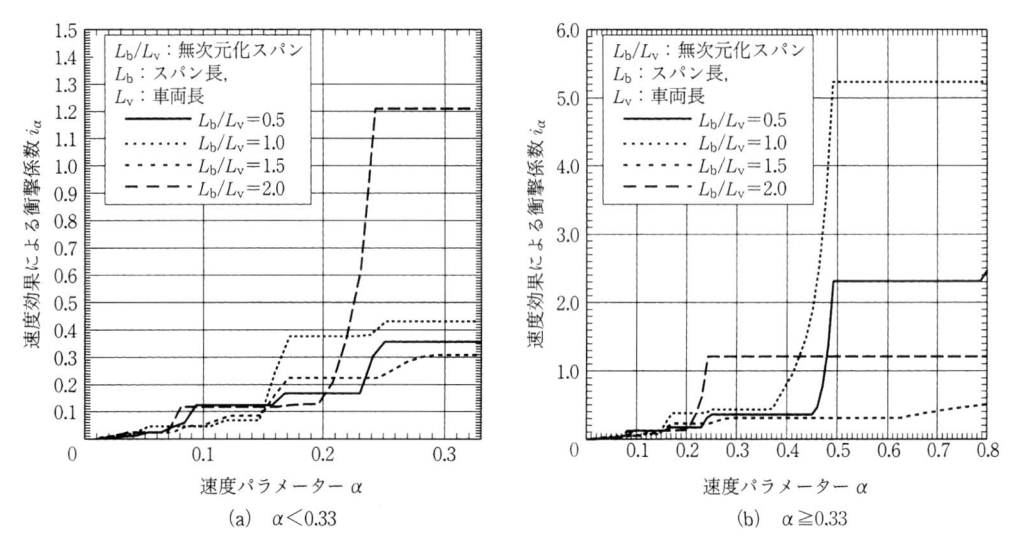

解説図 4.4.8 速度効果による衝撃係数の例

連続桁，連続ラーメン等において，各スパンが等しくなく，かつ最小スパンが最大スパンの70％以上の場合には，スパンL_bとして各スパンの平均値をとる．最大スパンの70％に満たないスパンに対しては，スパンL_bとして当該スパンの値をとる．

車両が発生する周期力の影響は，通常，蒸気機関車の運行は考慮しないものとして「鉄道構造物等設計標準・同解説（コンクリート構造物）」の**付属資料4**では省略している．蒸気機関車が走行する線区の設計において，ハンマーブローによる影響を考慮する必要がある場合には，別途検討して設計衝撃係数を定めねばならない．

軌道および車両の不整に伴う車両動揺の影響については，動的相互作用シミュレーションにより従来通りの式(4.4.2)を用いれば概ね現象を再現できることを数値解析により確認した[4],[9]．また，衝撃係数が大きくなると，速度効果と車両動揺とが相互に影響し合うため，その影響を考慮できる式(4.4.1)を用いることとした[9],[10],[11]．

ただし，以下の場合については，別途検討を行う必要がある．

a) 構造物または部材の減衰定数が小さい場合

b) 列車または車両の軸配置が通常と大きく異なる場合

c) 斜張橋等の高次不静定構造物で，部材ごとに動的特性が異なり単純梁で近似するのが困難な場合

2) 部材の基本固有振動数の推定方法

設計衝撃係数を算定するためには，部材の基本固有振動数を求めることが必要となる．部材の基本固有振動数は，そのスパン，境界条件，剛性および質量に対して，理論解や類似の条件に対する実測例等に基づいて推定する．

単純支持ばりの場合には，一般に，式（解 4.4.3）により部材の基本固有振動数を求めてよい．

$$n = \frac{\pi}{2L_b^2} \cdot \sqrt{\frac{EI \cdot g}{D}} \qquad \text{(解 4.4.3)}$$

ここに，n：部材の基本固有振動数（Hz）
L_b：部材のスパン
EI：部材の曲げ剛性
g：重力加速度
D：単位長さ当たりの死荷重

3) 鋼・合成構造の桁の設計衝撃係数

鋼・合成構造の桁の載荷時の基本固有振動数 n_e は，実測および簡易な計算により近似的に式（解 4.4.4）で与えられる．

$$n_e = 70 L_b^{-0.8} \qquad \text{(解 4.4.4)}$$

式（解 4.4.4）に相当するような場合，剛性が高いことから一般に動的応答は顕著とはならない．鋼・合成構造の桁の場合の速度効果の衝撃係数 i_α は式（解 4.4.5）で求めてよい．

$$i_\alpha = K_a \cdot \alpha \qquad \text{(解 4.4.5)}$$

ここに，$K_a = 1.0$ （新幹線）
$K_a = 2.0$ （在来鉄道）

速度パラメーター α は式（解 4.4.2）により算定するが，このとき式（解 4.4.4）による載荷時の桁の固有振動数 n_e を部材の基本固有振動数 n として算定してよい．また，速度パラメーター α を算定する際に用いる列車の最高速度は，当該区間を運行する列車の最高速度とするが，これまで行われた実測を考慮し，在来鉄道の場合，機関車荷重で130 km/h，電車・内燃動車では160 km/h を超えないものとする．これ以上の速度については 1) により算定する必要がある．また，新幹線の場合には 300 km/h 程度の速度まで適用してよい．

非常に重い桁やたわみの大きい桁等の固有振動数が低い桁では，低速走行であっても共振の影響を無視できなくなることがあるので，非載荷時の固有振動数が式（解 4.4.6）を満足しないときには，式（解 4.4.4）を用いて衝撃係数を算出してはならない．この場合は載荷時の桁の基本固有振動数を求めて精密計算するのがよい．

$$n = \sqrt{\frac{315}{d}} > \frac{100}{L_b} \qquad \text{(解 4.4.6)}$$

ここで，d：死荷重によるたわみ量（mm），L_b：スパン（m）

（4）について

設計衝撃係数は速度効果と車両動揺の影響からなり，安全性に対しては実測値を包絡する最大値の期待値として定義される必要がある．このうち速度効果の影響は極めて再現性が高いが，車両動揺の影響は軌道不整等の程度に依存してばらつく性格のものである．使用性の照査に用いる設計衝撃係数は平均的な値としてよいことから，実測値の変動を考慮して，（3）に定める設計衝撃係数の3/4に低減してよいこととした．

（5）について

　複線を支持する部材に列車が同時載荷する場合，これが相等しい位相で部材に衝撃を与える機会は極めて少ないと考えられるので，式（4.4.3）により設計衝撃係数を低減してよいことにした．

（6）について

　下部構造物のく体，フーチングおよび基礎の設計衝撃係数は，一般に，式（解4.4.7）により低減してよい．

$$i = i_0 \cdot \left(1 - \frac{D_s}{L + D_u + D_s}\right) \qquad (解4.4.7)$$

　ここに，　i：下部構造物に対する設計衝撃係数
　　　　　　i_0：上部構造物の設計衝撃係数
　　　　　　L_b：下部構造物に働く列車荷重
　　　　　　D_u：上部構造物の死荷重
　　　　　　D_s：対象断面までの下部構造物の死荷重

　ただし，$\frac{D_s}{L + D_u + D_s} \geq 0.9$ の場合には，$i = 0$ としてよい．

4.4.5　遠心荷重（C）

（1）　遠心荷重の載荷位置は列車または車両の重心位置とし，軌道に対して直角かつ水平に働くこととする．

（2）　遠心荷重の特性値は，「**4.4.3 列車荷重（L）**」に定める列車荷重の特性値に，式（4.4.4）により算定される遠心荷重係数 α_c を乗じた値とする．

$$\alpha_c = \frac{v^2}{127R} \qquad (4.4.4)$$

　ここに，　α_c：遠心荷重係数
　　　　　　v：曲線における列車または車両の最高速度（km/h）
　　　　　　R：曲線半径（m）

【解説】

（1）について

　遠心荷重は，車両の重心に水平力として働く．車両の重心の高さはさまざまであり，安全側に値を定めなければならない．載荷する方向は，軌道に直角な方向とするのが理論的であるが，載荷位置によって橋軸となす角度を変えることは計算上煩雑となり，計算結果もあまり変わらないので，一般には橋軸に対して直角であるとして計算してよい．

　ただし，非対称に軌道が配置されるような場合には，橋軸方向にも分力が生じるので注意を要する．

（2）について

　曲線における列車または車両の最高速度は，軌道構造（カント量等）や車両の特性などにより異なることから，遠心荷重係数 α_c は，当該最高速度に対して式（4.4.4）の理論式により算定することにした．ただし，曲線半径が大きく，遠心荷重係数 α_c が小さい場合には，遠心荷重を考慮しなくてもよい．

4.4.6 地震の影響（E_Q）

地震の影響は，「鉄道構造物等設計標準（耐震設計）」によることとする．

【解説】

地震時の走行安全性に係る変位の照査および地震時の軌道の損傷に関する変位の照査には，「鉄道構造物等設計標準・同解説（耐震設計）」に定められているＬ１地震動の設計想定地震動を用いることを原則とする．ただし，建設地点において適切な特性の地震動が得られている場合には，それによってよい．

4.5 設計作用の組合せ

（1） 設計作用の組合せは，構造物または部材の種類，要求性能に応じて，適切に定めることとする．

（2） 設計作用の組合せは，一般に，次の（a）～（c）の基本事項を前提として定めてよい．

（a） 安全性の照査

（i） 常時の走行安全性の照査において列車荷重により生じる変位の照査を行う場合，変動作用として，一般に，列車荷重，衝撃荷重および遠心荷重を考慮する．

（ii） 地震時の走行安全性に係る変位の照査において偶発作用として地震の影響を考える場合，列車荷重は従たる変動作用とする．この場合，衝撃荷重および遠心荷重は考慮しなくてよい．

（iii） 地震時の走行安全性に係る変位の照査において偶発作用として地震の影響を考える場合，風荷重は考慮しなくてよい．

（b） 使用性の照査

乗り心地に関する使用性の照査において列車荷重により生じる変位の照査を行う場合，変動作用として，一般に，列車荷重，衝撃荷重および遠心荷重を考慮する．

（c） 復旧性の照査

（i） 常時の軌道の損傷に関する復旧性の照査において列車荷重により生じる変位の照査を行う場合，変動作用として，一般に，列車荷重，衝撃荷重および遠心荷重を考慮する．

（ii） 地震時の軌道の損傷に係る変位の照査において偶発作用として地震の影響を考える場合，列車荷重は従たる変動作用とする．この場合，衝撃荷重および遠心荷重は考慮しなくてよい．

（iii） 地震時の軌道の損傷に係る変位の照査において偶発作用として地震の影響を考える場合，風荷重は考慮しなくてよい．

解説表 4.5.1 設計作用の組合せの例（鋼・合成構造物）

構造物の種類	要求性能	性能項目	設計作用の組合せ
鋼・合成構造の桁	安全性	常時の走行安全性	・$[D]+L+I+[C]$ ……………………列車荷重によるたわみ
	使用性	乗り心地	・$[D]+L+I+[C]$ ……………………列車荷重によるたわみ
	復旧性	常時の軌道の損傷に関する復旧性	・$[D]+L+I+[C]$
鋼橋脚	安全性	地震時の走行安全性に係る変位	・$D+1.0E_Q+\{L\}$ ……………………角折れ，目違い，振動変位
	復旧性	常時の軌道の損傷に関する復旧性 地震時の軌道の損傷に係る変位	・$[D]+L+I+[C]$ ・$D+1.0E_Q+\{L\}$ ……………………………角折れ，目違い
鋼ラーメン構造物	安全性	常時の走行安全性 地震時の走行安全性に係る変位	・$[D]+L+I+[C]$ ……………………列車荷重によるたわみ ・$D+1.0E_Q+\{L\}$ ……………………角折れ，目違い，振動変位
	使用性	乗り心地	・$[D]+L+I+[C]$ ……………………列車荷重によるたわみ
	復旧性	常時の軌道の損傷に関する復旧性 地震時の軌道の損傷に係る変位	・$[D]+L+I+[C]$ ・$D+1.0E_Q+\{L\}$ ……………………………角折れ，目違い
支承部	安全性	常時の走行安全性	・$[D]+L+I+[C]$ ……………………ゴム支承の鉛直変位
	使用性	乗り心地	・$[D]+L+I+[C]$ ……………………ゴム支承の鉛直変位
	復旧性	常時の軌道の損傷に関する復旧性	・$[D]+L+I+[C]$ ……………………ゴム支承の鉛直変位

解説表 4.5.2 設計作用の組合せの例（コンクリート構造物）

構造物の種類	要求性能	性能項目	設計作用の組合せ
RC 桁 PRC 桁 PC 桁	安全性	常時の走行安全性	・$D_1+D_2+P_S+L+I+[C]$ ……………列車荷重によるたわみ ・$D_1+D_2+P_S+S_H+C_R$ ……………………長期変形
	使用性	乗り心地	・$D_1+D_2+P_S+L+I+[C]$ ……………列車荷重によるたわみ ・$D_1+D_2+P_S+S_H+C_R$ ……………………長期変形
	復旧性	常時の軌道の損傷に関する復旧性	・$D_1+D_2+P_S+S_H+C_R+L+I+[C]$ ・$D_1+D_2+P_S+S_H+C_R$
RC 橋脚 RC 橋台	安全性	地震時の走行安全性に係る変位	・$1.0D_1+1.0D_2+1.0E_Q+\{L\}$……角折れ，目違い，振動変位
	復旧性	常時の軌道の損傷に関する復旧性 地震時の軌道の損傷に係る変位	・$D_1+D_2+P_S+S_H+C_R+L+I+[C]$ ・$D_1+D_2+P_S+S_H+C_R$ ・$1.0D_1+1.0D_2+1.0E_Q+\{L\}$
ラーメン構造物 フラットスラブ構造物 アーチ	安全性	常時の走行安全性 地震時の走行安全性に係る変位	・$D_1+D_2+P_S+L+I+[C]$ ……………列車荷重によるたわみ ・$1.0D_1+1.0D_2+1.0P_S+[S_H+C_R+T]+1.0E_Q+\{L\}$ 　……………………………………………角折れ，目違い，振動変位
	使用性	乗り心地	・$D_1+D_2+P_S+L+I+C$ ……………列車荷重によるたわみ ・$D_1+D_2+P_S+S_H+C_R$ ……………………長期変形
	復旧性	常時の軌道の損傷に関する復旧性 地震時の軌道の損傷に係る変位	・$D_1+D_2+P_S+[S_H+C_R+T]+L+I+[C]$ ・$D_1+D_2+P_S+S_H+C_R$ ・$1.0D_1+1.0D_2+1.0P_S+[S_H+C_R+T]+1.0E_Q+\{L\}$
支承部	安全性	常時の走行安全性	・$D_1+D_2+L+I+[C]$ ……………………ゴム支承の鉛直変位
	使用性	乗り心地	・$D_1+D_2+L+I+[C]$ ……………………ゴム支承の鉛直変位
	復旧性	常時の軌道の損傷に関する復旧性	・$[D]+L+I+[C]$ ……………………ゴム支承の鉛直変位

注) 表は，環境の影響を作用として考慮しない場合の例である．作用の記号は特性値を意味する．
　　{ }を付けた作用は，従たる変動作用を意味する．
　　[ ]を付けた作用は，必要に応じて組合せを考慮する．

[記号] D：死荷重（鋼・合成構造物の場合）　　P_S：プレストレス力
D_1：固定死荷重　D_2：付加死荷重　C_R：コンクリートのクリープの影響
L：列車荷重　I：衝撃荷重　S_H：コンクリートの収縮の影響
C：遠心荷重　T：温度変化の影響
E_Q：地震の影響

【解説】

(2)について

本標準における性能の照査に用いる設計作用の組合せの基本となる考え方を示した.

鋼・合成構造物について,構造物の種類,要求性能に応じて照査における作用の組合せを具体的に表すと,**解説表 4.5.1** に示す通りである.通常の鋼・合成構造物やコンクリート充填鋼管構造物にあっては,一般に,**解説表 4.5.1** に示す設計作用の組合せを参考にして照査を行ってよい.

また,コンクリート構造物について,構造物の種類,要求性能に応じて照査における作用の組合せを具体的に表すと,**解説表 4.5.2** に示す通りである.通常のコンクリート構造物や鉄骨鉄筋コンクリート構造物にあっては,一般に,**解説表 4.5.2** に示す設計作用の組合せを参考にして照査を行ってよい.

参考文献

1) 森田英男,八巻一幸,古谷時春:新幹線列車荷重の特性値について,土木学会第45回年次学術講演会概要集第1部,pp. 706-707,1990.9.
2) 田中倫明:新しい設計列車荷重と橋梁入線の考え方,日本鉄道施設協会誌,No.7, pp.12-16, 1987.7.
3) 大地羊三:鉄道橋の衝撃係数,鉄道技術研究報告,No.370, 1963.
4) 松浦章夫:高速鉄道における橋桁の動的応答に関する研究,鉄道技術研究報告,No.1074, 1978.
5) ORE:QuestionD 23, Determination of dynamic forces in bridges, Report No. 15, 1966.
6) 松浦章夫,浅川和夫,佐藤勉,伊藤昭夫:湖西線160 km/h試験における橋梁の動的応答,鉄道技術研究所速報,1985.
7) 石橋忠良,長田晴道:コンクリート橋の衝撃係数(新幹線),構造物設計資料,No.68, pp.3-7, 1981.
8) 涌井一,松本信之,渡辺忠朋:コンクリート鉄道橋の設計衝撃係数,鉄道総研報告,Vol.2, No.9, pp.16-23, 1988.
9) 曽我部正道,松本信之,藤野陽三,涌井一,金森真,宮本雅章:共振領域におけるコンクリート鉄道橋の動的設計法に関する研究,土木学会論文集,No.724/I-62, pp.83-102, 2003.
10) (財)鉄道総合技術研究所:鉄道技術基準整備のための調査研究報告書,昭和63年3月,pp.131-132, 1988.3.
11) 曽我部正道,松本信之,田辺誠,藤野陽三,涌井一,上野眞:超電導磁気浮上式車両とガイドウェイ構造物との動的相互作用に関する応答予測と振動低減,土木学会論文集,No.731/I-63, pp.119-134, 2003.

5章 材 料

5.1 一 般

（1） 本章では，本標準において前提とする材料の品質，および照査に用いる材料の特性値ならびに設計値について定める．なお，ここに示していない材料の品質，特性値および設計値については，試験等により確認されたものを用いることとする．

（2） 材料強度の特性値 f_k は，試験値のばらつきを考慮した上で，適切な値を用いることとする．

（3） 材料強度の規格値 f_n が特性値とは別に定められている場合，材料強度の特性値 f_k は，規格値 f_n に適切な材料修正係数 ρ_m を乗じた値とする．

（4） 設計材料強度 f_d は，材料強度の特性値 f_k を材料係数 γ_m で除した値とする．

（5） 地盤の土質諸定数の設計値は，特性値に地盤調査係数 f_g を乗じた値とする．

【解説】
（1）について

構造物に使用される材料の品質，特性値および設計値については本章によることとした．ただし，本標準で対象とする材料は，コンクリート，鋼材（構造用鋼材，鉄筋および PC 鋼材等の総称として用いる），土等多岐に渡る．本標準に示していない事項については，構造種別に応じて，「鉄道構造物等設計標準・同解説（コンクリート構造物）」，「鉄道構造物等設計標準・同解説（鋼・合成構造物）」，「鉄道構造物等設計標準・同解説（鋼とコンクリートの複合構造物）」，「鉄道構造物等設計標準・同解説（基礎構造物・抗土圧構造物）」および「鉄道構造物等設計標準・同解説（土構造物）」によるのがよい．

近年，材料に関する技術の進歩は著しいものがあり，各構造物ごとの「鉄道構造物等設計標準・同解説」に示していない材料を使用するケースも増えている．このような新しく開発された材料の品質，特性値および設計値については，試験等を行い確認されたものを用いることとした．

（2）について

材料強度の特性値は，照査する事項に応じて，適切な下限値あるいは上限値を設定しなければならない．例えば，部材の耐力を算定する場合には下限値を用いることが一般的であるが，構造物または部材の変位を算定する場合等で上限値を用いた方が下限値を用いる場合よりも危険となる場合には，適切な上限値を用いて照査を行うこととする．

材料強度の特性値の下限値は，一般に式（解 5.1.1）により求めてよい．

$$f_k = f_m - k \cdot \sigma = f_m (1 - k \cdot \delta) \qquad \text{(解 5.1.1)}$$

ここに，f_m：試験値の平均値
　　　　σ：試験値の標準偏差
　　　　δ：試験値の変動係数
　　　　k：係数

係数 k は，特性値より小さい試験値が得られる確率と試験値の分布形より定まるものである．特性値を下回る確率を5%とし，分布形を正規分布とすると，係数 k は 1.64 となる．(**解説図 5.1.1** 参照)

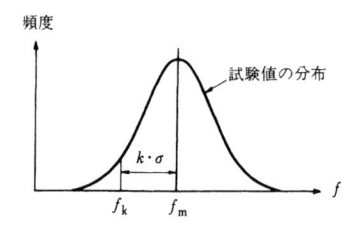

解説図 5.1.1 材料強度の特性値

（5）について

土質定数 c，ϕ 等の特性値は土質調査・試験の精度および信頼性に大きく依存するため，これらの程度を表す地盤調査係数 f_g を乗じるものとした．地盤調査係数 f_g は，特別な検討を行う場合以外は当面1.0としてよい．ただし，土質定数等により精度の高い調査を行った場合には，これを適切に評価して係数を定めてよい．

なお，「**5.4 土質諸定数の設計値**」に示すように，表層地盤の設計初期せん断弾性波速度 V_{sod} を算定する際に，地盤のせん断弾性波速度の特性値 V_s を標準貫入試験の N 値から推定する場合は，地盤調査係数 f_g は 0.85 とする．

5.2 材料の品質

（1） コンクリート，鉄筋およびPC鋼材の品質は，「鉄道構造物等設計標準（コンクリート構造物）」によることとする．

（2） 構造用鋼材の品質は，「鉄道構造物等設計標準（鋼・合成構造物）」および「鉄道構造物等設計標準（鋼とコンクリートの複合構造物）」によることとする．

（3） 支承部に用いる材料の品質は，「鉄道構造物等設計標準（コンクリート構造物）」，「鉄道構造物等設計標準（鋼・合成構造物）」，および「鉄道構造物等設計標準（鋼とコンクリートの複合構造物）」によることとする．

（4） 基礎構造物の材料の品質は，「鉄道構造物等設計標準（基礎構造物・抗土圧構造物）」によることとする．

（5） 盛土の材料の品質は，「鉄道構造物等設計標準（土構造物）」によることとする．

5章 材 料

【解説】

　本標準で対象としている各種構造物に用いられる材料の品質は，基本的には各構造物ごとの「鉄道構造物等設計標準・同解説」によることとした．なお，各構造物ごとの「鉄道構造物等設計標準・同解説」に示されていない材料を使用する場合には，強度や経年による材質・特性の変化等について，試験等を実施して必要な品質を有していることを確認しなければならない．

5.3　材料の特性値および設計値

（1）　コンクリート，鉄筋および PC 鋼材の特性値および設計値は，「鉄道構造物等設計標準（コンクリート構造物）」によることとする．

（2）　構造用鋼材の特性値および設計値は「鉄道構造物等設計標準（鋼・合成構造物）」および「鉄道構造物等設計標準（鋼とコンクリートの複合構造物）」によることとする．

（3）　支承部に用いる材料の特性値および設計値は，「鉄道構造物等設計標準（コンクリート構造物）」，「鉄道構造物等設計標準（鋼・合成構造物）」，および「鉄道構造物等設計標準（鋼とコンクリートの複合構造物）」によることとする．

（4）　基礎構造物の材料の特性値および設計値は「鉄道構造物等設計標準（基礎構造物・抗土圧構造物）」によることとする．

（5）　盛土の材料の特性値および設計値は「鉄道構造物等設計標準（土構造物）」によることとする．

【解説】

（1）について

　コンクリート構造物または部材の変形量の算定に用いる普通骨材コンクリートおよび軽量骨材コンクリートの特性値および設計値は，「鉄道構造物等設計標準・同解説（コンクリート構造物）」によることとし，必要により，コンクリートのヤング係数等を実際に使用する材料に対して実測した値を用いるものとする．地震の影響に対する照査等においてコンクリート部材の非線形性を考慮する場合には，コンクリートの応力－ひずみ関係は，「鉄道構造物等設計標準・同解説（コンクリート構造物）」によることとする．

　コンクリート構造物または部材の変形量の算定に用いる鉄筋や PC 鋼材のヤング係数は，一般に 200 kN/mm^2 としてよい．また，地震の影響に対する照査等においてコンクリート部材の非線形性を考慮する場合には，鉄筋や PC 鋼材の応力－ひずみ関係は，「鉄道構造物等設計標準・同解説（コンクリート構造物）」によることとする．

（2）について

　鋼構造物や，鋼とコンクリートの複合構造物において，部材の変形量の算定に用いる構造用鋼材の特性値および設計値は，「鉄道構造物等設計標準・同解説（鋼・合成構造物）」および「鉄道構造物等設計標準・同解説（鋼とコンクリートの複合構造物）」によることとした．一般に，部材の変形量の算定に用いる構造用鋼材のヤング係数は 200 kN/mm^2 としてよい．また，地震の影響に対する照査等において非線形性を考慮する場合には，構造用鋼材の応力－ひずみ関係は，「鉄道構造物等設計標準・同解説（耐震設計）」によることとする．

合成桁に用いられるコンクリートおよび鉄筋の特性値および設計値は「鉄道構造物等設計標準・同解説（鋼・合成構造物）」に，鋼とコンクリートの複合構造物に用いられるコンクリートおよび鉄筋の特性値および設計値は「鉄道構造物等設計標準・同解説（鋼とコンクリートの複合構造物）」および「鉄道構造物等設計標準・同解説（耐震設計）」によることとする．

（3）について

支承部に用いる材料の特性値および設計値は，各構造物ごとの「鉄道構造物等設計標準・同解説」によることとした．ただし，最近，鉛プラグ入り積層ゴム支承や高減衰ゴム支承のように「鉄道構造物等設計標準・同解説」に示していない材料が使用されるケースがある．このような材料に関する特性値および設計値については，試験等を実施して確認されたものを用いることとする．

（4），（5）について

基礎構造物や盛土の材料の特性値および設計値については，「鉄道構造物等設計標準・同解説（基礎構造物・抗土圧構造物）」および「鉄道構造物等設計標準・同解説（土構造物）」によることとした．

5.4 土質諸定数の設計値

土質諸定数の設計値は「鉄道構造物等設計標準（基礎構造物・抗土圧構造物）」および「鉄道構造物等設計標準（土構造物）」によることとする．ただし，地盤のせん断弾性波速度の特性値は，原則として実測値により定めることとする．

【解説】

（1）について

本文は土質諸定数の設計値について規定したものであるが，岩盤等の設計値についても「鉄道構造物等設計標準・同解説（基礎構造物・抗土圧構造物）」および「鉄道構造物等設計標準・同解説（土構造物）」によることとする．

（2）について

地震時における照査を行う際には，地盤種別を求めておく必要がある．この地盤種別は，「鉄道構造物等設計標準・同解説（耐震設計）」により，表層地盤の設計初期せん断弾性波速度 V_{sod} に基づいて算定される表層地盤の固有周期に応じて区分する．

設計初期せん断弾性波速度 V_{sod} は次式により算定する．このとき，地盤のせん断弾性波速度の特性値 V_s は実測値により定めることを原則とする．

$$V_{sod} = f_g \cdot V_s \qquad \text{（解 5.4.1）}$$

ここに，V_{sod}：設計初期せん断弾性波速度 (m/s)

f_g：地盤調査係数で，弾性波探査やPS検層による場合は1.0としてよい．

V_s：地盤のせん断弾性波速度の特性値 (m/s)

なお，やむを得ず地盤のせん断弾性波速度の特性値 V_s を標準貫入試験の N 値から推定する場合は，次式により定めてよい．このとき，設計初期せん断弾性波速度 V_{sod} を算定する際の地盤調査係数 f_g は0.85とする．

1) 砂質土

$$V_s = 80 N^{1/3} \quad (N \leq 50) \qquad \text{（解 5.4.2）}$$

2) 粘性土

$$V_s = 100N^{1/3} \quad (2 \leq N \leq 50) \qquad (解5.4.3)$$
$$V_s = 23q_u^{0.36} \quad (N<2) \qquad (解5.4.4)$$

ここに，N：標準貫入試験による N 値の特性値
q_u：一軸圧縮強度の特性値（kN/m^2）

5.5 材料係数

各材料の材料係数は，各構造物ごとの「鉄道構造物等設計標準」によることとする．

【解説】

各材料の材料係数については，各構造物ごとの「鉄道構造物等設計標準・同解説」により適切に定めることとするが，本標準で用いる材料係数の標準的な値を**解説表 5.5.1** に示す．

常時の走行安全性，乗り心地および常時の軌道の損傷に関する復旧性の照査を，桁のたわみや軌道面の不同変位を照査指標として行う場合には，応答値の算定に用いるヤング係数には材料係数を適用しなくてよい．

地震時の走行安全性に係る変位および地震時の軌道の損傷に係る変位の照査を，構造物の横方向の振動変位および軌道面の不同変位を照査指標とし，構造物の静的非線形解析により応答値を算定する場合には，**解説表 5.5.1** に示す材料係数を用いるのがよい．

解説表 5.5.1 材料係数の標準的な値

要求性能	性能項目	材料係数 γ_m		
		コンクリート γ_c	鉄筋，PC鋼材 γ_r	構造用鋼材 γ_s
安全性	常時の走行安全性	(1.0)	(1.0)	(1.0)
	地震時の走行安全性に係る変位	1.3	1.0	1.05
使用性	乗り心地	(1.0)	(1.0)	(1.0)
復旧性	常時の軌道の損傷に関する復旧性	(1.0)	(1.0)	(1.0)
	地震時の軌道の損傷に係る変位	1.3	1.0	1.05

注）（ ）：必要に応じて照査に用いる係数

なお，地盤調査係数については，「鉄道構造物等設計標準・同解説（基礎構造物・抗土圧構造物）」および「鉄道構造物等設計標準・同解説（土構造物）」により定めることとする．

6章 応答値の算定

6.1 一般

(1) 構造物の性能照査に用いる応答値は、照査指標に応じて材料モデルまたは部材モデルを用いた信頼性と精度があらかじめ検証された構造解析モデルを設定し、作用の表現形式に応じた構造解析法を用いて算定することとする。なお、応答値の算定法のうち、本章に示していない事項については、各構造物ごとの「鉄道構造物等設計標準」によることとする。

(2) 構造物の変位を照査指標とする場合、「6.2 構造物のモデル化」に従って構造物をモデル化し、「6.3 構造解析」、「6.4 設計応答値の算定」に従って要求性能に応じて適切に設計応答値を算定することとする。

(3) 構造物の変位を照査指標とせず車両の応答により照査を行う場合、車両と構造物の全体をモデル化して動的相互作用解析により設計応答値を算定するのがよい。

(4) 構造物の変位を照査指標とせず軌道の構成要素の応力度等により照査を行う場合、軌道を含む構造物全体をモデル化して設計応答値を算定するのがよい。

【解説】
(1) について

要求性能の照査には、作用による構造物の応答値を精度良く算定する必要がある。

構造物の応答値、すなわち、変位等の照査指標による応答値を求めるためには、構造物を適切な力学モデルによって表現するとともに、その力学特性が再現されるよう材料特性をモデル化し、応答値が合理的に算定できる構造解析法を適用しなければならない。その場合、作用、解析モデルおよび解析理論に応じて、適切な構造解析係数 γ_a の値を定める必要がある（**解説図 3.4.1 参照**）。

(2) について

構造物の変位を照査指標として応答値を算定する場合、「6.2 構造物のモデル化」に従って構造物をモデル化し、「6.3 構造解析」、「6.4 設計応答値の算定」に従って、要求性能に応じた適切な構造解析法を用いることとした。

車両の走行性に係る応答値は、本来、車両、軌道および構造物の動的相互作用を考慮した構造解析法により算定する必要がある。しかし、このような方法は煩雑であることから、本標準では、従来と同様に構

造物の変位を照査指標とし,そのための応答値を静的解析法等により算定してよいこととした.

(3)について

構造物の変位を照査指標とせず車両の応答により照査を行う場合,車両と軌道を含む構造物の全体をモデル化して動的相互作用を考慮した構造解析法により応答値を算定する必要がある[1),2),3),4)].この場合,車両や軌道についても適切なモデル化を行う必要がある.

車両については,一般に,車体,台車および輪軸を質点とし,これらをばねおよびダンパーでリンクさせたモデルを用いるのがよい.この場合,ばねおよびダンパーは必要に応じて非線形性を考慮しなければならない.また,車輪とレール間のモデル化は,照査する性能項目に応じて車両の挙動を適切に評価できる構成則を用いる必要がある(**付属資料2**参照).

軌道については,構造物の境界に生じる曲率の不連続を緩和できるように,軌道構造の種類に応じてレールや支持条件等を適切にモデル化する必要がある.

(4)について

構造物の変位を照査指標とせず軌道の構成要素の応力度等により照査を行う場合,軌道構造を,「鉄道構造物等設計標準・同解説(軌道構造[有道床構造])(案)」等により,その種類や照査する性能項目に応じて適切にモデル化する必要がある.

このような照査を行う場合には,レールを梁に,締結装置等をばねに置き換えた力学モデル等を用いる必要がある.なお,軌道面の不同変位によるレールの変位や応力度および締結装置の反力等の応答値を簡略に算定する場合には,**付属資料5**に示す手法を用いてよい[5),6)].

6.2 構造物のモデル化

6.2.1 一般

(1) 構造物は,構造要素を一体としてモデル化することを原則とする.ただし,構造要素の境界条件を適切にモデル化できる場合は,構造要素ごとに分離してモデル化してよい.

(2) 構造物は,一般に,二次元にモデル化してよい.ただし,構造物の形状,載荷状態等によって三次元にモデル化することが合理的な場合や,詳細な検討を行う場合は,三次元にモデル化するのがよい.

(3) 構造物は,一般に,その形状,支持条件,作用の表現形式および要求性能に応じて,スラブ,梁,柱,壁,トラス,ラーメン,アーチ,シェルおよびこれらの組み合わせからなる単純化した構造解析モデルと仮定して解析してよい.

(4) 構造物をモデル化する場合,地盤,基礎の影響を「鉄道構造物等設計標準(基礎構造物・抗土圧構造物)」および「鉄道構造物等設計標準(耐震設計)」によって適切に考慮することとする.

一般には,地盤を基礎構造物に取り付いた地盤ばねにモデル化して,地盤,基礎構造物および上部構造物を一体としたモデルとしてよい.

【解説】

(1)について

構造物は，構造要素が一体となって構成されているため，構造物全体を一体としたモデル化をすることが原則である．ただし，構造要素の境界条件を適切にモデル化することによって，構造要素を分離してモデル化してよいこととした．構造物を構造要素に分離してモデル化する方法等は，各構造物ごとの「鉄道構造物等設計標準・同解説」によることとする．

(3)について

構造物は，種々の構造要素から構成されている．照査にあたっては，種々の構造要素をスラブ，梁，柱等にモデル化して構造物全体を単純化した構造解析モデルに仮定して解析を行ってよいこととした．また，支承は，変位の拘束状況を適切に表現し，桁等の支持部材としてモデル化する必要がある．

(4)について

構造物は，地震の影響等の作用に対して地盤，基礎構造物および上部構造物が一体となって挙動する．したがって，これらを一体としてモデル化することが原則である．本標準では，地盤を「鉄道構造物等設計標準・同解説（基礎構造物・抗土圧構造物）」や「鉄道構造物等設計標準・同解説（耐震設計）」に従って地盤ばね等にモデル化して，基礎構造物や上部構造物と一体化してよい．

なお，基礎構造物の影響が，構造物の応答に大きな影響を与えない場合は，基礎構造物の影響を無視して構造物をモデル化してもよい．

6.2.2 部材のモデル化

部材は，棒部材または面部材等に適切にモデル化することとし，必要に応じて材料の非線形性や幾何学的非線形性の影響を適切に考慮することとする．

なお，棒部材は，一般に線材にモデル化することとし，面部材は，作用の方向とその挙動を表現できるようにモデル化することとする．

【解説】

部材のモデル化とその特性は，「鉄道構造物等設計標準・同解説（鋼・合成構造物）」，「鉄道構造物等設計標準・同解説（コンクリート構造物）」，「鉄道構造物等設計標準・同解説（鋼とコンクリートの複合構造物）」および「鉄道構造物等設計標準・同解説（耐震設計）」による．

6.2.3 地盤のモデル化

地盤は，「鉄道構造物等設計標準（基礎構造物・抗土圧構造物）」および「鉄道構造物等設計標準（耐震設計）」によって地盤ばね等にモデル化し，必要に応じて非線形性の影響を考慮することとする．

【解説】

地盤のモデル化とその特性は，「鉄道構造物等設計標準・同解説（基礎構造物・抗土圧構造物）」および「鉄道構造物等設計標準・同解説（耐震設計）」による．

6.3 構造解析

6.3.1 一般

(1) 作用の特性，規模および表現形式に応じた構造解析法により設計応答値を算定することとする．なお，「4章 作用」によって設計作用をモデル化した場合は，一般に静的解析法を用いてよい．

(2) 構造物を構成する部材には，応答の大きさに応じて，適切な方法で非線形性の影響を考慮することとする．ただし，部材の非線形性の影響が変位等の照査指標に影響を及ぼさないか，安全側の評価を与えることが明らかな場合は，部材を線形として取り扱ってよい．

(3) 作用の分布形状を単純化したり，動的作用を静的作用に置換する場合は，実際のものと等価または安全側にモデル化することとする．

(4) 有限要素法などの離散化手法を用いて応答値を算定する場合には，部材や構造形式の特徴に応じて解析領域の分割，自由度の設定および材料構成モデルの選択を行うこととする．

【解説】

(1) について

設計応答値の算定には，作用の特性や大きさに応じた適切な構造解析法を用いる必要がある．

車両の走行性に係る設計応答値は，車両，軌道および構造物の動的相互作用を考慮できる構造解析法を用いて算定する必要がある．しかし，このような方法は煩雑となることから，本標準では，これまでの設計の実績を考慮して，設計応答値を静的解析法等により算定してよいこととした．なお，応答が複雑な構造物や詳細な検討を行う場合は，車両，軌道および構造物の動的相互作用を考慮できる動的解析法等の適切な構造解析法を適用する必要がある．

(2) について

部材は，ひび割れの発生や降伏等によって剛性が変化するため，作用の特性や大きさに応じて非線形性を適切に考慮する必要がある．一般に，構造物または部材の非線形性は，使用材料の非線形性に起因するものの他，幾何学的非線形性がある．材料の非線形性は，各構造物ごとの「鉄道構造物等設計標準・同解説」に示されている材料の力学モデルを用いてよい．幾何学的非線形性を無視できない場合は，その影響を適切に考慮できる構造解析法を用いることとする．線形解析以外の方法を適用する場合には，構造解析係数 γ_a を適切な値とする必要がある．なお，部材の非線形性が照査に及ぼす影響を無視できるような場合や安全側の評価を与えることが明らかな場合は，線形解析により応答値を算定してよいこととした．

(3) について

列車による衝撃や地震の影響などの動的な影響を静的な作用に置換するなどして構造物の応答値を算定する場合には，静的な応答値が動的な応答値と等価または安全側となるように作用と構造物のモデル化をしなければならない．

6.3.2 常時の走行安全性の照査に関する構造解析

（1） 常時の走行安全性の照査に関する構造解析は，必要に応じて部材の剛性低下の影響を考慮した静的解析法を用いてよい．なお，構造解析係数 γ_a は，1.0 としてよい．

（2） 常時の走行安全性の照査に用いる構造物の変位は，「**6.4.2** コンクリート構造の桁のたわみ」，「**6.4.3** 鋼・複合構造の桁のたわみ」および「**6.4.4** 軌道面の不同変位」により算定してよい．

【解説】
（1），（2）について

標準的な構造物に対する常時の走行安全性の照査に関する構造解析には，あらかじめ動的解析によって得られた衝撃荷重等を用いて，必要に応じて部材の剛性低下の影響を考慮した静的解析によって変位等の応答値を算定してよいこととした．

常時の照査においては，RC および PC 構造の橋梁では，測定結果から桁のたわみなどの応答値は，コンクリートのひび割れによる剛性低下を考慮した計算値や全断面有効とした弾性剛性を用いた計算値よりも，小さくなることが明らかにされている．この理由として，

1） 通常の部材断面の剛性は，処女載荷としての剛性ではなく再載荷時の剛性であるため，ひび割れの影響を考慮した割線剛性よりも大きくなること，
2） 桁には，排水勾配コンクリート，軌道構造，地覆および高欄等の非構造部材が付属しており，これら設計上無視した剛性が，実際には寄与していること，

などが考えられる．

したがって，RC，PC および SRC 構造で，従来よりも剛性の低い桁や桁の固有周期が車両による加振周期に近く共振現象の発生が懸念される場合以外は，全断面有効とした弾性剛性を用いてよいこととする．

ただし，PRC 構造の橋梁の実測データによると，ひび割れによる剛性低下の影響を考慮した曲げ剛性を用いた変位量に近い応答値も得られていることから，PRC 構造については「**6.4.2** コンクリート構造の桁のたわみ」によりひび割れによる剛性低下の影響を考慮して変位量を算定するのがよい．

鋼・合成構造については，一般に各部材の有効とされる剛性を用いて「**6.4.3** 鋼・複合構造の桁のたわみ」に従って求めてよい．

なお，構造解析係数 γ_a の値を 1.0 として，常時の走行安全性の照査における設計応答値の算定に用いてよい．

6.3.3 地震時の走行安全性に係る変位の照査に関する構造解析

（1） 地震時の走行安全性に係る変位の照査に関する構造解析は，必要に応じて部材の剛性低下の影響を考慮した静的解析法を用いてよい．なお，構造解析係数 γ_a は，1.0 としてよい．

（2） 地震時の走行安全性に係る変位の照査に用いる構造物の変位は，「**6.4.5** 地震時の横方向の振動変位」および「**6.4.6** 地震時の軌道面の不同変位」により算定してよい．

【解説】
(1),(2)について

　標準的な構造物では，時刻歴応答解析法を適用することは煩雑であるため，部材の剛性低下の影響を必要に応じて考慮した静的解析法によって求められた等価固有周期に基づき，あらかじめ得られた応答スペクトル等を用いて，横方向の振動変位等の応答値を算定してよいこととした．

6.3.4　乗り心地の照査に関する構造解析

(1)　乗り心地の照査に関する構造解析は，必要に応じて部材の剛性低下の影響を考慮した静的解析法を用いてよい．なお，構造解析係数 γ_a は，1.0としてよい．

(2)　乗り心地の照査に用いる構造物の変位は，「**6.4.2** コンクリート構造の桁のたわみ」，「**6.4.3** 鋼・複合構造の桁のたわみ」および「**6.4.4** 軌道面の不同変位」により算定してよい．

【解説】
(1),(2)について

　乗り心地の照査に関する構造解析は，「**6.3.2** 常時の走行安全性の照査に関する構造解析」に準じて行ってよい．

6.3.5　常時の軌道の損傷の照査に関する構造解析

(1)　常時の軌道の損傷の照査に関する構造解析は，必要に応じて部材の剛性低下の影響を考慮した静的解析法を用いてよい．なお，構造解析係数 γ_a は，1.0としてよい．

(2)　常時の軌道の損傷の照査に用いる構造物の変位は，「**6.4.4** 軌道面の不同変位」により算定してよい．

【解説】
(1),(2)について

　常時の軌道の損傷の照査に関する構造解析は，「**6.3.2** 常時の走行安全性の照査に関する構造解析」に準じてよい．

6.3.6　地震時の軌道の損傷に係る変位の照査に関する構造解析

(1)　地震時の軌道の損傷に係る変位の照査に関する構造解析は，必要に応じて部材の剛性低下の影響を考慮した静的解析法を用いてよい．なお，構造解析係数 γ_a は，1.0としてよい．

(2)　地震時の軌道の損傷に係る変位の照査に用いる構造物の変位は，「**6.4.5** 地震時の横方向の振動変位」および「**6.4.6** 地震時の軌道面の不同変位」により算定してよい．

【解説】
(1),(2)について
　地震時の軌道の損傷に係る変位の照査に関する構造解析は,「**6.3.3** 地震時の走行安全性に係る変位の照査に関する構造解析」に準じてよい.

6.4　設計応答値の算定

6.4.1　一般

　設計応答値は,「**6.3** 構造解析」に従い構造特性を考慮して算定することとする. 一般に, 次の「**6.4.2** コンクリート構造の桁のたわみ」～「**6.4.6** 地震時の軌道面の不同変位」の方法に従い算定してよい.

6.4.2　コンクリート構造の桁のたわみ

(1) RC, PRC および PC 構造の桁のたわみは, 有効とみなすことができる断面の剛性を用いて算定するのがよい. ただし, 必要に応じてコンクリートのひび割れによる剛性低下の影響を考慮して算定することとする.

(2) RC, PRC および PC 構造の桁の長期のたわみは, 永久作用によるコンクリートのクリープの影響等を考慮して算定することとする.

【解説】
(1),(2)について
　RC および PC 構造とも曲げひび割れが発生しない桁とみなし, 全断面有効の剛性を用いてたわみを算定してよい. PRC 構造の桁においては, コンクリートの曲げひび割れによる剛性低下の影響を考慮してたわみを算定するのがよい.

　RC, PRC および PC 構造の桁において, コンクリートの曲げひび割れによる剛性低下, クリープおよび収縮を考慮して短期または長期のたわみを算定する場合には, 式 (解 6.4.1) または式 (解 6.4.2) に示す有効曲げ剛性を用いてよい. ただし, これらは軸方向鋼材が設計引張降伏強度に達するまでを適用範囲とする.

1) 有効曲げ剛性を曲げモーメントにより変化させる場合

$$E_e I_e = \left(\frac{M_{crd}}{M_d}\right)^4 \frac{E_e I_g}{1 - \frac{\Delta M_{csg}}{M_d - P(d_p - c_g)}} + \left\{1 - \left(\frac{M_{crd}}{M_d}\right)^4\right\} \frac{E_e I_{cr}}{1 - \frac{\Delta M_{cscr}}{M_d - P(d_p - c_{cr})}} \quad (\text{解 }6.4.1)$$

2) 有効曲げ剛性を部材全長にわたって一定とする場合

$$E_e I_e = \left(\frac{M_{crd}}{M_{dmax}}\right)^3 \frac{E_e I_g}{1 - \frac{\Delta M_{csg}}{M_{dmax} - P(d_p - c_g)}} + \left\{1 - \left(\frac{M_{crd}}{M_{dmax}}\right)^3\right\} \frac{E_e I_{cr}}{1 - \frac{\Delta M_{cscr}}{M_{dmax} - P(d_p - c_{cr})}}$$

(解 6.4.2)

ここに，E_e：有効弾性係数で式（解 6.4.3）で求められる．

$$E_e = \frac{E_{ct}}{1+\varphi} = \frac{E_{ct}}{1+(E_{ct}/E_c)\varphi_{28}} \qquad \text{（解 6.4.3）}$$

E_{ct}：死荷重時のヤング係数

E_c：材齢 28 日のヤング係数

φ：載荷時材齢のヤング係数を用いて求めた死荷重時からのクリープ係数

φ_{28}：材齢 28 日のヤング係数を用いて求めた死荷重時からのクリープ係数

I_e：短期または長期の有効換算断面二次モーメント

M_{crd}：断面に曲げひび割れが発生する限界の曲げモーメントで，軸方向あるいはプレストレス力も考慮したコンクリートの曲げ応力度が，「鉄道構造物等設計標準・同解説（コンクリート構造物）」の式（5.3.4）による設計曲げひび割れ強度 f_{bck} となる曲げモーメント

ただし，この場合，γ_c，γ_b は一般に 1.0 とする．

M_d：短期または長期のたわみ算定時の設計曲げモーメント

M_{dmax}：短期または長期のたわみ算定時の設計曲げモーメントの最大値

P：短期または長期の軸方向力あるいはプレストレス力

ΔM_{csg}：全断面における収縮および鋼材の拘束に起因する見掛けの曲げモーメントで式（解 6.4.4）で求められる．

$$\Delta M_{csg} = E_s \left(\frac{I'_{sg}}{c_g - d'} - \frac{I_{sg}}{d - c_g} - \frac{I_{pg}}{d_p - c_g} \right) \varepsilon'_{cs} \qquad \text{（解 6.4.4）}$$

ΔM_{cscr}：引張応力を受けるコンクリートを除いた断面（以下ではひび割れ断面）における収縮および鋼材の拘束に起因する見掛けの曲げモーメントで式（解 6.4.5）で求められる．

$$\Delta M_{cscr} = E_s \left(\frac{I'_{scr}}{c_{cr} - d'} - \frac{I_{scr}}{d - c_{cr}} - \frac{I_{pcr}}{d_p - c_{cr}} \right) \varepsilon'_{cs} \qquad \text{（解 6.4.5）}$$

I_g：短期または長期の，全断面の図心まわりの全断面による断面二次モーメント

I'_{sg}：短期または長期の，全断面の図心まわりの圧縮鉄筋による断面二次モーメント

I_{sg}：短期または長期の，全断面の図心まわりの引張鉄筋による断面二次モーメント

I_{pg}：短期または長期の，全断面の図心のまわり PC 鋼材による断面二次モーメント

I_{cr}：短期または長期の，ひび割れ断面の図心まわりのひび割れ断面による断面二次モーメント

I'_{scr}：短期または長期の，ひび割れ断面の図心まわりの圧縮鉄筋による断面二次モーメント

I_{scr}：短期または長期の，ひび割れ断面の図心まわりの引張鉄筋による断面二次モーメント

I_{pcr}：短期または長期の，ひび割れ断面の図心まわりの PC 鋼材による断面二次モーメント

c_g：短期または長期の，圧縮縁から全断面の図心までの距離

c_{cr}：短期または長期の，圧縮縁からひび割れ断面の図心までの距離

d'：圧縮縁から圧縮鉄筋までの距離

d：圧縮縁から引張鉄筋までの距離

d_p：圧縮縁から PC 鋼材までの距離

ε'_{cs}：収縮ひずみ

式（解 6.4.1）および式（解 6.4.2）はいずれも，ひび割れ発生の有無にかかわらず，短期または長期

におけるRC，PRCおよびPC構造の桁のたわみの実用的な算定に用いることができる．ただし，クリープの影響は有効弾性係数として考慮し，収縮は断面に一様に分布するものと仮定としている．また，プレストレス力は永久作用の一部として取り入れている．永久作用によるたわみに対しては，付着のあるPC鋼材は鉄筋と同等に取り扱い，付着がない場合はPC鋼材を無視すればよい．コンクリートの引張剛性の経時変化は，付着応力の経時的な低下が若干みられるが，ここでは無視している．

曲げひび割れが生じていない部材の場合は，式（解6.4.1）および式（解6.4.2）において $M_{crd}=M_d$ または $M_{crd}=M_{dmax}$ として曲げ剛性を求めることができる．

短期にあってはクリープ係数および収縮ひずみを0とすればよい．概略値を求める場合には全断面の断面二次モーメントは鋼材の影響を無視して求めてよい．

長期にあっては，クリープ係数を求めるときの載荷時材齢および収縮の開始時材齢は死荷重の載荷時の材齢としてよい．全断面の断面二次モーメントは鋼材の影響を考慮して求めなければならない．プレストレス力と死荷重の載荷時材齢が相当異なる場合，および死荷重と活荷重が作用し全変形量が問題となる場合で，たわみをより正確に求めるときには，載荷時材齢の相違の影響を考慮するのがよい．

式（解6.4.2）を連続梁に適用する場合には，M_{dmax} として正の最大曲げモーメントを用いてよい．

1) によるたわみは，式（解6.4.1）を用いるときの各断面の曲率 $[\{M_d-P(d_p-c_e)\}/E_eI_e]$ を数値積分することによって求められる．たわみを算定する場合に用いる c_e は式（解6.4.6）または式（解6.4.7）を用いて求めてよい．

　a） 有効曲げ剛性を曲げモーメントにより変化させる場合

$$c_e=\left(\frac{M_{crd}}{M_d}\right)^4 c_g+\left\{1-\left(\frac{M_{crd}}{M_d}\right)^4\right\}c_{cr} \qquad (解6.4.6)$$

　b） 有効曲げ剛性を部材全長にわたって一定とする場合

$$c_e=\left(\frac{M_{crd}}{M_{dmax}}\right)^3 c_g+\left\{1-\left(\frac{M_{crd}}{M_{dmax}}\right)^3\right\}c_{cr} \qquad (解6.4.7)$$

連続梁などの不静定構造物のたわみを算定する場合，近似的に全断面を有効とした剛性により求めた曲げモーメントの分布を用いて，各部材ごとに断面の曲率を数値積分してこれを求めてよい．

2) の式（解6.4.2）によるたわみの算定は，曲げモーメント分布が二次放物線の場合に相当するので，正確には曲げモーメントの分布形状によって式中のべき乗を変化させる必要があるが，3乗としても誤差が少ないので，近似的にこの数値を固定した．

なお，軸方向力が作用する場合には，式（解6.4.1）および式（解6.4.2）において，曲げモーメント比を鉄筋に生じる引張力の比に置き換えて求めてよい．

（2）について

断面にひび割れが生じていない場合には，長期のたわみは，永久作用による短期のたわみと，それにクリープ係数を乗じて求めたたわみとの和として，式（解6.4.8）により近似的に求めてよい．

$$\delta_l=(1+\varphi)\delta_{ep} \qquad (解6.4.8)$$

ここに，δ_l：長期のたわみ
　　　　δ_{ep}：永久作用による短期のたわみ

6.4.3 鋼・複合構造の桁のたわみ

（1） 鋼構造の桁および合成桁のたわみは，有効とみなすことができる断面の剛性を用いて算定するのがよい．

（2） SRC構造の桁のたわみは，「**6.4.2 コンクリート構造の桁のたわみ**」に準じて算定してよい．

【解説】
（1）について

　鋼構造の桁および合成桁のたわみとして，本標準では，主桁のたわみ，トラス主構のたわみ，横桁のたわみ等を算定する必要がある．これらの桁のたわみは，三次元有限要素解析法等の詳細な解析手法により算定することが望ましいが，一般には煩雑であるため，有効とみなすことができる断面剛性を用いて簡易な解析手法により算定してよいこととした．この場合，一般には，「鉄道構造物等設計標準・同解説（鋼・合成構造物）」に示すフランジおよびコンクリート床版の有効幅を考慮した断面剛性を用いて算定してよい．また，断面剛性にはボルト孔等の断面欠損は考慮しなくてよい．

　鋼構造の桁のスパン中央のたわみは，桁の軸方向に断面が変化している場合，従来から適用されている式（解6.4.9）により算定してよい．

$$\delta_{R0} = \frac{5.5}{48} \frac{ML_b^2}{E_s I} \tag{解6.4.9}$$

ここに，δ_{R0}：桁のスパン中央のたわみ
　　　　M：列車荷重および衝撃荷重による最大曲げモーメント
　　　　L_b：支間
　　　　E_s：構造用鋼材のヤング係数
　　　　I：桁のスパン中央における中立軸まわりの総断面の断面二次モーメント

　単純合成桁のたわみは，中立軸が鋼桁の中にあることを原則としているため，コンクリート床版のひび割れによる剛性低下を考慮せずに算定してよい．また，断面剛性は，鋼桁フランジおよびコンクリート床版の有効幅の断面を考慮して算定してよい．このとき，コンクリート強度が27〜40 N/mm²の場合には，鋼とコンクリートのヤング係数比は7.0としてよい．

　鋼構造の桁および合成桁のたわみは，横構や対傾構等の二次部材の影響を考慮せずに，桁の断面剛性を用いて式（解6.4.9）により算定するか，あるいは断面剛性を基に梁要素にモデル化した簡易な解析手法により算定するのが一般的である．このような簡易な手法によりたわみを算定する場合，二次部材による影響等が考慮されていないため，実際に列車通過時に生じるたわみ（実たわみ）よりも過大に算定される．

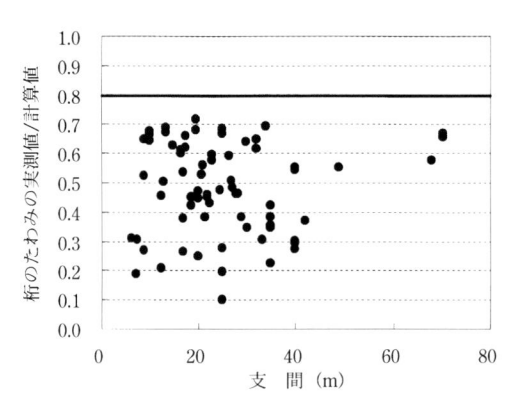

解説図 6.4.1 鋼構造の桁および合成桁のたわみの実測値と計算値の比較

解説図 6.4.1 は，鋼構造の桁および合成桁のたわみについて，実測値と簡易な手法による計算値との比を示しているが，たわみの実測値は計算値の 0.8 倍以下となっている[7]．

そこで，桁のたわみを簡易な手法により算定する場合には，実たわみとの差異を考慮して，一般に式（解 6.4.10）により計算値を補正してよい．ただし，二次部材の影響を含めた三次元有限要素解析モデル等のように詳細な解析手法により桁のたわみを算定する場合には，この補正は行わないこととする．

$$\delta_R = \chi \cdot \delta_{R0} \qquad (解 6.4.10)$$

ここに，δ_R：桁のたわみの応答値
χ：補正係数で 0.8 とする．
δ_{R0}：簡易な手法により算定される桁のたわみの計算値

（2）について

SRC 構造の桁のたわみは，コンクリート構造の桁と同様と考えられるため，「**6.4.2 コンクリート構造の桁のたわみ**」に準じて算定してよいこととした．

6.4.4 軌道面の不同変位

軌道面の不同変位は，構造形式，支承および端横桁の影響を考慮して算定することとする．

【解説】

本標準では，常時の軌道面の不同変位として，支承部の鉛直変位，張出し構造の鉛直変位および端横桁のたわみによる鉛直目違いを取り扱う．一般的な鉄道構造物の場合，桁のたわみの限界値を満たせば角折れに関する検討は省略できる．ただし，吊橋や斜張橋等の長大橋のように，桁のたわみ形状が半正弦波とならず主塔付近や桁端部に局所的な角折れが生じる場合には，列車走行性や軌道の損傷に対しても検討を行う必要がある[8]．また，地盤の圧密沈下等によっても軌道面には角折れ・目違い等の不同変位が生じる場合がある．このような場合には，構造物の不同変位量を適切に評価できるモデルを用いて応答値を算定する必要がある．

1) 支承部の鉛直変位

ゴム支承等の鉛直変位の応答値は，「鉄道構造物等設計標準・同解説（コンクリート構造物）」および「鉄道構造物等設計標準・同解説（鋼・合成構造物）」に従い，変動作用に対して，ゴム全層の平均圧縮変形量 $\sum \Delta t_{e\,mean}$ を算定することとする[9]．

2) 線路方向張出し構造の鉛直変位

張出式ラーメン高架橋等，線路方向に列車を支持する片持ち梁を有する構造の場合，片持ち梁間の相対変位が最大となるように列車荷重を載荷し，片持ち梁先端の鉛直相対変位を算定することとする．この場合，片持ち梁間を跨ぐレール等の剛性の寄与を考慮してもよい．

3) 端横桁の鉛直たわみ

鋼・合成構造物の端横桁の鉛直たわみ量は，「**6.4.3 鋼・複合構造の桁のたわみ**」に準じて算定してよい．端横桁を単純梁としてたわみを算定する場合には，式（解 6.4.10）により計算値を補正してよい．このとき，補正係数 χ は 0.6 としてよい．また，コンクリート床版を有する構造で，ずれ止めにより十分な定着が確保されている場合には，コンクリート床版を断面剛性に考慮して端横桁のたわみを算出してよいが，この場合には，式（解 6.4.10）による計算値の補正は用いないものとする．

なお，コンクリート構造物の横桁は，一般に十分に剛であるため，そのたわみを無視してもよい．

6.4.5 地震時の横方向の振動変位

地震時の横方向の振動変位は，構造形式，構造物の固有周期，地盤の影響等を適切に考慮し算定することとする．

【解説】

地震時の横方向の振動変位は，スペクトル強度 SI を照査指標として応答値を算定することができる．地震時における構造物の横振動が列車に及ぼす影響を，このスペクトル強度 SI により評価する場合，その応答値の算定方法は次の1)，2)によることとする[10],[11]．なお，以下に示す手法は，L1地震動程度までの算定法を示したものである．大規模地震動に対して照査を行う場合には，以下を参考に別途適切にモデル化を行う必要がある．

1) スペクトル強度 SI

 a) 構造系の振動特性の把握

 構造物は，地震の影響に対して地盤，基礎構造物および上部構造物が一体となって挙動する．こうした場合，連続した構造物全体をモデル化するのが基本となるが，構造形式，個々の構造物の周期等が概ね等しい場合は，構造物を適切な振動単位に区分し，単体の構造として応答値を算定することができる．構造物あるいは地盤の挙動が複雑で，構造物を適切な振動単位に分解できず，複数の卓越振動数が生じる場合については，構造物全体をモデル化するのがよい．

 b) スペクトル強度 SI の算定

 L1地震動に対するスペクトル強度 SI は，**解説図 6.4.2** から地盤種別と等価固有周期に従い求めてよい．なお，**解説図 6.4.2** は地域別係数を1.0とした場合の値である．これと異なる地域別係数を用いる場合は，**解説図 6.4.2** に示す応答値を低減してよい．また，構造物の時刻歴応答解析を行い，これによりスペクトル強度 SI を算定する場合には，次のc)によるのがよい．

 c) 時刻歴応答解析に基づくスペクトル強度 SI の算定

 構造物の時刻歴応答解析に基づいてスペクトル強度 SI を算定する場合，まず地盤種別ごとに設定されている地表面設計地震動波形を用いて，構造物の振動単位ごとに軌道面の絶対加速度の応答波を

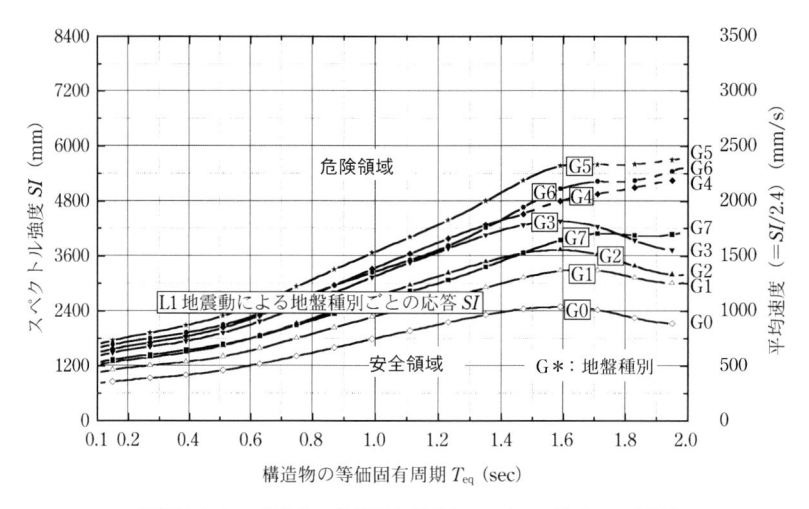

解説図 6.4.2 構造物の等価固有周期とスペクトル強度 SI の関係

算定する．この場合，一般に，構造物は等価固有周期 T_{eq} となる 1 質点としてモデル化してよい．

次に，構造物の応答波に対する相対速度応答スペクトル $S_v(h, T)$ を算定し，式（解 6.4.11）により
その応答スペクトルの 0.1〜2.5 秒の間のエネルギー総和に相当する積分値であるスペクトル強度 SI
を算定する．

$$SI = \int_{0.1}^{2.5} S_v(h, T) \, dT \tag{解 6.4.11}$$

ここに，h：構造物の減衰定数
T：応答スペクトルの周期
S_v：相対速度応答スペクトル

SI 値は速度を時間積分したものであるため，単位は長さ（mm）となるが，この積分値をさらに積分
の時間範囲（2.4 秒）で除して，平均速度として表す場合もある．そこで，**解説図 6.4.2** の縦軸には副軸
として，平均速度で表した場合も右縦軸に示した．また，**解説図 6.4.2** に示すスペクトル強度 SI は車両
の応答特性を勘案して，減衰定数を 5% として計算したものである．しかしながら，近年 SI 値は被害の
指標として，地震時の列車運転規制に用いられる場合もあるが，その際には地盤や構造物の応答特性を
考慮して減衰定数を 20% とする提案もなされている．

2) 構造物の等価固有周期

構造物の等価固有周期は，構造物の静的非線形解析により得られる荷重〜変位曲線において，構造物
全体としての降伏点と原点を結んだ降伏剛性を用いて，式（解 6.4.12）により算定するものとする．

$$T_{eq} = 2.0 \sqrt{\frac{W}{K}} \tag{解 6.4.12}$$

ここに，T_{eq}：構造物の等価固有周期（sec）
W：等価重量（kN）
・橋脚の場合

$$W = W_u + 0.3 W_p$$

W_u：橋脚が支持している上部構造部分の重量（kN）で，一般に桁重量および負載荷重
（列車荷重）としてよい．
W_p：耐震設計上の地盤面より上の橋脚重量（kN）
・ラーメン高架橋

$$W = W_u + 0.4 W_p$$

W_u：ラーメン構造物の上部構造部分の重量（kN）で，一般に上層梁と床スラブの自重
および負載荷重（列車荷重）としてよい．
W_p：耐震設計上の地盤面より上の部分かつ上層梁の下面よりも下の部分（地中梁，中
層梁，柱等）の重量（kN）
K：構造物の降伏剛性（kN/m）

$$K = \frac{R}{\delta} \tag{解 6.4.13}$$

R：構造物全体としての降伏点に達するときの水平荷重（kN）
δ：構造物全体としての降伏点に達するときの水平変位量（m）

構造物全体の降伏点の定義については，「鉄道構造物等設計標準・同解説（耐震設計）」によることと
する．

6.4.6 地震時の軌道面の不同変位

地震時に構造物に生じる不同変位は，構造形式，構造物および基礎の剛性，構造物の固有周期，地盤の影響等を考慮して算定することとする．

【解説】

地震時においては，構造物境界に応じて角折れや目違いの不同変位が生じる．構造物は，地震の影響に対して地盤，基礎構造物および上部構造物が一体となって挙動するため，連続した構造物全体をモデル化するのが望ましい．しかし，一般には煩雑であることから，個々の構造形式，構造物の周期等が概ね等しい場合には，構造物を適切な振動単位に区分し，単体の構造として応答値を算定した後，角折れ・目違いを算定してよい．

地震動によって生じる構造物の不同変位は，構造形式，構造物および基礎の剛性，構造物の固有周期，地盤の影響等を考慮して算定しなければならない．L1地震動程度までの構造物の角折れ・目違いの算定法については**付属資料11**により求めてよい．大規模地震動に対して検討を行う場合には，これを参考に別途適切にモデル化を行う必要がある．

参考文献

1) 松浦章夫：高速鉄道における橋桁の動的応答に関する研究，鉄道技術研究報告，No.1074，1978．
2) 涌井一，松本信之，松浦章夫，田辺誠：鉄道車両と線路構造物の連成応答解析法に関する研究，土木学会論文集，No.513／I-31，pp.129-138，1995．
3) 曽我部正道，松本信之，涌井一，金森真，椎本隆美：PC斜張橋（北陸新幹線第2千曲川橋梁）の衝撃係数・列車走行性に関する研究，構造工学論文集，Vol.44 A，pp.1333-1340，1998．
4) 光木 香，保坂鐵矢，松浦章夫，市川篤司，松尾 仁：ゴム支承を用いた連続合成桁の高速車両走行性に関する研究，土木学会第52回年次学術講演会，1997．
5) 佐藤吉彦，三浦 重：走行安全ならびに乗心地を考慮した線路構造物の折角限度，鉄道技術研究報告，No.820，1972．
6) 佐藤裕，平田五十：構造物の変位とスラブ軌道，鉄道技術研究報告，No.801，1972．
7) 鈴木洋司，池田 学，江口 聡，久保武明：鋼鉄道橋における合理的なたわみ量の算定方法に関する検討，土木学会第60回年次学術講演会講演概要集，I-484，2005．
8) 涌井一，松浦章夫：鉄道車両の走行性からみた長大吊橋の折れ角限度，土木学会論文報告集，No.291，1979．
9) 山口 愼，谷口 望，相原修司，鈴木喜弥：地震時水平力分散構造における列車通過時のゴム支承の圧縮変位に関する検討，土木学会第60回年次学術講演会講演概要集，I-541，2005．
10) 羅 休：スペクトル強度による地震時列車走行性の簡便照査法，鉄道総研報告，Vol.16，No.3，pp.31-36，2002．
11) Luo Xiu : Study on Methodology for Running Safety Assessment of Trains in Seismic Design of Railway Structures, *J. Soil Dynamics and Earthquake Engineering*, Elsevier Science Ltd., Vol.25, No.2, pp.79-91, 2005.

7章 安全性の照査

7.1 一般

(1) 安全性の照査は，その性能項目が設計耐用期間中に生じる設計作用に対して，安全性から定まる限界状態に至らないことを確認することにより行うこととする．

(2) 本標準における安全性の照査は，常時の走行安全性および地震時の走行安全性に係る変位について行うこととする．

(3) 安全性の照査に用いる部材係数 γ_b は 1.0 としてよい．

【解説】
(1),(2)について

構造物の安全性の照査では，設計耐用期間中に生じるすべての種類の設計作用を考慮して照査することが原則となる．常時の走行安全性の照査に関しては，たとえ利用密度の低い線区であっても，定員をはるかに超える旅客による混雑も考えられるので，構造物に想定されうる最大の影響をもたらす作用を考慮して，安全性の照査をしなければならない．この場合，軌道変位や曲線の影響等も適切に考慮して照査が可能となるよう，その方法を示した．

一方，地震時の走行安全性に係る変位の照査に関しては，構造物に適切な剛性を与え，走行安全性に有利な構造物を設計することを目的としており，地震の影響については，「鉄道構造物等設計標準・同解説（耐震設計）」に示されるところのＬ１地震動によって生じる構造物の振動変位等を尺度として安全性の照査を行うこととした．

7.2 常時の走行安全性の照査

7.2.1 一般

(1) 常時の走行安全性の照査は，車両と構造物の全体をモデル化して動的相互作用解析により行うことを原則とする．ただし，一般には，これと等価な構造物の変位を照査指標とした手法によってよい．

(2) 車両と構造物の全体をモデル化して動的相互作用解析により照査する場合には，「7.2.

　　　　2 走行安全性の照査」に従い照査することとする．
（3）（2）によらず，構造物の変位を照査指標とする場合には，構造要素や部材ごとに，「7.
　　　2.3 桁のたわみの照査」および「7.2.4 軌道面の不同変位の照査」に従い照査してよい．

【解説】
（1）について
　車両の走行安全性に関する定義には種々の考え方があるが，本標準では常時の走行安全性の照査を，車輪フランジがレール頭頂面まで乗り上がらないことを照査指標とすることとした．これらを照査するためには，車両と構造物の全体をモデル化し，動的相互作用解析等により解析するのが精緻な手法であるといえる．しかし，こうした動的相互作用解析は一般に煩雑となるため，簡便な方法として，照査結果が等価となるような構造物の変位による照査手法も併記し，これによってもよいこととした．
（2）について
　構造物の変位を照査指標として用いずに，車両と構造物の全体をモデル化し，動的相互作用解析等から直接車両の応答を求める場合には，「7.2.2 走行安全性の照査」によることとする．この場合には，当該構造物の特徴と本標準における走行安全性の定義と位置づけを十分理解した上で，適切に設計応答値の算定および設計限界値の設定を行い照査する必要がある．
（3）について
　（2）に示す精緻な動的相互作用解析を用いずに，構造物の変位を照査指標とする場合には，個々の構造物を構成する構造要素や部材ごとに設計限界値を定め，それぞれが設計限界値を超えないことにより照査を行うこととした．特殊な構造を除けば構造物の変位を照査指標としても比較的精度のよい照査は可能である．なお，構造物は，一般に複数の部材等の構造要素によって構成されているが，本標準では個々の部材等が限界状態を満たすことによって，構造物の常時の走行安全性の照査に代えてよいこととした．

7.2.2　走行安全性の照査

（1）車両と構造物の全体をモデル化して動的相互作用解析により照査を行う場合には，本節によることとする．
（2）走行安全性の照査は，「6章 応答値の算定」に従い設計応答値を算定し，次の（a）または（b）に示す値を設計限界値として，列車または車両のすべての車輪に対して，「3.4 性能照査の方法」により行うこととする．
　（a）構造物の変位に加え，軌道変位の影響も考慮した設計応答値を用いる場合，常時の走行安全性の設計限界値は，脱線係数 0.8 かつ輪重減少率 0.8 とする．
　（b）軌道変位の影響を考慮しない設計応答値を用いる場合，常時の走行安全性の設計限界値は，脱線係数 0.30 かつ輪重減少率 0.37 かつ横圧 $40\,\mathrm{kN}$ とする．

【解説】
（2）（a）について
　常時の走行安全性の照査は，列車を構成する車両のすべての車輪に対して行うこととした．これは，鉄道車両の走行メカニズム上，1車輪の脱線によっても列車全体の走行安全性を阻害する恐れがあるためで

ある.

走行安全性の評価指標としては，脱線係数が最も一般的であるが，その設計限界値は新幹線，在来線ともに 0.8 とした．これは式（解 7.2.1）に示す Nadal の式から求まる限界脱線係数に安全率を乗じて定めたものである[1]．

$$\frac{Q}{P_{\mathrm{cr}}} = \frac{\tan\alpha - \mu}{1 + \mu\tan\alpha} \qquad \text{(解 7.2.1)}$$

ここに，　Q：横圧
　　　　　P_{cr}：輪重
　　　　　α：車輪フランジ角度
　　　　　μ：レール/車輪の摩擦係数（ここでは 0.3）

解説図 7.2.1 に示すように在来線基本踏面（車輪フランジ角 60°）の限界脱線係数は 0.94，新幹線用円弧踏面（車輪フランジ角 70°）では 1.34 となる．脱線係数の設計限界値 0.8 は，狩勝実験線における 2 軸貨車の脱線試験や鴨宮試験線における新幹線の走行試験結果をもとに，上記の限界脱線係数に安全率を乗じて定めたものである．なお，在来線ですべての車両の車輪フランジ角度が 65° ないし 70° である事業者については，式（解 7.2.1）に基づいて車輪フランジ角度に応じた限界脱線係数を求め，これに安全率 0.85 を乗じて脱線係数の設計限界値としてよい．

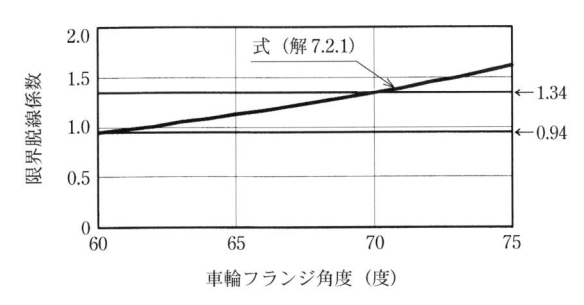

解説図 7.2.1 車輪フランジ角度と限界脱線係数の関係

限界脱線係数は，これを超えると車輪が乗り上がりを開始するという値である．脱線係数の持続時間が短い場合は，車輪が乗り上がりを開始してもすぐに復帰するので乗り上がり脱線は起きない．この場合の持続時間の目安値は 0.05 秒であるが，常時における照査では，持続時間が短い場合でも安全側となるように，限界脱線係数の割り増しは行わないこととした．

また，Nadal の式による限界脱線係数は車輪とレールのアタック角が非常に大きい場合の限界値であり，通常のアタック角の範囲（20 mrad 程度）では，限界脱線係数はこれよりも更に大きくなる．これについても安全側となるように Nadal の式による限界脱線係数をそのまま用いることとした．

以上のように，脱線係数の設計限界値 0.8 は，種々のパラメーターを安全側に設定して定めたものであり，これを超えても直ちに脱線が発生するという性質のものではない．また通常，速度向上試験においても脱線係数 0.8 を速度向上の目安値としており，これを超えた場合は軌道保守が行われる．

構造物の性能照査は，平均的な限界値を定め適切な安全係数を用いて行うのが基本であるが，実際の脱線と脱線係数の関係は，再現性も含めて極めてばらつきが大きいものであり，また実車両の乗り上がり脱線現象は車両状態，軌道状態，環境要因等様々な要因にも依存するため，現在，これらのメカニズムや個々の影響度を定量的に示すまでには至っていない．したがって応答値および限界値を平均的な値を示す関数として表現し，これに変動を考慮した安全係数を乗じるといった手法を採用することが極めて困難である．

このような背景から，ここでは常時の走行安全性の設計限界値を実際の脱線限界よりも安全側に設定し，この範囲であれば平滑な車両走行が保証され，軌道の維持管理上も問題無いといったレベルに位置づけることとした．こうした前提に従い，**解説表 3.6.2** に示した安全係数の標準的な値についても定めている．

輪重減少率の設計限界値は，狩勝実験線における試験結果等から定められた 0.8 を用いることとした．脱線係数と同時に輪重減少率を照査に用いる理由は，残存輪重が小さくなった場合には，比較的小さな横圧が発生しても脱線係数が容易に限界値に達することがあるためである．

走行安全性の照査においては，構造物の変位による応答に軌道変位による車両の動的応答が重畳した場合の脱線係数および輪重減少率により照査することを原則とした．したがって動的相互作用解析等により直接的に脱線係数および輪重減少率を評価する場合には，適切な軌道変位波形や曲線の影響等を考慮する必要がある．

（2）（b）について

軌道変位や曲線による影響を考慮して照査することは実際には煩雑となる．このため，実務的にはこの寄与分を何らかの方法であらかじめ分離しておき，構造物の変位分に対する設計限界値を別途定めておくのが簡便である．そこで，本標準では，既往の研究と同様に，輪重・横圧と車体加速度には相関があると見なして車体加速度ベースでの比較検討を行い，これに構造物の変位による輪重変動を重畳して走行安全性の限界値を求めることとした．

1) 軌道変位による車体加速度

国鉄の軌道整備基準規程では，列車動揺加速度による軌道整備標準値を**解説表 7.2.1** のように定めていた．国鉄民営化後は鉄道事業者間で取り扱いに差はあるものの，基本的には同じ考え方を採用している[2]．これらの値は，軌道を支持する構造形式を問わず用いられており，これに構造物の変位による車両の鉛直加速度を一律に加算することは厳しすぎる評価となる．また，実際に**解説表 7.2.1** に示す加速度が測定されることは稀である．よって，構造物の変位による車両の鉛直加速度の限界値を定めるにあたっては，各種車両形式の走行データを整理し（**解説図 7.2.2** 参照），軌道変位によって発生する加速度の上限値を**解説表 7.2.2** に示す値とすることとした．

2) 軌道変位による加速度と輪重・横圧・脱線係数の関係

輪重 P と鉛直加速度 α_V の関係は，輪重の中で車体重量が占める割合および全振幅の中で片振幅が占める割合を考慮すると式（解 7.2.2）により表すことができる．

$$P = \frac{1}{2}W - \frac{1}{2}\frac{\xi\cdot\zeta}{\eta_V}\Delta W \cdot \alpha_V \qquad (解 7.2.2)$$

解説表 7.2.1 列車動揺加速度の目安値の例

a) 在来線（列車動揺加速度による軌道整備標準値）

車種	鉛直動	水平動	処置
マヤ車または高性能優等車両	0.13 g	0.13 g	発見後 15 日以内に保守を行うか，徐行する．
その他	0.20 g	0.20 g	

注）加速度の最大片振幅に対して適用

b) 新幹線の加速度限界値とその処置

種類	鉛直動	水平動	処置
第1限界値	0.45 g	0.35 g	直ちに徐行するとともに当夜緊急整備する．
第2限界値	0.35 g	0.30 g	次の測定日までに整備する．
第3限界値	0.25 g	0.20 g	要注箇所として管理し，必要により整備する．

注）加速度の最大全振幅に対して適用

解説表 7.2.2 軌道変位によって発生する加速度の上限値

区分	超過確率に対応した加速度		備考
	鉛直動	水平動	
①	0.10 g	0.10 g	
②	0.13 g	0.08 g	鉛直動揺が卓越する場合
③	0.075 g	0.12 g	水平動揺が卓越する場合

注) 加速度の最大片振幅に対して適用

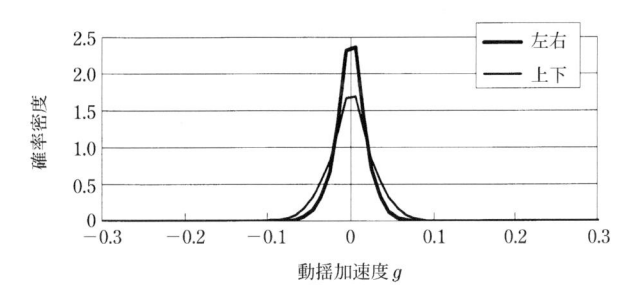

解説図 7.2.2 車両動揺加速度の測定結果の例

ここに，W：軸重

$\xi=\dfrac{2}{3}$：軸重の中で車体重量が占める割合

$\zeta=\dfrac{3}{4}$：全振幅の中で片振幅の占める割合

$\eta_V=\dfrac{2}{3}$：車体重量による輪重変動が全輪重変動値の中で占める割合

α_V：鉛直加速度全振幅（単位：g）

同様に横圧と水平加速度 α_H の関係は，輪重の中で車体重量による横圧が全横圧の中で占める割合等を考慮すると式 (解 7.2.3) で表すことができる．

$$Q=\dfrac{\xi\cdot\zeta}{\eta_H}W\cdot\alpha_H \qquad (解 7.2.3)$$

ここに，$\eta_H=\dfrac{1}{2}$：車体重量による横圧が全横圧の中で占める割合．

α_H：水平加速度全振幅（単位：g）

鉛直，水平加速度を片振幅 α_v，α_h に置き換える（同時に $\zeta=1$ とする）と，脱線係数の限界値 K_{PQ}，輪重減少率の限界値 K_{dP} と車両の動揺加速度との関係は式 (解 7.2.4)，(解 7.2.5) のようになる．

$$0.75K_{PQ}=\dfrac{\alpha_h}{(0.5-0.5\alpha_v)} \qquad (解 7.2.4)$$

$$K_{dP}=\alpha_v \qquad (解 7.2.5)$$

3) 曲線走行による加速度と輪重・横圧・脱線係数の関係

曲線区間走行時は，超過遠心力により横圧が増加するとともに，外軌側輪重も増加する．**解説図 7.2.3** に曲線区間で発生する定常加速度とその鉛直・水平成分の概念図を示す．ここでは，一般的に用いられる超過遠心加速度の限界値 0.08 g を用い，これを式 (解 7.2.4)，(解 7.2.5) に代入して α_H，α_V を以下のように補正した．

客室での水平方向加速度の上限値を 0.08 g とすると，軌道面に平行な加速度はその 1/1.2（車体重心が外軌側へ移動するため）の 0.067 g となる．この値を軌道変位による水平加速度に付加する．

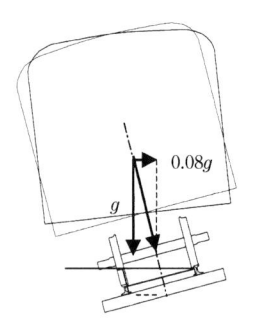

解説図 7.2.3 曲線区間で発生する定常加速度

また，超過遠心力による外軌側車輪の輪重増分を同様の方法で加味する．これは，有効重心高さ 1.5 m とすると，軌間 1,067 mm の場合 0.094 g，1,453 mm の場合 0.070 g とそれぞれ求まる．ここでは安全側の値として，標準軌の場合の 0.070 g を鉛直加速度から減ずることとする．

4) 構造物の変位による走行安全性の設計限界値

構造物の変位による走行安全性の設計限界値は，1)～3) に基づき，以下の考え方により定めた．

車両走行時に，軌道変位によって**解説表 7.2.2** で述べた車体加速度が発生するものとする．このときの，構造物の変位によって発生する鉛直加速度の限界値を考える．**解説図 7.2.4**，**解説図 7.2.5** で，原点周りの囲いが，**解説表 7.2.2** に示した軌道変位によって発生する加速度の 3 種類の上限値，図中の太い実線と点線はそれぞれ式（解 7.2.4），（解 7.2.5）で定められる走行安全性の限界線である．この限界線と囲い線との横軸方向の離れが，構造物の変位によって発生する鉛直加速度の限界値となる．これらのう

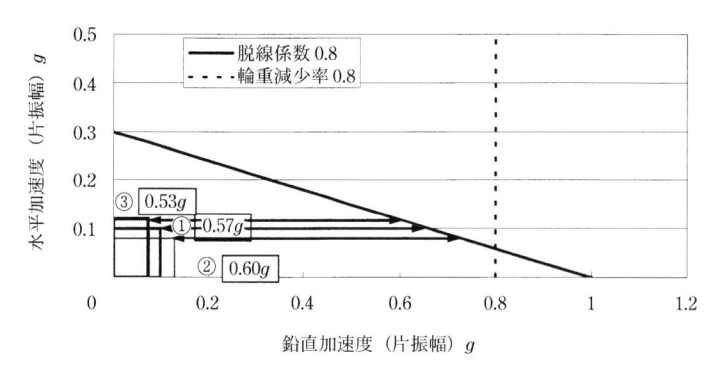

解説図 7.2.4 構造物の変位による鉛直加速度の限界値（直線橋）

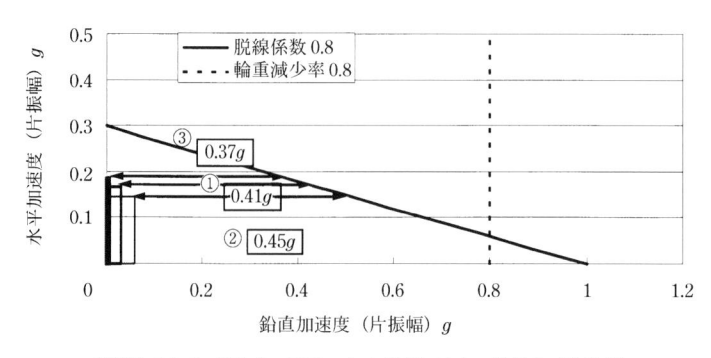

解説図 7.2.5 構造物の変位による鉛直加速度の限界値（曲線橋）

ち，最も小さい値を設計限界値とすると，**解説図 7.2.4**，**解説図 7.2.5** から，構造物の変位によって発生する鉛直加速度としては 0.37 g を超えないようにすればよいことが分かる．これらの結果および式 (解 7.2.5) の関係から輪重減少率の設計限界値を 0.37 とした．

水平方向の変位に対する輪重減少率の設計限界値は，鉛直方向と同じ値 (0.37) を用いてよいこととした．この場合，脱線係数の設計限界値は，式 (解 7.2.4) により，軌道変位の影響および曲線の影響を考慮して定めることができ，0.30 とした．また，横圧の設計限界値については，通常管理される最大横圧を 59 kN と仮定し，これから軌道変位により生じる横圧を差し引いて 40 kN と定めた．

7.2.3 桁のたわみの照査

(1) 桁のたわみによる常時の走行安全性の照査は，「**6 章 応答値の算定**」に従い設計応答値を算定し，**表 7.2.1〜表 7.2.3** に示す値を設計限界値として，「**3.4 性能照査の方法**」により行うこととする．

表 7.2.1 常時の走行安全性から定まる桁のたわみの設計限界値（新幹線）

連数	最高速度 (km/h)	桁または部材のスパン長 L_b (m)									
		10	20	30	40	50	60	70	80	90	100 以上
単連	260	$L_b/700$									
	300	$L_b/900$									
	360	$L_b/1100$									
複数連	260	$L_b/1200$					$L_b/1400$				
	300	$L_b/1500$					$L_b/1700$				
	360	$L_b/1900$					$L_b/2000$				

表 7.2.2 常時の走行安全性から定まる桁のたわみの設計限界値（電車・内燃動車）

連数	最高速度 (km/h)	桁または部材のスパン長 L_b (m)									
		10	20	30	40	50	60	70	80	90	100 以上
単連	130	$L_b/500$									
	160	$L_b/500$									
複数連	130	$L_b/500$									
	160	$L_b/600$									

表 7.2.3 常時の走行安全性から定まる桁のたわみの設計限界値（機関車）

連数	最高速度 (km/h)	桁または部材のスパン長 L_b (m)									
		10	20	30	40	50	60	70	80	90	100 以上
単連	130	$L_b/400$									
複数連	130	$L_b/600$				$L_b/700$					

(2) 軌道面に反りを与える等，たわみを相殺するような配慮がなされた場合には，**表 7.2.1〜表 7.2.3** に示す値を緩和してよい．

【解説】

(1) について

「7.2.2 走行安全性の照査」と等価な照査結果が得られるように，桁のたわみの設計限界値を定めた．

桁のたわみの限界値の設定方法を**解説図 7.2.6** に示す．「鉄道構造物等設計標準・同解説（コンクリート構造物）」および「鉄道構造物等設計標準・同解説（鋼・合成構造物）」では，桁を振動しない半正弦波の

たわみ形状を有する剛体と仮定し，その上を車両モデルが走行する手法が用いられてきた[3]．本標準でもこの手法に従い，スパン長 L_b を半波長とし，たわみ量δを片振幅とする半正弦波たわみを用いて限界値を定めた．桁端部には，曲率の不連続を緩和するために，桁端前後の区間にレール剛性とレール支持剛性を考慮した式（解7.2.6）に示す緩衝区間を挿入した．

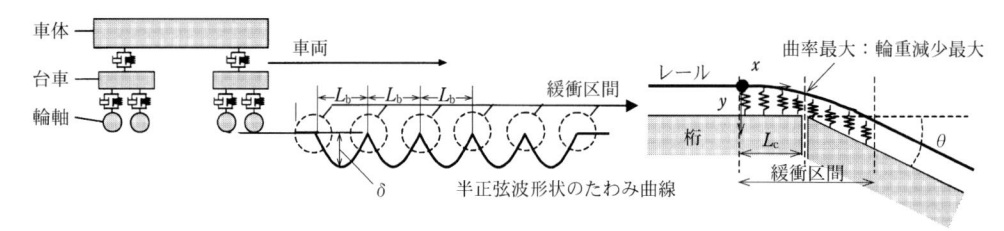

解説図 7.2.6 桁たわみの限界値設定モデル

$$0 \leq x \leq L_c$$
$$y = \frac{\theta}{4\beta} e^{\beta(x-L_c)} \{\cos\beta(x-L_c) + \sin\beta(x-L_c)\}$$
$$L_c < x \leq 2L_c$$
$$y = \frac{\theta}{4\beta} e^{-\beta(x-L_c)} \{\cos\beta(x-L_c) - \sin\beta(x-L_c)\} + \theta(x-L_c)$$
（解7.2.6）

ここに，L_c：全緩衝区間の長さの1/2
　　　　θ：桁端部の折れ角
　　　　x：緩衝区間開始点からの距離
　　　　β：弾性床上の梁の相対的曲げ剛度で，式（解7.2.7）で求められる．

$$\beta = \sqrt[4]{\frac{k}{4EI}}$$
（解7.2.7）

ここに，k：単位長さ当たりのレール支持ばね定数
　　　　EI：レールの曲げ剛性

複数スパンが連続する場合には，半正弦波たわみを繰り返し用いて桁のたわみモデルとした．車両モデルには，車両1両を31自由度とした三次元モデルを用いた（**付属資料2参照**）．車体質量は最大積載（350％乗車）に基づき算定した[4],[5]．

表7.2.1～表7.2.3に示した桁のたわみの設計限界値は，軌道変位による動的挙動や曲線の影響を考慮した場合の桁たわみの設計限界値である．設計限界値は輪重減少率が0.37以下となることにより検討した．桁のスパン長は最大150 mまで計算を行い定めている．

常時の走行安全性において，列車速度の影響は極めて大きい．輪重減少率は速度の2乗に比例する傾向にあり，今後の高速化も視野に入れた上で，これまでの260 km/hに加え，新たに360 km/hまでの設計限界値を示した．

桁の連数の影響については，これまでと同様に単連の場合と2連以上の複数連に区分することとした．

軌道剛性の影響については，桁端の緩衝区間のレール形状の違いにより，常時の走行安全性の面においてバラスト軌道の方がスラブ軌道よりも1割程度有利となる傾向にある．本標準では，安全側の配慮としてスラブ軌道を基本として設計限界値を定めることとした．

本標準では，複線構造物に対する常時の走行安全性の照査は，複線載荷による検討を原則とすることとした．この場合，常時の走行安全性に関して最も不利となるように列車荷重を載荷する必要がある．その

際の列車荷重の特性値は最大積載に基づき定めることとする．

桁は，通常，水平方向に比較的大きな剛性を有しており，一般に車両走行に伴う変位は小さいため，本標準では水平方向の桁のたわみの設計限界値については規定していない．水平方向の剛性が小さいと考えられる場合には，一般に，水平方向の桁のたわみが鉛直方向の設計限界値の1/2を超えないように設計するのがよい．

（2）について

表7.2.1～表7.2.3のたわみの設計限界値は軌道面にキャンバーがない場合についてのものであり，設計段階において，軌道面にキャンバーを設けてたわみを相殺するような配慮がなされる場合には，これらの設計限界値を緩和してもよい[6]．

7.2.4 軌道面の不同変位の照査

（1）軌道面の不同変位の照査は，目違いおよび角折れに対して行うこととする．

（2）目違いによる常時の走行安全性の照査は，「**6章 応答値の算定**」に従い支承部の鉛直変位，張出し構造の鉛直変位および端横桁のたわみを設計応答値として算定し，**表7.2.4**に示す値を設計限界値として，「**3.4 性能照査の方法**」により照査することとする．なお，桁端部において橋軸直角方向に水平変位が生じる場合には別途検討を行うこととする．

表7.2.4 常時の走行安全性から定まる軌道面における鉛直目違いの設計限界値

	最高速度（km/h）	単連（mm）	複数連（mm）
新幹線	260	2.0	3.0
	300	1.5	2.5
	360	1.0	2.0
電車・内燃動車，機関車	160	3.0	4.0

（3）角折れによる常時の走行安全性の照査は，「**6章 応答値の算定**」に従い設計応答値を算定し，**表7.2.5**，**表7.2.6**に示す値を設計限界値として，「**3.4 性能照査の方法**」により照査することとする．

表7.2.5 常時の走行安全性から定まる軌道面における角折れの設計限界値（新幹線）

最高速度（km/h）	鉛直方向 θ_L（・1/1000）		水平方向 θ_L（・1/1000）	
	平行移動	折れ込み	平行移動	折れ込み
210	4.0	4.0	2.0	2.0
260	3.0	3.0	1.5	2.0
300	2.5	2.5	1.0	1.0
360	2.0	2.0	1.0	1.0

表7.2.6 常時の走行安全性から定まる軌道面における角折れの設計限界値（電車・内燃動車，機関車）

最高速度（km/h）	鉛直方向 θ_L（・1/1000）		水平方向 θ_L（・1/1000）	
	平行移動	折れ込み	平行移動	折れ込み
130	6.0	9.0	2.0	3.0
160	6.0	6.0	2.0	2.5

【解説】
（2）について

「7.2.2 走行安全性の照査」と等価な照査結果が得られるように，軌道面における鉛直目違いの設計限界値を定めた．

橋梁の端横桁の鉛直たわみあるいは支承部の鉛直変位等が大きいと，車両が構造物に進入する時，あるいは出る時に桁端部に段差が生じ，走行安全性を阻害する恐れがある[7]．こうした桁端での挙動は桁のたわみによる桁端の角折れとも連成する複雑なものである．

この設計限界値については，**解説図7.2.7**に示す解析モデルにより検討した．桁端部には段差を設定し，曲率の不連続を緩和するために桁端前後の区間にはレール剛性を考慮した式（解7.2.7）に示す緩衝区間を挿入した．この段差による走行軌跡と，桁のたわみによる半正弦波の走行軌跡に重ね合わせ，その上を車両が走行した場合の応答から設計限界値を定めた．

$$
\left.\begin{array}{ll}
0 \leq x \leq L_c & y = \dfrac{h}{2} e^{\beta(x-L_c)} \cos(x - L_c) \\
L_c < x \leq 2L_c & y = -\dfrac{h}{2} e^{-\beta(x-L_c)} \cos(x - L_c) + h
\end{array}\right\} \quad \text{（解7.2.7）}
$$

ここに，h：目違い量

車両モデルには，車両1両を31自由度とした三次元モデルを用いた．車体質量は最大積載（350％乗車）に基づき算定した．

このような場合，桁のたわみによる桁端の角折れと桁端部の不同変位との両面から設計限界値を定める必要があるが，一般に支承の鉛直変位および端横桁のたわみの和が**表7.2.4**に示した値以下となる場合，常時の走行安全性に及ぼす影響は少なく，桁のたわみと独立して取り扱うことができる．

表7.2.4では複数連で設計限界値が大きく設定されているが，これは「7.2.3 桁のたわみの照査」において複数連のたわみの設計限界値が厳しいために，相対的に端横桁および支承部の変位の影響が少なくなるためである．

表7.2.4に示す設計限界値を満足しない場合については，桁のたわみとの連成を考慮して別途検討するのがよい（**付属資料6**参照）．

コンクリート構造物およびコンクリート床版を用いる鋼橋では，一般に横桁のたわみについては無視してもよい．また，鋼製支承を用いる構造物では，一般に支承の鉛直変位については無視してもよい．

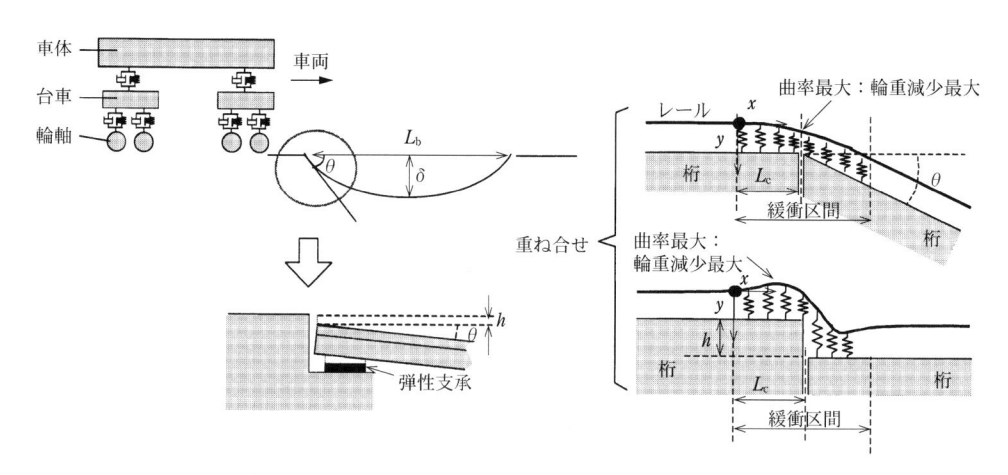

解説図 7.2.1 軌道面における鉛直目違いの限界値設定モデル

鋼橋の端横桁は，構造上桁高が小さくなる場合があり，また斜角桁や複線2主桁等では長くなるので，たわみを設計限界値以内に収めることが困難であったり不経済となることがある．このような場合には橋台や橋脚上に支承を設けて端横桁の支間の中央付近を支えることもあるが，この場合には支承が浮いたりしないよう，また，滑らかに移動できるよう構造や施工に注意しなければならない．

鋼橋の中間横桁のたわみの設計限界値については，本標準では定めていない．一般に同一橋梁内の中間横桁の剛性は同程度であり，中間横桁間におけるたわみ差は小さいことにより，列車走行性からはその限界値が定まらないためである．中間横桁間におけるたわみ差が大きい構造では軌道面に角折れが生じ，列車走行性に影響を及ぼす可能性があるため，別途検討を行う必要がある．なお，中間横桁のたわみの取り扱いについては，「鉄道構造物等設計標準・同解説（鋼・合成構造物）」によるものとする．

表7.2.1～表7.2.6は桁端等において橋軸直角方向に水平変位が生じないことを前提に検討している．水平方向にも変位が生じる場合には，車輪横圧が発生し，脱線に対する安全性が大きく異なってくることが懸念される．構造物の常時の走行安全性の照査では，桁端での橋軸直角方向の水平変位をストッパー等の移動制限装置を用いて拘束し，水平方向の変位の検討を省略するのが一般的であるが，ストッパーや支承の橋軸直角方向の水平剛性が低い場合等については，遠心荷重や車両横荷重および車輪横圧荷重に対して，「**7.2.2 走行安全性の照査**」に示した設計限界値等を用いて，特別な検討を行わなければならない．なお，ストッパー等の移動制限装置を設置する場合には，ある程度の遊間（等）を確保する必要が生じる．定量的な遊間の限界値を示すことは困難ではあるが，これまでの実績から，在来線については2mm程度，新幹線については1.5mm程度を標準とするのがよい．

（3）について

「**7.2.2 走行安全性の照査**」と等価な照査結果が得られるように，軌道面における角折れの設計限界値を定めた．

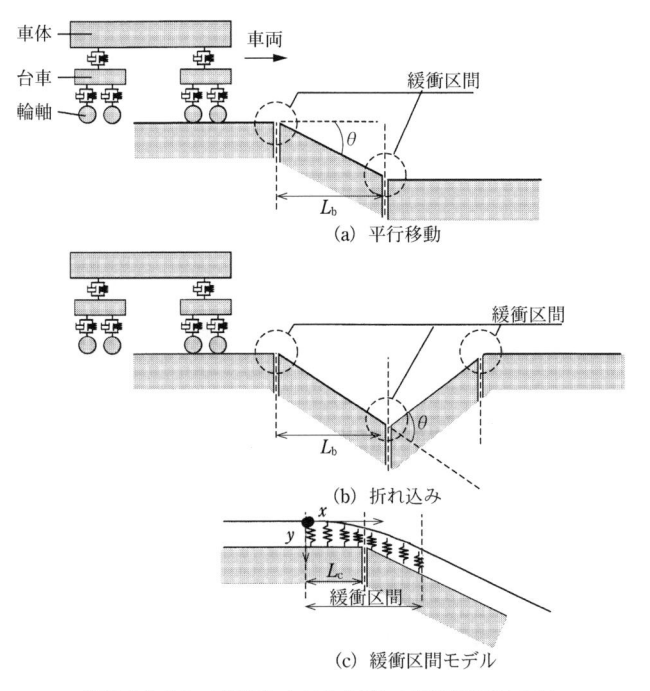

解説図 7.2.8 軌道面における角折れの限界値設定モデル

構造物の軌道面における角折れが大きいと走行安全性が低下するため，適切な設計限界値を定めなければならない[7]．通常の構造物では，一般に「7.2.3 桁のたわみの照査」に定める桁のたわみの照査をしておけば，本節による照査を行う必要はないが，長大橋梁[8]や高橋脚の橋梁，あるいは構造物の不同沈下等に対しては，必要に応じて鉛直方向または水平方向の軌道面での不同変位（角折れ）の照査を行う必要がある．この場合の軌道面は，軌道構造を支持する面としてよい．

これらの設計限界値については，**解説図7.2.8**に示すモデルにより検討した．ここでは，桁は剛体として変位すると仮定している．桁端部における曲率の不連続を緩和するために，桁端前後の区間にはレール剛性を考慮した式（解7.2.7）に示す緩衝区間を挿入した．

車両モデルには，車両1両を31自由度とした三次元モデルを用いた．車体質量は最大積載（350％乗車）に基づき算定した．

7.3 地震時の走行安全性に係る変位の照査

7.3.1 一　般

（1）　車両を支持する構造物については，地震時の走行安全性に係る変位の設計限界値を設定し，変位の照査を行うこととする．

（2）　地震時の走行安全性に係る変位の照査は，一般に，地震動によって生じる構造物の横方向の振動変位および構造物境界における軌道面の不同変位に対して行うこととする．

（3）　構造物の横方向の振動変位の照査は，「7.3.2 地震時の横方向の振動変位の照査」によることとする．

（4）　構造物境界における軌道面の不同変位の照査は，「7.3.3 地震時の軌道面の不同変位の照査」によることとする．

【解説】

（1）について

「2.1 設計の基本」で示したように大規模地震動については，地震早期検知システムや軌道からの逸脱防止施設等を利用し，鉄道システム全体として減災に努めるものであり，そのような地震に対して構造物のみの対応で車両の走行安全性を保つように設計することは困難な場合もある．また，このような場合の車両の走行メカニズムは複雑な要因が絡むため，その解明には未だ多くの研究課題が残されているが，実台車を用いた半車両モデルに対する加振試験[9]や構造物の非線形応答を考慮した車両と構造物との動的相互作用解析等による地震時走行性の検討[10]が近年行われており，限られた条件下ではあるが基本的な挙動特性については把握がなされている．これらの結果から，構造物に適切な剛性を与えることにより，相当の強さの地震に対して車両が安全に走行できることも得られている．このため，本標準では立地条件や構造物の重要度，経済性等を考慮しながら，地震時の走行安全性に有利な構造物を設計者が採用することにより，脱線に至る可能性をできるだけ低減することを基本とし，具体的には，「7.3.2 地震時の横方向の振動変位の照査」および「7.3.3 地震時の軌道面の不同変位の照査」で示される走行安全性から定まる構造物の変位の限界値に対してL1地震動により生じる構造物の変位を尺度として照査するとともに，限界値に対して相対的に変位が小さい構造形式を推奨することとした．

地震時の走行安全性に係る構造物の性能を照査する指標としては,「鉄道構造物等設計標準・同解説(耐震設計)」と同様に地震動に対する構造物の変位を用いることとした.ただし,ここでの構造物の変位は,単に長さの単位をもつ物理量ではなく,スペクトル強度SIや不同変位等の総称として用いている.

特殊な構造物で詳細な検討を要する場合等,車両や軌道構造を含む鉄道システムとして目的とする機能が備えられていることを確かめる場合には,必要により車両,軌道および構造物の動的相互作用を考慮した構造解析法により走行安全性に関する直接的な指標を用いて検討するのがよい.この場合,適切な地震動を設定するのがよい.また,大規模な構造物について検討する場合には,地震動の伝播状況や鉛直振動の影響等も考慮して照査を行うのがよい.

(2)について

本標準では地震時の走行安全性に大きな影響を与えるものは,「鉄道構造物等設計標準・同解説(耐震設計)」と同様に,構造物の横方向の振動変位および構造物境界における軌道面の角折れ・目違いであると考え,この2つに対する変位の照査をすることとした.

この構造物の横方向の振動変位と構造物境界における軌道面の角折れ・目違いは,地震時において同時に生じているため,本来は照査を統合して行うべきものであるが,照査方法が煩雑となるため,両者を分けて照査することとし,角折れ・目違いについては,これらによる横方向の振動変位に対する走行安全限界曲線への影響が1割程度以下に収まるように限界値を定めることとした.

また,地震動による鉛直振動の走行安全限界曲線に与える影響は限られたものであるため,本標準では,一般に,これを考慮しなくてもよいこととした.

7.3.2 地震時の横方向の振動変位の照査

(1) 地震時における構造物の横方向の振動変位は,できるだけ小さくなるように設計するのがよい.

(2) 地震時の横方向の振動変位の照査は,L1地震動による構造物の横方向の振動変位の設計応答値が地震時の走行安全性に係る変位の設計限界値を超えないことを確認することにより行うことを原則とする.

【解説】

(1)について

適切な剛性が与えられ,横方向の振動変位の小さい構造物は,相当の強さの地震に対しても車両が安全に走行できることが,最近の地震時の走行安全性に関する基礎的な実験や解析結果から示されてきている.このため,立地条件や構造物の重要度,経済性等を考慮しながら,構造物の変位をできるだけ小さくすることにより,脱線に至る可能性を低減させるのがよい.

(2)について

地震時の横方向の振動変位に対する具体的な照査方法としては,L1地震動により生じる構造物の変位を尺度とし,走行安全性から定まる構造物の変位の限界値に対して照査を行う方法を用いることとした.この構造物の変位の限界値については,次のように定めた.

a) 構造物の変位の限界値

横方向の振動変位に対する走行安全性の指標やその目安値に関しては,従来から幾つかのものが提案されており,本四連絡橋建設時の検討では,脱線係数($Q/P=2.0$)や輪重抜けに基づいた目安値が用い

られた．また，兵庫県南部地震を契機に行われた検討では，車輪とレール間の水平相対変位の最大値 70 mm を目安値とした正弦波加振に対する走行安全限界曲線が求められた．「鉄道構造物等設計標準・同解説（耐震設計）」では，この目安値を採用している．

本標準では「鉄道構造物等設計標準・同解説（耐震設計）」と同様に，車輪とレール間の水平相対変位の最大値 70 mm を地震時の走行安全性の目安値とし，代表的な車両諸元を用いた解析に基づき，構造物の等価固有周期に応じた構造物の変位の限界値を求めた[11]．

この構造物の変位の限界値は車両諸元（車両重量や重心高さ，各種支持機構等）の違いにより異なるが，構造物に適切な剛性を与えるための目安を示すという観点から，ここでは1種類のみ設定することとし，高速性による被災の影響等を勘案し，新幹線の代表的な車両諸元を用いて求めた．また，その指標として構造物の加速度応答波に対するスペクトル強度 SI（**付属資料9** 参照）を用いた[12),13)]．この横方向の振動変位に対する構造物の変位の限界値を**解説表 7.3.1** および**解説図 7.3.1** に示す．この限界値は，設計地震動を含む十数種類の地震動による限界スペクトル強度 SI_L の 90% 信頼限界曲線を求め，角折れ・目違いの影響を考慮して，それを1割低減した曲線をほぼ包絡するように定めたものである．

b) L1地震動を用いた照査

地震時の横方向の振動変位の照査は，**解説図 7.3.1** に示すように，設計する構造物の等価固有周期 T_{eq} に基づいて，L1地震動によるスペクトル強度 SI と限界スペクトル強度 SI_L を比較することにより行う．構造計画時等において選択可能な構造形式が複数ある場合には，SI/SI_L の値を比較して，走行安全性に有利な構造を選択するのが望ましい．

走行安全性に有利な構造を選択する例として，G3地盤で構造物の等価固有周期 T_{eq} が 0.8 秒程度の短周期系の構造物と同じ地盤上で T_{eq} が 1.2 秒程度の構造物が選択可能である場合，**解説図 7.3.1** から

解説表 7.3.1 地震時の走行安全性に係る変位の限界値 SI_L（単位：mm）

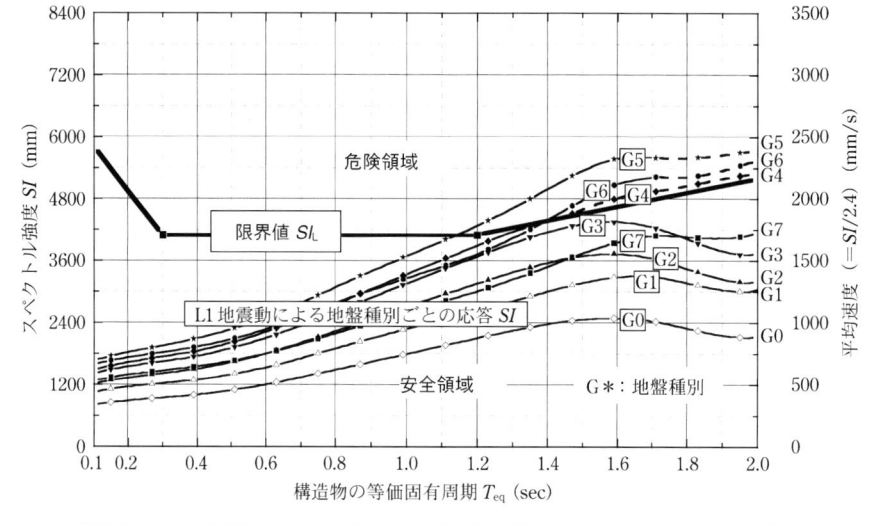

構造物の等価固有周期 T_{eq} (sec)		
0.3 以下	0.3〜1.2	1.2 以上
$-8500\,T_{eq} + 6650$	4100	$1375\,T_{eq} + 2450$

解説図 7.3.1 地震時の走行安全性に係る変位の限界値 SI_L とL1地震動による応答値 SI

分かるように前者は構造物の変位が小さいことから，後者と比較して走行安全上有利となる．このため，経済性が許す範囲において，より短周期系の構造物を選択するのがよい．

さらに，**解説図7.3.1**よりG5地盤等の軟らかい地盤においては，L1地震動による構造物の変位が地震時の走行安全性に係る変位の限界値より大きくなる構造物の等価固有周期領域があることが分かる．このような周期領域内に構造物の等価固有周期 T_{eq} が算定される場合については，一般に，構造形式の変更や桁等の軽量化，あるいは橋脚や高架橋柱等の高剛性化を図ることにより，構造物の等価固有周期 T_{eq} をこの周期領域外となるよう工夫するのがよい．しかし，立地条件により構造物の等価固有周期を大きく変えられない場合には，地盤の非線形性等を考慮した詳細な解析により照査を行ったり，軌道からの逸脱防止施設の設置等減災的な措置を施すことや，構造物にダンパーを付加して減衰性を高めて構造物の変位を低減する等[14]，適切な方法により対処するのがよい．

なお，盛土等の土構造物については動的応答が小さく，地表面で生じる地震動に対して路盤面での増幅が小さいことから，L1地震動を対象とした地震時の走行安全性に係る変位については一般に照査を省略してよい（**付属資料13**）．ただし，明らかに動的応答が大きいことが予想される場合（例えば，高さが極端に高い盛土，基盤や地表面が大きく傾斜した不整形地盤上の盛土等）には，別途詳細な解析を行うのがよい．

7.3.3 地震時の軌道面の不同変位の照査

（1） 地震時の軌道面の不同変位は，できるだけ小さくなるように設計するのがよい．

（2） 地震時の軌道面の不同変位の照査は，L1地震動による軌道面の不同変位の設計応答値が地震時の走行安全性に係る変位の設計限界値を超えないことを確認することにより行うことを原則とする．

【解説】
（1）について

隣接する構造物の固有周期が大きく異なる場合には，構造物境界における軌道面に角折れ・目違い等の不同変位が生じる．これらの角折れ・目違いが大きくなると，車両の走行安全性に影響を与えるため，このような場合には隣接する構造物の固有周期を同程度にするとか，基礎を連結する等して，できるだけ構造物境界における軌道面の不同変位を小さくするのがよい．

また，地震時には橋台のロッキング振動などに伴い前傾や滑動が生じ，盛土や地盤の揺すり込み沈下なども加わることから，橋台背面では大きな段差（目違い）が生じる場合がある．その際には走行安定性に重大な影響を及ぼすが，一般には「鉄道構造物等設計標準・同解説（耐震設計）14.5 耐震構造細目」を満足することにより段差を大幅に軽減することができる．なお，土路盤上スラブ軌道のように地震時において極力目違いを抑制したい箇所に対しては，橋台部の耐震性を高めたセメント改良補強土による耐震性橋台（**付属資料14**参照）等を適用するとよい．

（2）について

構造物境界における軌道面の角折れ・目違いに対する走行安全性上の目安値に関しては，過去に幾つかのものが提案されており，従来は中程度の地震に対してC限度（$Q/P=1.2$相当で，鉛直，水平方向の変形が共存しない場合の限度）が用いられてきた．また，「鉄道構造物等設計標準・同解説（耐震設計）」では，車輪とレール間の水平相対変位最大値70 mm，車輪とレール間の鉛直相対変位最大値15 mm，横圧最

大値 98 kN および輪重最大値を 294 kN の組合せが目安値として用いられている．これらの目安値は，軌道に静的な不同変位が生じている場合の限界値を求めるために利用されたものである．

このような角折れ・目違いは，本来，構造物の振動中に生じているものであり，横方向の振動変位との連成を考慮して照査するのが理想的であるが，照査方法が煩雑となるため，ここでは構造物境界における軌道面の不同変位について独立させて照査するようにした．このため[15]，角折れ・目違いの限界値は，それらによる横方向の振動変位の走行安全限界曲線に及ぼす影響が限定された範囲となるようにし，その適値として限界変位の低下が1割以下に収まるように定めた（**付属資料12** 参照）．角折れおよび目違いの限界値を **解説表 7.3.2** に示す．

解説表 7.3.2　地震時の軌道面の不同変位の限界値

方向	最高速度 (km/h)	角折れ θ_L（・1/1000）			目違い (mm)
		平行移動		折れ込み	
		$L_b=10$ m	$L_b=30$ m		
水平	130	7.0		8.0	14
	160	6.0		6.0	12
	210	5.5	3.5	4.0	10
	260	5.0	3.0	3.5	8
	300	4.5	2.5	3.0	7
	360	4.0	2.0	2.0	6

参考文献

1) 運輸省鉄道局監修：在来鉄道運転速度向上試験マニュアル，研友社，1993．
2) 須田征男，長門　彰，徳岡研三，三浦　重：新しい線路―軌道の構造と管理―，日本鉄道施設協会，1997．
3) 松浦章夫：高速鉄道における橋桁の動的応答に関する研究，鉄道技術研究報告，No.1074，1978．
4) 曽我部正道，松本信之，藤野陽三，涌井　一，金森真，宮本雅章：共振領域におけるコンクリート鉄道橋の動的設計法に関する研究，土木学会論文集，No.724/I-62，pp.83-102，2003．
5) 曽我部正道，古川　敦，下村隆行，飯田忠史，松本信之，涌井　一：列車の高速化に対応した構造物の変位制限，鉄道総研報告，Vol.18，No.8，2004．
6) 市川篤司：橋梁の主桁たわみ制限の適用に関する諸問題，鉄道総研報告，Vol.8，No.8，1994．
7) 佐藤吉彦，三浦　重：走行安全ならびに乗心地を考慮した線路構造物の折れ限度，鉄道技術研究報告，No.820，1972．
8) 涌井　一，松浦章夫：鉄道車両の走行性からみた長大吊橋の折れ角限度，土木学会論文報告集，No.291，1979．
9) 宮本岳史，石田弘明，松尾雅樹：地震時の鉄道車両の挙動解析，日本機械学会論文集（C編），Vol.64，No.626，1998．
10) 松本信之，曽我部正道，涌井　一，田辺　誠：構造物上の車両の地震時走行性に関する検討，鉄道総研報告，Vol.17，No.9，pp.33-38，2003．
11) 宮本岳史，松本信之，曽我部正道，下村隆之，西山幸夫，松尾雅樹：大変位軌道振動による実物大鉄道車両の加振実験，日本機械学会論文集（C編），Vol.72，No.706，2005．
12) 羅　休：スペクトル強度による地震時列車走行性の簡便照査法，鉄道総研報告，Vol.16，No.3，pp.31-36，2002．
13) Luo Xiu : Study on Methodology for Running Safety Assessment of Trains in Seismic Design of Railway Structures, J. Soil Dynamics and Earthquake Engineering, Elsevier Science Ltd., Vol.25, No.2, pp.79-91, 2005.
14) 松本信之，曽我部正道，岡野素之，涌井　一，大内　一：鋼製ダンパーブレースを用いた鉄道高架橋の振動性状改善に関する研究，構造工学論文集，Vol.46 A，pp.547-554，2000．
15) 曽我部正道，宮本岳史，涌井　一，松本信之：横方向の振動変位の影響を考慮した構造物の不同変位の照査法，第12回鉄道技術・政策連合シンポジウム（J-RAIL 2005）講演論文集，2006．

8章　使用性の照査

8.1　一　般

（1）　使用性の照査は，その性能項目が設計耐用期間中にしばしば生じる設計作用に対し，使用性から定まる限界状態に至らないことを確認することにより行うこととする．

（2）　本標準における使用性の照査は，乗り心地について行うこととする．

（3）　使用性の照査に用いる部材係数 γ_b は1.0としてよい．

【解説】

（2）について

　本標準では，乗り心地を，構造物の変位に伴い生じる車両振動に対して鉄道利用者の快適性を確保するための性能と定義している．解説図 8.1.1 に本標準における乗り心地の位置づけを示す．

　乗り心地の定義は種々あるが，日常の軌道の維持管理においては，乗り心地の基準や標準値は，線区の実状等に応じて個々に定められている[1),2),3),4)]．本標準で取り扱う乗り心地は，より狭義に定義したもので，新設構造物の設計において，構造物の変位により車両に過度の振動が発生することがないように，かつ日常行われている車両の動揺管理基準等に基づく軌道の維持管理に構造物の変位が影響を及ぼさないようにするための性能として位置づけられる．

　これまでの実績から，本標準で示した手法を用いて構造物を設計することにより，日常的に行われている車両の動揺管理基準等に基づく軌道の維持管理に支障をきたすことなく，結果として個々の線区において良好な乗り心地が確保されると考えてよい．

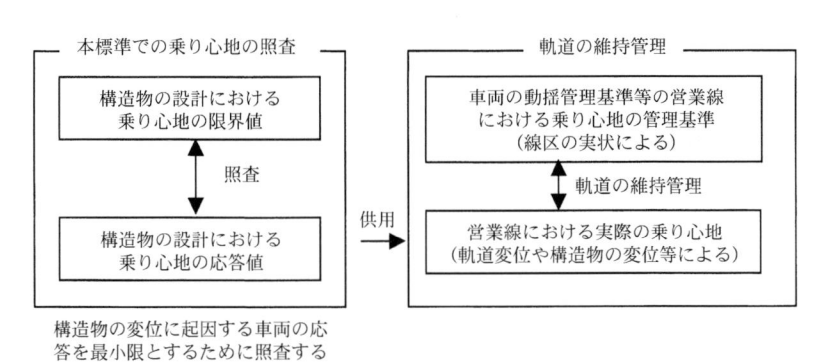

解説図 8.1.1　本標準における乗り心地の照査の位置づけ

8.2 乗り心地に関する使用性の照査

8.2.1 一般

(1) 乗り心地に関する使用性は，車体の振動加速度を照査指標とし，車両と構造物の全体をモデル化して動的相互作用解析により照査することを原則とする．ただし，一般には，これと等価な構造物の変位を照査指標とした手法によってよい．

(2) 車両と構造物の全体をモデル化して動的相互作用解析により照査する場合には，「8.2.2 乗り心地の照査」に従い照査することとする．

(3) (2)によらず，構造物の変位を照査指標とする場合には，構造要素や部材ごとに，「8.2.3 桁のたわみの照査」および「8.2.4 軌道面の不同変位の照査」に従い照査してよい．

【解説】
(1) について
　構造物上を走行する車両の乗り心地を評価するためには，車両と構造物の全体をモデル化し，動的相互作用解析などにより解析するのが精緻な手法であるといえる．しかし，こうした動的相互作用解析は一般に煩雑となるため，簡便な方法として，照査結果が等価となるような構造物の変位による照査手法も併記し，これによってもよいこととした．

(2) について
　構造物の変位を照査指標として用いずに，車両と構造物の全体をモデル化し動的相互作用解析等から直接車両の応答を求め照査する場合には，「8.2.2 乗り心地の照査」によることとする．この場合には，当該構造物の特徴と本標準における乗り心地の定義を十分理解した上で，適切に設計応答値の算定および設計限界値の設定を行い照査する必要がある．

(3) について
　(2)に示す精緻な動的相互作用解析を用いずに，構造物の変位を照査指標とする場合には，個々の構造物を構成する構造要素や部材ごとに設計限界値を定め，それぞれが設計限界値を超えないことにより照査を行うこととした．特殊な構造を除けば構造物の変位を照査指標としても比較的精度のよい照査が可能である．

　構造物の変位を照査指標とする場合には，個々の構造物を構成する構造要素や部材ごとに限界値を定めた．構造物は，一般に複数の構造要素や部材等によって構成されているが，本標準ではこれら個々が限界状態を満たすことによって，構造物の乗り心地の照査に代えてよいこととした．

8.2.2 乗り心地の照査

(1) 車両と構造物の全体をモデル化して動的相互作用解析により照査を行う場合には，本節によることとする．

(2) 乗り心地の照査は，「**6章** 応答値の算定」に従い設計応答値を算定し，(3)に従い設計限界値を設定して，「**3.4** 性能照査の方法」により行うこととする．この場合の設計応答値には軌道変位の影響を考慮しなくてよい．

(3) 構造物の性能照査に用いる乗り心地の設計限界値は，車体の振動加速度を照査指標として，線区等の実状に応じて適切に定めてよい．

【解説】
(2)について
軌道変位による車体の振動加速度の波形と構造物の変位によるそれは，必ずしも振動数や位相が一致するとは限らず，また軌道の維持管理においても両者を区別せずに全体として管理しているのが実状である．このため，乗り心地については，軌道変位の影響は考慮せず，構造物の変位のみで照査すればよいこととした．

(3)について
乗り心地の設計限界値は，構造物の変位が構造物の供用時において車両の動揺管理等による軌道の維持管理上の支障とならないように，その線区の実状等に合わせて適切に定めるのがよい．

車両の乗り心地の照査指標としては，様々なものが提案されているが，一般には，一定時間乗車した際の総合的な乗り心地（区間乗り心地）と個々の地点における瞬間的な乗り心地（地点乗り心地）とに大別することができる．このうち，本標準のように，車両が特定の構造物を通過する際に生じる短時間の車両動揺を検討対象とする場合には，地点乗り心地を用いて，車体の振動加速度により照査を行うのがよい．なお，各種乗り心地の照査指標の相互比較，区間乗り心地と地点乗り心地の関係等については，**付属資料4**に検討結果を示した[5]．

1) 鉛直方向

桁のたわみによる鉛直方向の乗り心地の設計限界値は，一般に式(解8.2.1)によってよい．

$$\begin{cases} \alpha_{v1}=2.0 & f<1.5 \\ \alpha_{v1}=3.0/f & 1.5\leq f<6.0 \\ \alpha_{v1}=0.5 & 6.0\leq f\leq 20.0 \end{cases} \quad (解8.2.1)$$

ここに，α_{v1}：鉛直方向の車体の振動加速度の設計限界値（m/s²）
　　　　f：振動加速度の振動数（Hz）

解説図8.2.1に示すように，式(解8.2.1)による鉛直方向の乗り心地の設計限界値は，従来から構造物の設計で用いられてきた国鉄乗り心地基準の乗り心地係数1.5に基づき定めた．ただし，1.5 Hz以下の低周波数領域に対しては，後述するように，新たに2.0 m/s²の上限を設けた．図中には，比較のために，軌道の維持管理などに用いられる列車動揺管理基準についても示した．なお，列車動揺管理基準は全振幅で規定されているため，ここでは片振幅率を既往の文献などを参考に3/4とした．構造物上を通過する車両の車体の振動加速度の振動数は，その波形がスパン長L_bを1波とした正弦波強制加振に近い傾向となるため，式(解8.2.2)により簡易に評価することができる．

$$f=v/L_b \quad (解8.2.2)$$

ここに，v：列車速度（m/s）
　　　　L_b：桁のスパン長（m）

図中には，式(解8.2.2)より求めることができる列車速度とスパン長の関係についても併せて示した．

図から分かるように，国鉄乗り心地基準における乗り心地係数1.5は，1.5 Hz以下の低周波数領域では列車動揺管理基準よりも限界値が緩い．このため軌道の維持管理で用いられている車両の動揺管理基準における目標値，基準値との整合がとれていないことが指摘されてきた．国鉄乗り心地基準で検討する加速度は設計上の予測値であり，列車動揺管理目標値は実測値であるため，本来，両者を直接に比較

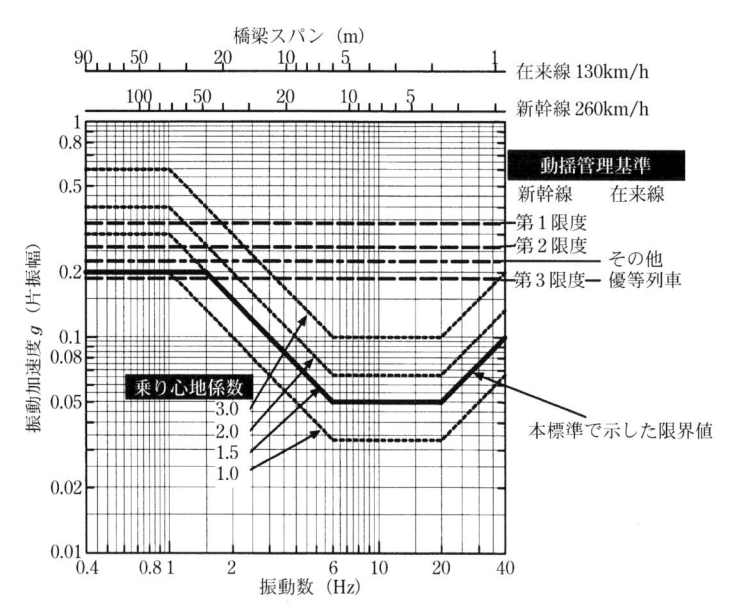

解説図 8.2.1 桁のたわみによる鉛直方向の乗り心地の設計限界値

することは必ずしも適切とは言えないが，列車動揺管理基準と整合性をとる観点から，加速度に $2.0\,\mathrm{m/s^2}$ の上限を設けることとした．これは，設計上の性能照査を実態と合わせる目的もあり，照査には実列車に近い軸重の列車荷重を用いることを前提として定めたものである．

構造物の軌道面の不同変位によって生じる車体の振動加速度について照査する場合には，設計限界値は $2.0\,\mathrm{m/s^2}$ としてよい[6]．これは，軌道面の不同変位が単独で生じる場合が多く，列車速度や桁のスパン長によらず，車体の振動加速度の応答が振動数 $1.0\,\mathrm{Hz}$ 前後の自由振動波形となる傾向にあるためである．

2) 水平方向

桁のたわみによる水平方向の乗り心地を検討する場合には，構造形式，線区等の実情に応じて適切に設計限界値を定めるのがよい．

構造物の軌道面の不同変位によって生じる車体水平加速度について照査する場合には，設計限界値は $1.6\,\mathrm{m/s^2}$ としてよい[6]．列車速度や桁のスパン長によらず一定値としたのは，鉛直の場合と同様，不同変位が単独で生じる場合が多いためである．上記の設計限界値は，従来からの経験および実績を踏まえて定めた．

8.2.3 桁のたわみの照査

桁のたわみによる乗り心地に関する使用性の照査は，「**6章 応答値の算定**」に従い設計応答値を算定し，線区等の実状に応じて適切に設計限界値を設定して，「**3.4 性能照査の方法**」により行うこととする．

【解説】

桁のたわみによる乗り心地に関する使用性の照査は，線区等の実状に応じて適切な設計限界値を設定してよい[7,8]．

一般には，**解説表 8.2.1〜解説表 8.2.3** に示す値を設計限界値として用いるのがよい．これらの設計限界値は，式（解 8.2.1）に示した限界値による乗り心地の照査と等価な照査結果が得られるように定めたものである．

桁たわみの限界値の設定方法は「**7.2.3 桁のたわみの照査**」の**解説図 7.2.6** と同様の手法によった．すなわち桁を振動しない半正弦波の剛体と仮定し，車両モデルを一定の走行軌跡に沿って走らせる手法を用いた．ただし，この場合，車両モデルにおける車体質量は，通常の使用状況に基づき定員乗車として算定した．

乗り心地において，列車速度の影響は極めて大きい．今後の営業速度の向上も視野に入れた上で，新幹線については，これまでの 260 km/h に加え，新たに 360 km/h までの限界値を示した．

解説表 8.2.1 乗り心地から定まる桁のたわみの設計限界値（新幹線）

連数	最高速度 (km/h)	桁または部材のスパン長 L_b (m)									
		10	20	30	40	50	60	70	80	90	100 以上
単連	260	$L_b/2200$	$L_b/1700$	$L_b/1200$	$L_b/1000$						
	300	$L_b/2800$	$L_b/2000$	$L_b/1700$	$L_b/1300$	$L_b/1100$					
	360	$L_b/3500$	$L_b/3000$	$L_b/2200$	$L_b/1800$	$L_b/1500$					
複数連	260	$L_b/2200$	$L_b/1700$								
	300	$L_b/2800$	$L_b/2000$								
	360	$L_b/3500$	$L_b/2800$	$L_b/2200$							

解説表 8.2.2 乗り心地から定まる桁のたわみの設計限界値（電車・内燃動車）

連数	最高速度 (km/h)	桁または部材のスパン長 L_b (m)									
		10	20	30	40	50	60	70	80	90	100 以上
単連	130	$L_b/500$									
	160	$L_b/500$									
複数連	130	$L_b/900$					$L_b/700$				
	160	$L_b/1100$					$L_b/800$				

解説表 8.2.3 乗り心地から定まる桁のたわみの設計限界値（機関車）

連数	最高速度 (km/h)	桁または部材のスパン長 L_b (m)									
		10	20	30	40	50	60	70	80	90	100 以上
単連	130	$L_b/500$									
複数連	130	$L_b/900$					$L_b/700$				

桁の連数の影響については，従来と同様に単連の場合と 2 連以上の複数連に区分することとした．これは 2 連以上となると車体の加速度が定常状態に達し，桁の連数が増加しても車体の応答が増加しないためである．また，桁のスパン長は最大 150 m まで計算を行い定めている．

乗り心地の照査では，しばしば生じる平均的な通常の使用状態を対象としていることから，列車荷重は複線橋梁の場合でも単線載荷としてよい．その際の列車荷重の特性値は通常の使用状況に基づき定めてよい．

解説表 8.2.2 および**解説表 8.2.3** では，在来線に対して $L_b/500$ 程度の桁のたわみを許容しているが，鋼トラス橋を設計する場合で，上記列車荷重による桁のたわみが $L_b/1000$ を超える時には，格点部の二次応力の影響について別途検討する必要がある．

桁は，通常，水平方向に比較的大きな剛性を有しており，一般に車両走行に伴う変位は小さいため，本標準では水平方向の桁のたわみの設計限界値については規定していない．水平方向の剛性が小さいと考え

られる場合には，一般に，水平方向の桁のたわみが鉛直方向の設計限界値の1/2を超えないように設計するのがよい．

解説表8.2.1～**解説表8.2.3**の桁のたわみの設計限度値は軌道面にキャンバーがない場合についてのものであり，設計段階において，軌道面にキャンバーを設け桁のたわみを相殺するような配慮がなされる場合には，これらの設計限界値を緩和することができる[9]．車両や軌道側によって，乗り心地を確保する対策が講じられる場合についても同様である．

8.2.4 軌道面の不同変位の照査

（1） 軌道面の不同変位の照査は，目違いおよび角折れに対して行うこととする．

（2） 目違いによる乗り心地に関する使用性の照査は，「**6章 応答値の算定**」に従い支承部の鉛直変位，張出し構造の鉛直変位および端横桁のたわみを設計応答値として算定し，適切に設計限界値を設定して，「**3.4 性能照査の方法**」により行うこととする．

（3） 角折れによる乗り心地に関する使用性の照査は，必要に応じて「**6章 応答値の算定**」に従い構造物の軌道面の不同沈下等を設計応答値として算定し，適切に設計限界値を設定して，「**3.4 性能照査の方法**」により行うこととする．

【解説】
(2)について

目違いによる乗り心地に関する使用性の照査は，一般には**解説表8.2.4**に示す値を設計限界値として，「**3.4 性能照査の方法**」により行ってよい．これらの設計限界値は，「**8.2.2 乗り心地の照査**」に示した車体の振動加速度の限界値（振動数によらず鉛直方向については$2.0\,\mathrm{m/s^2}$，水平方向は$1.6\,\mathrm{m/s^2}$）による乗り心地の照査と等価な照査結果が得られるように定めたものである．なお，桁端部において橋軸直角方向に水平変位が生じる場合には，別途特別な検討を行わなければならない．

解説表8.2.4 乗り心地から定まる軌道面における鉛直目違いの設計限界値（単連・複数連共通）

車両種別	最高速度（km/h）	目違い（mm）
新幹線	260	2.0
	300	2.0
	360	2.0
電車・内燃動車機関車	160	3.0

支承部の鉛直変位，張出し構造の鉛直変位および端横桁のたわみが大きいと，列車が橋梁に進入する時，あるいは出る時に桁端部に目違いが生じ，乗り心地を阻害する恐れがある．こうした桁端での挙動は主桁のたわみによる桁端の角折れとも連成する複雑なものである．この限界値については，「**7.2.4 軌道面の不同変位の照査**」の**解説図7.2.7**に示す解析モデルにより検討した．ただし，この場合，車両モデルにおける車体質量は，通常の使用状況に基づき定員乗車として算定した．

解説表8.2.4に示す設計限界値を満足しない場合については，**付属資料6**を参考に，桁のたわみと，支承の鉛直変位および端横桁のたわみに関して詳細な照査を行うのがよい．

コンクリート橋梁およびコンクリート床版を用いる鋼橋梁では，一般に横桁のたわみについては無視してもよい．また，鋼製支承を用いる橋梁では，一般に支承の変位については無視してもよい．

鋼橋の端横桁は，構造上桁高が小さくなる場合があり，また斜角桁や複線2主桁などでは長くなるので，たわみを設計限界値以内におさめることが困難であったり不経済となることがある．このような場合には橋台や橋脚上に支承を設けて端横桁の支間の中央付近を支えることもあるが，この場合には支承が浮いたりしないよう，また，滑らかに移動できるよう構造や施工に注意しなければならない．

鋼橋の中間横桁のたわみの設計限界値については，本標準では定めていない．一般に同一橋梁内の中間横桁の剛性は同程度であり，中間横桁間におけるたわみ差は小さく，これが乗り心地上問題となることはない．一方，中間横桁間におけるたわみ差が大きい構造では軌道面に角折れが生じ，乗り心地に影響を及ぼす可能性があるため，このような場合には別途検討を行う必要がある．

従来，斜角桁の場合に左右レール位置におけるたわみ差の限界値が，乗り心地の観点から定められていた．しかし，より詳細なシミュレーション解析によれば，斜角が30度以上で主桁のたわみが本標準に示すたわみ限界値以下の場合には，左右レール位置におけるたわみ差は乗り心地には影響をそれほど及ぼさないとの結果が得られている．このため，本標準では，左右レール位置におけるたわみ差については限界値を定めていない[10]．しかし，斜角が30度未満となる場合や主桁のたわみが本標準に示す限界値を超えるような場合には，別途その影響について検討する必要がある．

桁端等で生じる橋軸直角方向の水平変位は，乗り心地に対して大きな影響を及ぼす．したがって，一般には，桁端での橋軸直角方向の水平変位をストッパー等の移動制限装置を用いて拘束し，水平方向の変位の検討を省略するのが一般的であるが，ストッパーや支承の橋軸直角方向の水平剛性が低い場合などについては，遠心荷重や車両横荷重および車輪横圧荷重に対して，「8.2.2 乗り心地の照査」に示した設計限界値を用いるなどして特別な検討を行わなければならない．なお，ストッパー等の移動制限装置を設置する場合には，ある程度の遊間等を確保する必要が生じる．定量的な遊間の限界値を示すことは困難ではあるが，これまでの実績から，在来線については2mm程度，新幹線については1.5mm程度を標準とするのがよい．

(3) について

角折れによる乗り心地に関する使用性の照査は，一般には**解説表8.2.5**～**解説表8.2.6**に示す値を設計限界値として，「**3.4 性能照査の方法**」により行ってよい．これらの設計限界値は，「**8.2.2 乗り心地の照査**」に示した車体の振動加速度の限界値（振動数によらず鉛直方向については2.0 m/s^2，水平方向は1.6 m/s^2）

解説表 8.2.5 乗り心地から定まる軌道面における角折れの設計限界値
（新幹線）

最高速度 (km/h)	鉛直方向 θ_L (・1/1000)		水平方向 θ_L (・1/1000)	
	平行移動	折れ込み	平行移動	折れ込み
210	4.0	4.0	2.5	2.5
260	3.0	3.5	2.0	2.0
300	2.5	3.0	1.5	1.5
360	2.5	2.5	1.0	1.0

解説表 8.2.6 乗り心地から定まる軌道面における角折れの設計限界値
（電車・内燃動車，機関車）

最高速度 (km/h)	鉛直方向 θ_L (・1/1000)		水平方向 θ_L (・1/1000)	
	平行移動	折れ込み	平行移動	折れ込み
130	6.0	10.0	5.0	5.0
160	6.0	6.0	3.5	3.0

による乗り心地の照査と等価な照査結果が得られるように定めたものである．これらの設計限界値については，「**7.2.4** 軌道面の不同変位の照査」の**解説図7.2.8**に示す解析手法により検討した．ただし，この場合，車両モデルにおける車体質量は，通常の使用状況に基づき定員乗車として算定した．

通常の構造物では，一般に「**8.2.3** 桁のたわみの照査」に定める主桁のたわみの照査をすることにより，角折れの照査を省略できるが，長大橋梁や高橋脚の橋梁，あるいは構造物の不同沈下などに対しては，必要に応じて鉛直方向または水平方向の軌道面での不同変位（角折れ）の照査を行う必要がある．

参考文献

1) 須田征男，長門　彰，徳岡研三，三浦　重：新しい線路―軌道の構造と管理―，日本鉄道施設協会，1997．
2) 国鉄列車速度調査委員会：車両の乗心地基準，資料3 A-2-1，1963．
3) 乗心地管理基準に関する研究報告書：日本鉄道技術協会，1979～1981．
4) Eurocode：Basis of Structural Design Annex 2 Application for bridges (Normative) Draft Nr. 2, 26 February 2001 24/I-62, pp. 83-102, 2003.
5) 長谷川淳史，曽我部正道，古川　敦，松本信之：鉄道橋の評価に用いる乗り心地基準に関する検討，土木学会第59回年次学術講演会講演概要集，I-429，2004．
6) 佐藤吉彦，三浦　重：走行安全ならびに乗り心地を考慮した線路構造物の折角限度，鉄道技術研究報告，No. 820，1972．
7) 松浦章夫：高速鉄道における橋桁の動的応答に関する研究，鉄道技術研究報告，No. 1074，1978．
8) 曽我部正道，古川　敦，下村隆行，飯田忠史，松本信之，涌井　一：列車の高速化に対応した構造物の変位制限，鉄道総研報告，Vol. 18, No. 8，2004．
9) 市川篤司：橋梁の主桁たわみ制限の適用に関する諸問題，鉄道総研報告，Vol. 8, No. 8，1994．
10) 曽我部正道，池田　学，松本信之，古川　敦：鉄道橋における斜角桁のたわみ差に関する検討，土木学会第58回年次学術講演会講演概要集，I-739，2003．

9章　復旧性の照査

9.1　一　般

（1）復旧性の照査は，その性能項目が設計耐用期間中に生じる列車荷重等の変動作用や地震の影響等の偶発作用に対して，機能維持や回復の難易度を考慮した性能レベルから定まる限界状態に至らないことを確認することにより行うこととする．

（2）復旧性の性能レベルは，設計作用の特性等を考慮して設定することとする．一般には，以下に示す性能レベルを設定することとする．

　　　性能レベル1：機能は健全で補修をしないで使用可能な状態

　　　性能レベル2：機能が短時間で回復できるが，補修が必要な状態

（3）本標準における復旧性の照査は，常時の軌道の損傷に関する復旧性および地震時の軌道の損傷に係る変位について行うこととする．

（4）軌道の損傷に関する復旧性の性能レベルは，軌道の損傷状態に応じて定めた損傷レベルによって表すこととする．

（5）復旧性の照査に用いる部材係数 γ_b は 1.0 としてよい．

【解説】

(1)～(3) について

復旧性に対する照査は，通常の使用状態の列車荷重の最大作用や地震の影響等の偶発作用に対して行うこととした．本標準においては，種々の作用により構造物に生じる損傷のうち，軌道の損傷について取り扱う．

常時の軌道の損傷に関する復旧性については，復旧性の性能レベル1を満足する必要がある．通常の使用状態の列車荷重は，旅客の乗車率等によって大きく変動するため，使用時の最大積載時列車荷重に対して，構造物を機能が健全で補修しないで使用可能な状態に留める必要がある．

地震時の軌道の損傷に係る変位については，構造物に適切な剛性を与え，構造物の機能回復に有利な構造物を設計することを目的とし，「鉄道構造物等設計標準・同解説（耐震設計）」に示されるところのL1地震動によって生じる構造物の変位を尺度として復旧性の照査を行うことを原則とする．大規模地震動に対しては軌道の挙動として未解明な部分も多いため必要に応じて性能レベルを設定し検討することとする．

(4)について

解説表9.1.1に構造物の復旧性の性能レベルと軌道の損傷レベルの関係の例を示す．構造物の復旧性の性能レベル1，すなわち機能は健全で補修をしないで使用可能な状態を確保するためには，軌道の各構成要素の損傷状態を損傷レベル1（無補修で使用可能な状態）とする必要がある．一方，軌道の構成要素は破壊しても交換が比較的容易にできる場合が多いため，構造物の復旧性の性能レベル2，すなわち機能が短時間で回復できるが補修が必要な状態を確保できる軌道の損傷状態を損傷レベル2～4とした．

本標準では，構造物の復旧性の性能レベル1を確保する手法，つまり軌道の損傷状態を損傷レベル1以内とするための照査手法について主として記述している．

解説表 9.1.1　構造物の復旧性と軌道の損傷レベルの例

構造物の復旧性	性能レベル1	性能レベル2
軌道の損傷状態	損傷レベル1	損傷レベル2～4

損傷レベル1：無補修で使用可能な状態
損傷レベル2：場合によっては補修が必要な状態
損傷レベル3：補修が必要な状態
損傷レベル4：補修が必要で，場合によっては部材の取替えが必要な状態

9.2　常時の軌道の損傷に関する復旧性の照査

9.2.1　一般

(1) 軌道の損傷に関する復旧性は，軌道の各構成要素の応力等を照査指標とし，軌道を含む構造物全体をモデル化して照査することを原則とする．ただし，一般には，これと等価となるように構造物を構造要素や部材に分解し，軌道面の不同変位を照査指標として個々に照査してよい．

(2) 軌道の各構成要素の応力等を照査指標とし，軌道を含む構造物全体をモデル化して照査を行う場合には，「**9.2.2 軌道の損傷の照査**」によることとする．

(3) (2)によらず，構造物境界における軌道面の不同変位を照査指標とする場合には，構造要素や部材ごとに，「**9.2.3 軌道面の不同変位の照査**」に従い照査してよい．

【解説】
(1)について

常時の列車荷重等により生じる軌道の損傷を照査するためには，軌道を含む構造物全体をモデル化し解析するのが最も精緻な手法であるといえる．しかし，一般にはこうした全体解析モデルは煩雑となるため，簡便な方法として，軌道の損傷の限界値が等価となるような構造物の変位の限界値を併記し，これによって照査してよいこととした．

(2)について

構造物の変位を照査指標として用いずに，軌道の各構成要素の応力等を照査指標とし，軌道を含む構造物全体をモデル化して照査する場合には，「**9.2.2 軌道の損傷の照査**」によることとする．この場合には，軌道種別および当該構造物の形式等に応じて，適切に応答値の算定および限界値の設定を行い照査する必要がある．

(3)について

(2)に示す全体解析モデルを用いずに，構造物の変位を照査指標とする場合には，個々の軌道を構成する要素ごとに限界値を定め，それぞれが限界値を超えないことにより照査を行えばよいこととした．構造物の設計では，従来から構造物の不同変位をある限界値以下に抑えることにより，結果として軌道の損傷状態が損傷レベル1以下となるような照査がなされてきた．軌道構造の種別に応じて，個々の構成要素の応力度等を検討することも可能ではあるが，一般には煩雑であるため，軌道面の不同変位を指標として照査してよいこととした．

9.2.2 軌道の損傷の照査

(1) 軌道を含む構造物全体をモデル化し，軌道の各構成要素の応力等を照査指標として照査する場合は本項によることとする．

(2) 軌道の各構成要素の応力等による照査は，「**6章 応答値の算定**」に従い設計応答値を算定し，軌道種別ごとに損傷レベルに応じた設計限界値を設定して，「**3.4 性能照査の方法**」により行うこととする．

【解説】

(1)，(2)について

構造物の復旧性の性能レベル1を確保するためには，軌道の各構成要素の損傷状態を損傷レベル1以内とする必要がある．

軌道の損傷レベルの限界値は，軌道構造の種別に応じて，レールの応力および変形形状，締結装置の応力，軌道パッドの反力等に対して適切に設定する必要がある．常時の軌道の損傷レベルは，軌道に加わる温度変化，列車荷重等による変動作用，構造物の不同沈下等を考慮して鉛直方向および水平方向に対して適切に定めるのがよい．

解説表9.2.1に軌道の各構成要素の損傷レベル1に対する限界値の目安を示す．この限界値の目安は，従来から不同変位の限界値を設定するために用いられてきた軌道の第2限度（注意を要する値）を採用したものである（**付属資料5**参照）．これらの値は，構造物の設計で一般に用いる限界値よりも大きい安全率を含んでおり，これらの値を超えても必ずしも軌道が損傷にいたるとは限らないことから，限界値の目安とした．また，**解説図9.2.1**に締結ばねの耐久限度線図を示す．締結ばねの疲労限界から定まる場合には，本限度線図と照らし合わせて限界値の目安を設定するのがよい．

解説表9.2.1 常時における軌道の損傷レベル1の限界値の目安

	照査指標	限界値
鉛直	レール応力	100 N/mm²
	レール圧力	6 kN（スラブ軌道） 10 kN（バラスト軌道）
水平	レール応力	100 N/mm²
	レール圧力 （弾性支持モデル）	16 kN
	レール圧力 （等間隔固定支持モデル）	32 kN

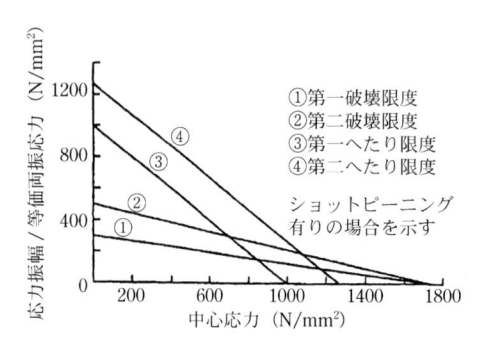

解説図 9.2.1 締結ばねの耐久限度線図[1]

> ### 9.2.3 軌道面の不同変位の照査
> （1） 軌道面の不同変位の照査は，目違いおよび角折れに対して行うこととする．
> （2） 軌道面の不同変位の照査は，「6章 応答値の算定」に従い設計応答値を算定し，軌道種別ごとに損傷レベルに応じた設計限界値を設定して，「3.4 性能照査の方法」により行うこととする．

【解説】
(1),(2) について

「9.2.2 軌道の損傷の照査」と等価な照査結果が得られるように，**解説表9.2.2**に示す軌道面の不同変位の限界値の目安を定めた．これらの値は，レールを梁として連続的にあるいは間欠的に弾性支持されるモデル[2] (**付属資料5**参照) を用いて，**解説表9.2.1**に示す値を満たすように代表的な軌道構造に対して検討したものである．構造物の変位がこれらの値を超えても，必ずしも軌道が損傷にいたるとは限らないので，ここでも限界値の目安とした．これらの限界値の目安は，鉛直方向では軌道パッド反力，水平方向では角折れはレール応力，目違いでは軌道パッド反力と締結ばねの応力の限界値の目安およびこれまでの実績[3]を勘案して定められている．

桁が弾性支持される場合には，支点部の鉛直変位と角折れが同時に生じることとなる．このような場合には，**付属資料5**を参考に別途検討を行うのがよい．

解説表 9.2.2 常時における角折れ・目違いの限界値の目安

変位の方向	軌道種別	角折れ ($\theta/1000$) 折れ込み，平行移動		目違い δ (mm)	
		50 N レール	60 kg レール	50 N レール	60 kg レール
鉛直方向	スラブ軌道	3.5	3.0	3.0	2.0
	バラスト軌道	6.0	5.5(注) 7.0(注)	3.5	2.0
水平方向	スラブ軌道	4.0	4.0	2.0	2.0
	バラスト軌道	5.5	5.5	2.0	2.0

注） 角折れの限界値で60 kgレールの項において数値が2つ記載されているのは，左：在来線用と右：新幹線用においてそれぞればね定数が異なるためである．

9.3 地震時の軌道の損傷に係る変位の照査

9.3.1 一 般

(1) 軌道を支持する構造物については，地震時の軌道の損傷に係る変位の設計限界値を設定し，変位の照査を行うこととする．

(2) 地震時の軌道の損傷に係る変位の照査は，一般に，地震動によって生じる構造物境界における軌道面の不同変位に対して行うこととする．

【解説】

(1),(2) について

地震時の軌道の挙動や軌道部材の耐震性能については未解明な部分も多く，今後の研究の進展に負うところが多いが，本標準では，構造計画における適切な構造形式の選定や，構造物上における適切な軌道構造の選定および軌道強化の要否を判断する目安を示すこととした．このような軌道の損傷レベルから定まる構造物の変位の限界値に対して，L1地震動によって生じる構造物の変位を尺度として照査することとなるが，限界値に対して相対的に変位が小さい構造形式を用いるのがよい．

地震時の軌道の損傷に係る変位の照査は，一般に，地震動によって生じる構造物境界における軌道面の不同変位に対して行うこととした．地震時の構造物の横方向の振動変位により，構造物上の車両は加振される．その結果，軌道には車輪横圧が働くが，この車輪横圧は，車両，軌道および構造物の動的相互作用を考慮した構造解析によれば，概ね 200 kN 以下に留まると考えられる．レールや締結装置は，その横圧以上に耐えられることが，例えば直結8形レール締結装置に対する横圧強度試験等により確認されている(**付属資料15**)．したがって，地震時の軌道の損傷に係る変位の照査は，構造物境界における不同変位，すなわち角折れ・目違いのみに対して照査することとした．ただし，高いレール軸力が生じている場合に，構造物の横方向の振動変位により生じる軌道座屈については，別途検討するのがよい．

9.3.2 地震時の軌道面の不同変位の照査

(1) 地震時の軌道面の不同変位は，できるだけ小さくなるように設計するのがよい．

(2) 地震時の軌道面の不同変位の照査は，L1地震動による軌道面の不同変位の設計応答値が，軌道の損傷レベルに応じた地震時の軌道の損傷に係る変位の設計限界値を超えないことを確認することにより行うことを原則とする．

【解説】

(1) について

隣接する構造物の固有周期が大きく異なる場合等，構造物境界における軌道面に角折れ・目違い等の不同変位が生じる．これらの角折れ・目違いが大きくなると，軌道に損傷が生じるため，構造物の機能回復の観点からは，隣接する構造物の固有周期を同程度にする，あるいは基礎を連結するなどして，できるだけ構造物境界における軌道面の不同変位を小さくする必要がある．

(2) について

地震時の軌道面の不同変位の限界値は，軌道の損傷レベル，すなわちレールや締結装置等の損傷状況に

基づき適切に設定する必要がある．地震時における軌道の損傷レベル1から定まる角折れ・目違いの限界値の目安を**解説表9.3.1**に示す．これらの限界値の目安は，レールを梁として連続的に弾性支持，あるいは間欠的に弾性支持および固定支持されるモデルを用いて，代表的な軌道構造に対して検討したものであり，地震時における軌道の損傷レベル1の限界値の目安としては，従来から用いられてきたレール応力および変位，締結装置の応力，軌道パッドに生じる負反力等に関する軌道の第3限度を用いた（**付属資料5**）．

解説表 9.3.1　地震時における角折れ・目違いの限界値の目安

変位の方向	軌道種別	角折れ（・$\theta/1000$）		目違い δ (mm)	
		折れ込み，平行移動			
		50 N レール	60 kg レール	50 N レール	60 kg レール
鉛直方向	スラブ軌道	5.0	3.5	4.5	3.5
	バラスト軌道	7.5	6.5	3.5	4.0
水平方向	スラブ軌道	6.0	6.0	2.0	2.0
	バラスト軌道	8.0	8.0	2.0	2.0

参考文献

1) 須田征男，長門彰，徳岡研三，三浦重：新しい線路―軌道の構造と管理―，日本鉄道施設協会，1997.3.
2) 佐藤裕，平田五十：構造物の変位とスラブ軌道，鉄道技術研究所報告，No.801，1972.
3) 豊田昌義，相原一男：締結装置からみた直結スラブ軌道の許容動的食い違い量，鉄道技術研究所速報，1971.7.

付 属 資 料

1. 性能照査に対する基本的考え方 …………………………………………… 87
2. 車両と構造物の全体をモデル化した動的相互作用解析法 ……………… 92
3. 鉄道構造物上での車両の応答挙動 ………………………………………… 102
4. 乗り心地の照査指標について ……………………………………………… 106
5. 軌道の損傷に係る軌道面の不同変位の検討方法 ………………………… 111
6. 鉛直目違いが列車走行性に及ぼす影響 …………………………………… 121
7. 地震時の車両運動シミュレーション解析の検証 ………………………… 126
8. 車両運動シミュレーション解析による走行安全限界の設定 …………… 129
9. スペクトル強度 SI および限界スペクトル強度 SI_L について ……… 133
10. 構造物の非線形性を考慮した地震時走行安全性 ………………………… 136
11. 地震時における軌道面の不同変位の応答値の算定法 …………………… 140
12. 地震時における軌道面の不同変位の限界値および照査法 ……………… 149
13. 盛土の地震時挙動およびスペクトル強度 SI による照査 ……………… 157
14. 耐震性(セメント改良補強土)橋台 ……………………………………… 162
15. 締結装置の強度と変形(直結8形レール締結装置) …………………… 173
16. 車両の軌道からの逸脱防止対策等の例 …………………………………… 176

付属資料1　性能照査に対する基本的考え方

1. はじめに

　国の技術基準である「鉄道に関する技術上の基準を定める省令」（国土交通省令第151号，平成13年12月公布）では，従来の仕様規定型から性能規定型への改正が行われた．また，土木学会コンクリート標準示方書が性能照査型の示方書として平成14年に改訂されている．一方，鉄道構造物の耐震設計に関しては，兵庫県南部地震を踏まえて平成11年に制定された「鉄道構造物等設計標準・同解説（耐震設計）」（以下，耐震標準という）において，設計地震動に対して所要の耐震性能を照査する性能照査型の設計の考え方が導入され，平成16年には，関連する法令や基準類との整合が図られ全面的に性能照査型設計へと移行した「鉄道構造物等設計標準・同解説（コンクリート構造物）」が制定された[1],[2]．

　本資料では，本標準における性能照査に対する基本的な考え方を示す．

2. 性能照査型設計の導入

　一般に性能照査型設計の体系は，**付属図1.1**のような階層化された体系で示すことができる．この体系は，上階層で示される考え方や項目を実現するための具体的な手法が下階層において順次示される構造となっている．ここで，性能照査型設計体系の最上階層に位置する「目的」では，設計基準類の社会的目的が示される．つぎに，「機能的要求」では目的を実現するための機能的要求が，また，「要求水準」では機能的要求を実現するための要求水準が示される．さらに，要求水準を検証する具体的な方法としての「検証方法」や，検証を満足する実務的な解としての「適合みなし仕様」が示される．本標準では，この体系における「要求水準」から下の階層について記述している．

一般に性能照査型設計の利点として，以下の点が挙げられる．
　（1）　新技術，個別事情への柔軟な対応：設計者の自由度を広げ，最新の技術の導入や個別事情に応じた対応が可能となる．
　（2）　性能に関する情報開示：要求性能を満足するか否かを照査するため，構造物の性能が明示され，

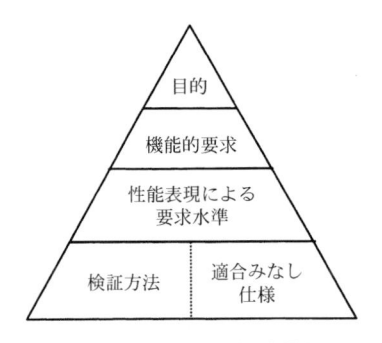

付属図1.1　性能照査型設計の階層化モデル

一般ユーザーにも理解しやすいものとなる．
（3）ライフサイクルコスト評価への展開：建設時だけでなく，その後の性能を評価することにより，ライフサイクルコストの評価への展開が期待できる．

本標準では，以上に基づいて用語を以下のように定義している．

設　　　　計：要求される性能を念頭において計画された構造物の形を創造し，性能を照査し，設計図を作成するまでの一連の作業
構　造　設　計：構造物の具体的な形状・寸法を設定すること
構造物の機能：目的に応じて，構造物が果たす役割
構造物の性能：構造物が発揮する能力
要　求　性　能：目的および機能に応じて，構造物に求められる性能
照　　　　査：構造物が，要求性能を満たしているか否かを，適切な供試体による確認実験や，経験的かつ理論的確証のある解析による方法等により判定する行為

上記のように，「設計」において「構造設計」と「照査」は独立した行為と捉えられている．また，「設計標準」は従来から「照査」に関する記述が中心となっており，「構造設計」に関する記述は少ない．このため本標準は「照査標準」と呼ぶのがふさわしいが，実務の現状ではこれらは密接な関係にあり，現状の技術に基づき照査しやすいように「構造設計」を行っている面もあることから，名称については他の標準にならい「設計標準」としている．

3. 構造物の要求性能と性能照査

3.1 構造物に設定する要求性能

構造物には，一般に安全性，使用性，復旧性の3つの性能を設定することとした．各性能における性能項目および照査指標の例を**付属表1.1**に示す．構造物の性能照査は要求性能に対して，これと等価な限界状態を設定し，構造物が限界状態に達しないことを照査することとしている．一般には，式(1)を満足することを確認することにより行われる．

付属表 1.1　要求性能と性能項目・照査指標の例

要求性能	性能項目	照査指標の例
安全性	常時の走行安全性	変位
	地震時の走行安全性に係わる変位	
	破壊[*1]	耐力，変形
	疲労破壊[*1]	疲労強度，疲労耐力
	安定[*1]	基礎地盤の安定 桁の転倒モーメントや上揚力
	公衆安全[*1]	かぶり健全度，ボルト強度
使用性	乗り心地	変位
	外観[*1]	ひび割れ幅，応力度
	水密性[*1]	ひび割れ幅，応力度
	耐振動・騒音[*1]	振動レベル，騒音レベル
復旧性	常時の軌道の損傷に関する復旧性	
	地震時の軌道の損傷に係る変位	変位，変形，耐力，応力度
	損傷に関する復旧性[*1]	

[*1]　各構造物ごとの「鉄道構造物等設計標準・同解説」により照査する性能項目

$$\gamma_i \cdot I_{Rd}/I_{Ld} \leq 1.0 \quad (1)$$

ここに，I_{Rd}：設計応答値

I_{Ld}：設計限界値

γ_i：構造物係数

なお，本標準で示した照査方法は，他の設計標準等に示されている耐久性の検討方法により材料劣化を一定レベル以内に抑えることを前提としている．

3.2 安全性

安全性は，想定される作用のもとで，構造物が使用者や周辺の人々の生命を脅かさないための性能である．鉄道構造物の性能として設定すべき安全性の性能項目としては，構造物の機能上の安全性と構造物の構造体としての安全性が考えられ，次の（1）～（6）があげられるが，本標準では，このうち機能上の安全性である（1）常時の走行安全性および（2）地震時の走行安全性に係る変位を照査の対象としている．

（1） 常時の走行安全性

設計耐用期間内に想定される常時のすべての作用のもとで，車両を平滑に走行させるための性能を指す．

（2） 地震時の走行安全性に係る変位

地震時において車両が脱線に至る可能性をできるだけ低減するための性能で，少なくともＬ１地震動に対して構造物の変位を走行安全上定まる一定値以内に留めるための性能を指す．

（3） 破壊に関する安全性

設計耐用期間中に生じるすべての作用に対して，構造物が耐荷能力を保持することができる性能を指す．

（4） 疲労破壊に関する安全性

設計耐用期間中に生じるすべての作用（変動作用の繰返し）に対して，構造物が耐荷能力を保持することができる性能を指す．

（5） 安定

設計耐用期間中に生じるすべての作用に対して，基礎地盤の安定を保持することができる性能や桁の転倒を防止するための性能を指す．

（6） 公衆安全性

かぶりコンクリートのはく落，鋼構造物のボルトの落下等，構造物に起因した第三者への公衆災害を防止するための性能を指す．

3.3 使用性

使用性は，想定される作用のもので，構造物の使用者が快適に構造物を使用するための性能，周辺の人々が快適に生活するための性能および構造物に要求される諸機能に対する性能である．鉄道構造物の性能として設定すべき使用性の性能項目としては，次の（1）～（4）が考えられるが，本標準ではこのうち（1）乗り心地を照査の対象としている．

（1） 乗り心地

通常の使用状態において，構造物上を通過する車両の車体振動に対して利用者の快適性を確保するための性能を指す．

（2） 外観に関する使用性

構造物のひび割れ，亀裂，表面の汚れなどが，不安感や不快感を与えず，構造物の使用を妨げないようにするための性能を指す．

（3） 水密性に関する使用性

水密機能を要する構造物が，透水，透湿により機能を損なわないための性能を指す．

（4） 騒音・振動に関する使用性

構造物から生じる騒音や振動が，周囲環境に悪影響を及ぼさず，構造物の使用を妨げないようにするための性能を指す．

3.4 復旧性

復旧性は，想定される作用のもとで，構造物の機能を使用可能な状態に保つ，あるいは短期間で回復可能な状態に留めるための性能である．復旧性は以下の2つのレベルに区分される．

性能レベル1：機能は健全で補修をしないで使用可能な状態
性能レベル2：機能が短時間で回復できるが，補修が必要な状態

鉄道構造物の性能として設定すべき復旧性の性能項目としては，次の（1）～（3）が考えられるが，本標準では，このうち（1）常時の軌道の損傷に関する復旧性および（2）地震時の軌道の損傷に係る変位を照査の対象としている．

（1） 常時の軌道の損傷に関する復旧性

設計耐用期間内に想定される常時のすべての作用のもとで，軌道部材を健全または補修しないで使用可能な状態に保つための性能を指す．

（2） 地震時の軌道の損傷に係る変位

地震時において，短期間で補修可能な程度の損傷に抑える，または軌道部材を健全あるいは補修しないで使用可能な状態に保つための性能で，少なくともL1地震動に対して構造物の変位を軌道の損傷に関する復旧性から定まる一定値以内に留めるための性能を指す．

（3） 損傷に関する復旧性

損傷に関する復旧性は想定される作用のもとで構造物が損傷を受けない，または受けた場合に性能回復が容易に行えるための性能である．損傷に関する復旧性の照査は，地震の影響等の偶発作用に対してだけでなく，列車荷重，風荷重等の変動作用，あるいは環境の影響に起因した材料劣化に伴う損傷に対しても行われる．

4. 地震時の走行安全性に係る変位について

本標準では，地震時においては，走行安全性の観点から構造物の適切な剛性の目安値を定め，走行安全上有利となるように経済性が許す範囲において，できるだけ短周期系の構造物を選択することを推奨している．このように構造物の剛性の目安値を与えるという基本的な考え方から，本標準では性能項目として「地震時の走行安全性に係る変位」を設けることとした．

地表面に比べて増幅された応答が生じる鉄道構造物上では，一般に，車両の走行安全性が不利となるが，最近の地震時の走行安全性に関する基本的な実験や解析結果を踏まえると，構造物に適切な剛性を与えることにより，相当の強さの地震に対しても車両が安全に走行できる性能を持たせることが可能であることが示されている．このため本標準では，L1地震動を尺度として立地条件や構造物の重要度，経済性等を考慮しながら，地震時の走行安全性に有利な構造物を採用することにより，脱線に至る可能性をできるだけ低減することを設計の基本的な考えとした．

一方，発生する確率は低いが強い地震動である大規模地震動に対しては，兵庫県南部地震や過去の震災例をみると在来線の車両の脱線が地表面においても生じていることから，鉄道構造物上での走行安全性に

関する実験ならびに解析を限られた条件下ではあるが行ったところ，ある規模を超える地震動が橋軸直角方向から加わると，構造物のみによる対策では走行安全性を確保するのが困難な場合があることも明らかになった．また，最近では新潟県中越地震において，震源に近い高架橋上で走行中の新幹線が脱線する被害が生じた．このような場合であっても，利用者の人的被害に至っていないが，高速走行による被害への影響等を勘案すると，とくに新幹線構造物等では，このような規模の地震動に対しては，地震早期検知システムの利用による速やかな減速や，車両特性の改善，軌道からの逸脱防止施設の設置による脱線後の被災軽減など，ソフト・ハードの両面において鉄道システム全体からみて適切で効果的なリスク低減手段を講じる必要があると考えられる．これらの具体的なリスク低減手段については，今後さらに研究開発を進めていく必要がある．

5. まとめ

本資料では，鉄道構造物の性能照査に対する基本的な考え方を示した．とくに本標準は，列車の走行性に係わる従来の規定を精査し，平成16年に制定された「鉄道構造物等設計標準・同解説（コンクリート構造物）」で示された性能照査に関する基本的な考え方を踏まえ，列車走行性に係る性能項目として再構成したものである．前述のように具体的な性能照査においては，構造物の要求性能に対して，これと等価な限界状態を設定し，構造物が限界状態に達しないことを照査することとしている．今後，設計実務の実績を積みながら，本標準における性能照査法をさらに改良していく必要があると考えられる．

参考文献

1) 鉄道総合技術研究所編：鉄道構造物等設計標準・同解説（コンクリート構造物），2004．
2) 佐藤勉，谷村幸裕，曽我部正道，鳥取誠一：鉄道構造物等設計標準（コンクリート構造物）（案）の要旨，鉄道総研報告，Vol. 18, No. 1, pp. 1-6, 2004. 1.

付属資料2 車両および構造物の全体をモデル化した動的相互作用解析法

1. はじめに

本標準では，列車走行性に係わる各性能項目に関して，構造物の変位を照査指標とし照査を行う体系を基本としているが，構造が複雑な特殊構造物や長大橋梁等については，車両および構造物の全体をモデル化して応答値を算定し照査を行うのが望ましい．本資料では，新幹線車両と線路構造物との動的相互作用解析プログラム Dynamic Interaction Analysis for Shinkansen Train And Railway Structures（DIASTARS II）を例に，車両および構造物の全体をモデル化して応答値を算定する場合の具体的な解析手法および解析事例について示した[1),2),3)]．

2. 解析手法

付属図 2.1 にDIASTARS IIにおける車両および構造物の全体をモデル化した解析手法の概念図を示す．解析モデルは，車両モデル，車輪/レール間の構成則モデル，構造物（軌道を含む）モデルとから構成される．

必ずしもすべての構成要素に対して詳細なモデルを適用する必要はないが，性能項目，照査指標，作用のレベル等に応じて必要な自由度や非線形性を考慮し，車両および構造物の応答挙動が適切に表現できるようなモデルを用いる必要がある．

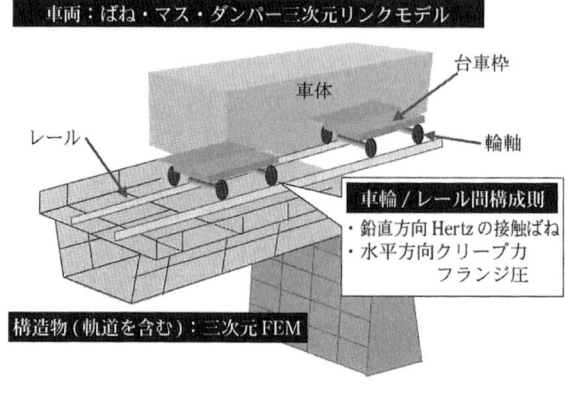

付属図 2.1 車両と構造物の全体をモデル化した場合の解析手法の概念図

2.1 車両モデル

付属図 2.2 に車両の力学モデルを示す．**付属表 2.1** に力学モデルに用いた記号を示す．ボギー形式の鉄道車両は，1つの車体，2つの台車枠および4つの輪軸の計7つの要素から構成される．DIASTARS IIでは，

付属資料2　車両および構造物の全体をモデル化した動的相互作用解析法　　　93

これらを剛体の質点と見なし，三次元的にばねとダンパーで結合して車両モデルを構築している．常時の走行性に関する解析の場合，一般に車両モデルのばねおよびダンパーは線形としてよいが，地震時の走行性に関する解析のように車体，台車枠および輪軸の間の相対変位が大きくなるような場合には，空気ばね，軸ばね，左右動ダンパー，上下動ストッパ，左右動ストッパ等について，非線形性を適切に考慮する必要がある．

車体は，車体重心位置で前後方向，左右方向，上下方向，ローリング，ピッチングおよびヨーイングの6自由度を持つ．また各台車枠および各輪軸も，車体と同様に各々の重心位置で6自由度を持つ．7つの構成要素を持つボギー形式車両は，合計で42の自由度を有することになるが，構造物上の車両挙動の解析で

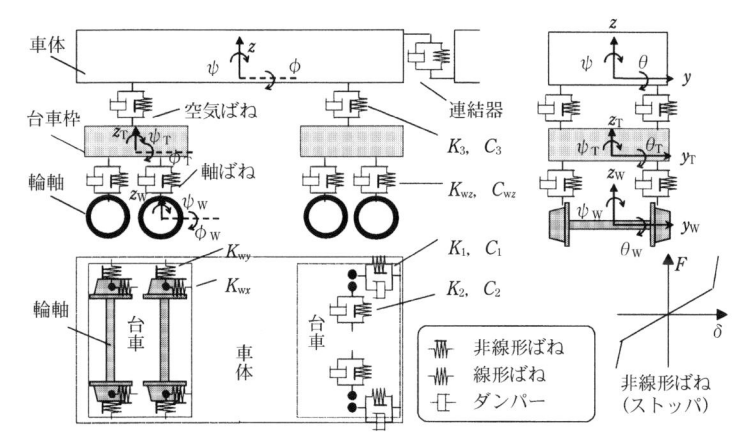

付属図 2.2　車両の力学モデル

付属表 2.1　力学モデルに用いた記号

名　称	記号	名　称	記号	名　称	記号
前後台車心ざら間距離/2	L	半車体質量	m	牽引装置弾性	K_1
軸距/2	a	車体重心ローリング慣性モーメント/2	I_x	ヨーダンパー減衰定数	C_1
車輪・レールの接触点間隔/2	b	車体重心ピッチング慣性モーメント/2	I_y	左右枕ばね定数（1台車片側）	K_2
ヨーダンパー左右間隔/2	b_0	車体重心ヨーイング慣性モーメント/2	I_z	左右枕ばね減衰定数	C_2
軸ばねの左右間隔/2	b_1	台車枠質量	m_T	上下枕ばね定数（1台車片側）	K_3
枕ばねの左右間隔/2	b_2	台車重心ローリング慣性モーメント	I_{Tx}	上下枕ばね減衰定数	C_3
レール面上車体重心の高さ	H_b	台車重心ピッチング慣性モーメント	I_{Ty}	前後ばね定数（1台車片側）	K_{wx}
レール面上台車重心の高さ	H_T	台車重心ヨーイング慣性モーメント	I_{Tz}	左右ばね定数（1台車片側）	K_{wy}
車軸中心—車体重心間高さ	h_1	輪軸質量	m_w	軸ばね定数（1台車片側）	K_{wz}
枕ばね中央—車体重心間高さ	h_2	輪軸重心ローリング慣性モーメント	I_{wx}	軸ばね減衰定数	C_{wz}
台車—枕ばね中央高さ	h_s	輪軸重心ヨーイング慣性モーメント	I_{wz}	静輪重	P_s
車輪の公称半径	r				
車両長/2	L_c				

は，一般に前後振動は無視できる場合が多く，また輪軸の回転自由度（ピッチング）についても省略が可能であることから，1車両あたり31自由度のモデルが広く用いられている．

また，列車全体をモデル化する場合には，車両間の連結器をばねやダンパーでモデル化し，前述の車両モデルを任意両数連結して解析が行われる．

列車走行性に係わる構造物の各性能項目の照査では，上記のような解析モデルをベースに，必要に応じて解析目的に適合するように自由度を増減させて車両モデルを構築するのがよい．

実際の解析においては，車両諸元の入力値を適切に定めることが重要となる．車両の使用状況に基づき代表的な車種を選定するとともに，積載状態によるばね定数やストッパ作動変位の変化等も考慮し，車両を構成する各要素の諸元を定めなければならない．

2.2 車輪／レール間の構成則モデル

車輪／レール間の構成則モデルには幾つかのものが提案されているが，一般的には，車輪を一定勾配の円錐踏面と鉛直フランジで表した鉛直フランジモデルか，あるいは車輪とレールの幾何学的な断面形状を考慮して接触点や相互作用力を求める幾何学モデルの2種が用いられることが多い．車輪とレール間のモデルの構成則は，照査する性能項目に応じて適切に設定する必要がある．以下にDIASTARS IIで用いられている車輪／レール間の構成則の例を示す．

（1） 鉛直フランジモデル

a） 鉛直方向

付属図 2.3 に車輪／レール間の鉛直方向の構成則モデルを示す．輪軸の剛性が十分であると仮定すると，車輪とレール間の鉛直方向相対変位 δ_z は，各車輪に対して式（1）のように表すことができる．

$$\delta_z = z_R - z_W + e_z + e_{z0} \tag{1}$$

ここに，z_R と z_W はそれぞれレールと車輪の接触点における鉛直変位，e_z は付属図 2.3 に示すレール上に存在する鉛直方向の軌道変位である．また，e_{z0} は車輪とレールの接触点における車輪の直径の初期接触点からの変動を表している．

e_{z0} は車輪とレールの線路直角方向の断面の形状に依存する．また，e_{z0} は車輪とレールの相対水平変位の関数としても表される．これは，車輪とレールの接触点が車輪とレールの水平方向の相対変位によって変化するためである．δ_z が正か0の場合，車輪はレール上で接触していると見なせる．δ_z が負の場合，車輪はレール上でジャンプしていると考えられる．

車輪がレール上を接触して走行する場合，式（2）に示すような衝撃力 H が車輪とレールに生じる．

$$H = H(\delta_z) \tag{2}$$

車輪とレールがそれぞれ二次曲面から構成されている場合，δ と衝撃力 H との関係はHertzの接触ばねにより記述することができる．

b） 水平方向

付属図 2.4 に輪軸／レール間の水平方向の力学モデルを示す．車輪の踏面とフランジは本来連続的なもの

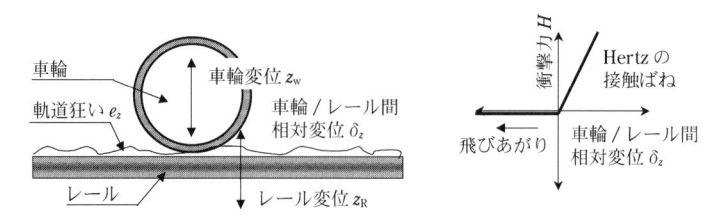

付属図 2.3 車輪／レール間の鉛直方向の力学モデル

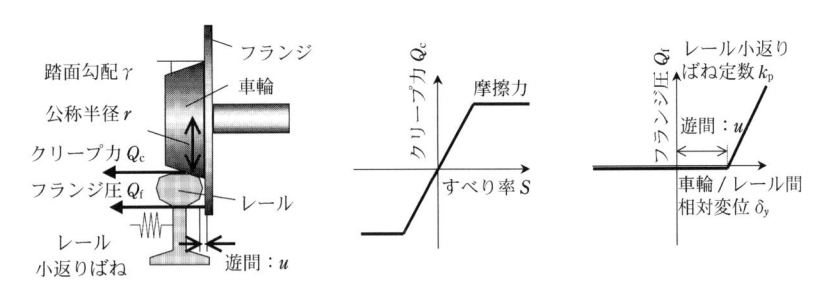

付属図 2.4 車輪/レール間の水平方向の力学モデル

であるが，鉛直フランジモデルでは，これらを傾きの緩やかな車輪踏面部分と傾きの大きいフランジ部分に分割したモデルが用いられる．車軸が中立状態にある場合の車輪/レールの接触点での車輪半径を公称半径 r，接触点とフランジまでの距離を遊間 u とそれぞれ定義する．水平方向の力学モデルは，一定踏面勾配 γ と鉛直フランジを有する輪軸が，遊間 u を持って軌道上を走行する蛇行動モデルとなっている．

この力学モデルでは，車輪とレール間に働く水平方向の力，すなわち車輪横圧は，クリープ力とフランジ圧の和として表される．

クリープ力（すべり力）は，車輪がレール上を転がりながら進む時，車輪踏面とレール頭頂部の接触面でクリープ（すべり）することにより発生する接線力で，横方向クリープ力は式（3）のように表すことができる．このクリープ力はすべり率が大きくなると摩擦力を上限として飽和する．

$$Q_c = -C \cdot S_y \tag{3}$$

ここに，Q_c はクリープ力による車輪横圧，C はクリープ係数，S_y は横方向すべり率である．Kalker は車輪とレールの接触状態に応じて変化するクリープ係数 C を数値解析により導いているが[4]，DIASTARS II ではこれを参考に，クリープ係数を定め用いている．横方向すべり率 S_y は式（4）のように表される．

$$S_y = (\pm \dot{y}_w + r\dot{\phi}_w - v\varphi_w)/v \tag{4}$$

ここに，v は列車速度，r は車輪公称半径である．

フランジ圧は，車輪とレールとの水平方向相対変位 y が，**付属図2.4**に示す遊間以上となり，車輪フランジとレール肩とが接触した場合に生じる．フランジ圧は，式（5）により求めることができる．

$$Q_f = k_p \cdot (y - u) \tag{5}$$

ここに，k_p はレール締結装置の小返りばね，u は車輪とレールの間の遊間である．また車輪とレール間の水平方向相対変位 y は，式（6）のように表すことができる．

$$y = y_w - y_R - e_y \tag{6}$$

ここに，y_R と y_w はそれぞれレールと車輪の接触点における水平変位，e_y はレール上に存在する水平方向の軌道変位である．

（2） 幾何学形状モデル

DIASTARS II では，車輪/レール間の接触について，車輪の断面形状とレールの断面形状とから，あらかじめ算出した接触条件ファイルを参照して，接触点や接触力を求めていく手法としている．車輪/レール間の相対鉛直変位，相対水平変位，輪軸のヨーイング角，ローリング角等を入力値として，接触条件ファイルから車輪とレールの接触点，接触角，接触半径等を求め，前述の Hertz の接触ばね，Kalker の線形クリープ則，レール小返りばね等を用いて，車輪/レール間の相互作用力を算出する．幾何学形状モデルでは，車輪がレールに乗り上がった状態までを評価することができる．

2.3 軌道モデル

軌道モデルは，補間関数を用いてモデル化する補間関数モデルと，軌道構造自体を有限要素法等で詳細にモデル化する有限要素モデルとに大別される．

（1） 補間関数モデル

走行安全性に係わる性能項目の照査においては，レールの局所的な変形形状を適切に表現していることが重要となる．しかし長区間の構造物上において軌道構造を有限要素法を用いてモデル化しようとすると，多くの節点数が必要となり，解析が煩雑となる．

そこで，比較的単純な構造が連続する場合などにおいては，構造物の有限要素節点の変位から補間関数を用いてレールの変形形状を近似して走行性を解析する手法が一般に用いられている．軌道面に生じる不同変位の発生箇所，発生状況が明らかである場合等には，不同変位に対するレールの緩衝効果を補間関数により表すことができる．

補間関数の例として，**付属図 2.5** に Hermite 補間の概念図を示す．この場合，軌道の変形形状は，各時刻毎の輪軸の通過点での節点変位と平均折れ角から求められる．

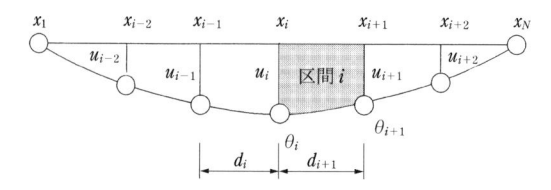

付属図 2.5 Hermite 補間の概念図

いま，走行ラインの軌道構造上の通過点を i ($i=1,\cdots,N$) とし，通過点 i の走行ライン上の始点からの距離を x_i，また，i 点での節点変位を u_i とする．

ここで，$[x_i, x_{i+1}]$ なる区間 i では，点 i，$i+1$ での平均折れ角 θ_i，θ_{i+1} はそれぞれ式（7），（8）で表すことができる．

$$\theta_i = 0.5(\Delta u_i/d_i + \Delta u_{i+1}/d_{i+1}) \tag{7}$$

$$\theta_{i+1} = 0.5(\Delta u_{i+1}/d_{i+1} + \Delta u_{i+2}/d_{i+2}) \tag{8}$$

ここに，$\Delta u_i = u_i - u_{i-1}$ (9)

$d_i = x_i - x_{i-1}$ (10)

点 i，$i+1$ 間の変位 u は，式（11）に示す Hermite 3 次多項式により表すことができる．

$$u(x) = u_i h_i(x) + u_{i+1} h_{i+1}(x) + \theta_i f_i(x) + \theta_{i+1} f_{i+1}(x) \quad (x_i \leq x \leq x_{i+1}) \tag{11}$$

ここに， $h_i(x) = [g_i(x)]^2 [1 - 2(x-x_i) g_i'(x_i)]$ (12)

$$f_i(x) = [g_i(x)]^2 (x-x_i) \tag{13}$$

$$g_i(x) = -\frac{(x-x_{i+1})}{d_{i+1}}, \quad g_i' = -\frac{1}{d_{i+1}} \tag{14}$$

$$g_{i+1}(x) = -\frac{(x-x_i)}{d_{i+1}}, \quad g'_{i+1} = -\frac{1}{d_{i+1}} \tag{15}$$

こうした補間法を用いる場合には，目違いや角折れの前後において適切な軌道の変形形状が再現されるように，適切に節点間隔や緩衝区間長を設定する必要がある．緩衝区間の長さは，あらかじめ弾性床上の梁の理論式等を用いて，軌道の種別，検討方向ごとに検討しておくとよい．

（2） 有限要素モデル

軌道構造を有限要素により，構造物上に構築する方法で，レールの節点間隔を細かくすることにより，

レールの変形形状を正確に表すことができるが，一方で節点数が膨大となるため，解析の自由度が増し複雑化する．したがって走行性に影響する不同変位前後の緩衝区間のみ軌道構造をモデル化するなど，解析規模を考慮に入れ，適切に節点間隔や緩衝区間長を設定する必要がある．緩衝区間の長さは，あらかじめ弾性床上の梁の理論式等を用いて，軌道の種別，検討方向毎に検討しておくとよい．

2.4 構造物モデル

DIASTARS IIでは，構造物は，梁，シェル，ばね要素など三次元有限要素（FEM）により任意形式の構造を立体的にモデル化することが可能である．解析目的に適合するように自由度を設定し構造物モデルを構築する必要がある．隣接構造物の影響が大きくなるような場合，その影響も考慮し解析モデルを作成するのがよい．

常時の走行性に関する解析の場合，一般に構造物の材料特性は線形としてよいが，地震時の走行性に関する解析を行う場合には，適切な非線形性を考慮するか，等価な剛性を用いるなどして検討を行う必要がある．**付属図2.6**に標準型トリリニア非線形ばね要素の履歴モデルを示す．

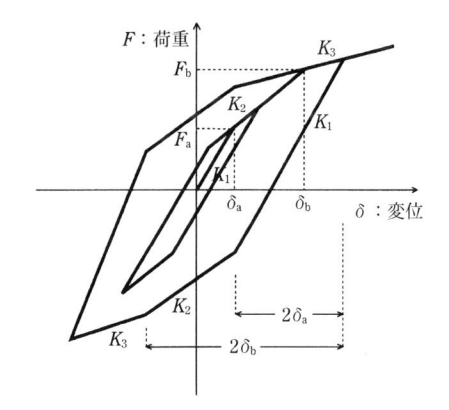

付属図 2.6 標準型トリリニア非線形ばね要素の履歴モデル

2.5 数値計算法

上記の解析モデルより導かれる運動方程式を連成させ，これを直接積分法等を用いて解くことにより，複数車両と構造物との動的な連成挙動を解析することができる．

DIASTARS IIでは，効率的な解析を行うために，車両および構造物の運動方程式に対してモーダル変換を行い，得られた車両および構造物のモーダル座標系上での運動方程式を，直接積分法(Newmarkの平均加速度法)により時間増分 Δt 単位に解いている．ただし，運動方程式が非線形であることから，不釣合力が十分小さくなるまで Δt 内において反復計算を行っている．運動方程式において非線形となる要因は，車輪/レール間の相互作用，車両における非線形のばねおよびダンパー，軌道パッドや制振デバイス等の材料非線形，構造物の幾何学的非線形等である．

数値計算においては，直接積分法を用いる場合には時刻増分 Δt の大きさおよび収束誤差，モード法を併用する場合には考慮するモード次数などに留意しながら，解析を行う必要がある．

3. 解析事例

3.1 解析対象橋梁

4径間連続合成桁橋梁を解析事例として取り上げ，車両および構造物の全体をモデル化した動的相互作

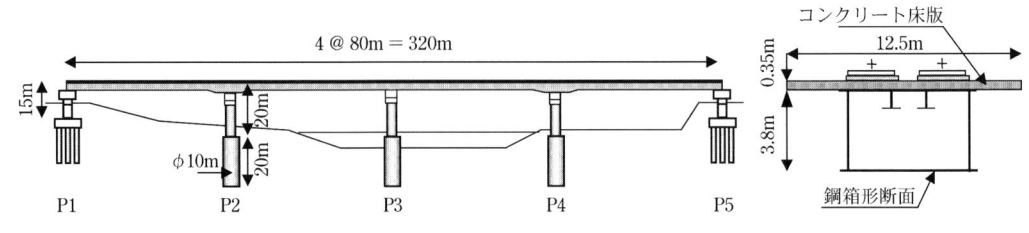

付属図 2.7 4径間連続合成桁橋梁の形状寸法

用解析の概要について示す．付属図 2.7 に 4 径間連続合成桁橋梁（橋長 320 m，スパン長 80＋80＋80＋80 m）の形状寸法を示す．G4 地盤に位置する河川橋梁を想定しており，高橋脚（橋脚高さ 20 m，ケーソンの高さ 20 m）かつ始点側 P1 橋脚および終点側 P5 橋脚では橋脚高さ（等価固有周期）が変化する構造となっている．

3.2 解析モデル

車両には，定員乗車時に軸重 120 kN となる新幹線車両想定し，8両編成モデルを用いて解析した．車輪／レール間の構成則には，新幹線用円弧踏面と 60 kg レールに基づく幾何学形状モデルを用いた．

付属図 2.8 に 4 径間連続合成桁橋梁の軌道および構造物の解析モデルの例を示す．解析モデルにおける総節点数は 4078，総要素数は 5744 である．

軌道は，有限要素を用いてモデル化した．桁のたわみや橋脚の線路直角方向水平変位により，桁端部には曲率無限大となる角折れが生じるが，図中に示すように，この角折れは，軌道パッドにより弾性支持されたレールによって，一定の曲率を有する走行曲線に緩和される．この緩和効果を考慮するために，桁端から前後 10 m を緩衝区間として 0.1 m 刻みで節点を設け，軌道構造を詳細にモデル化した．レールは梁要素で，軌道パッドは 3 自由度の線形ばねでそれぞれモデル化した．レールは，主桁重心位置から剛な梁要素を設けて支持した．

主桁は線形の梁要素でモデル化した．主桁の中間支点部負曲げ区間については，床版コンクリートを無視して剛性を低減した．主桁重心位置から支承位置まで剛な梁を設けて主桁を支持した．支承はゴム支承を想定し，鉛直方向および線路方向は線形ばねで支持し，橋軸直角方向は固定とした．

橋脚は梁要素でモデル化した．橋脚下端には，ケーソンの水平変位および回転を考慮したトリリニア型の水平非線形ばねおよび回転非線形ばねを設けた．各非線形ばねの入力値は，別途静的非線形解析を行い

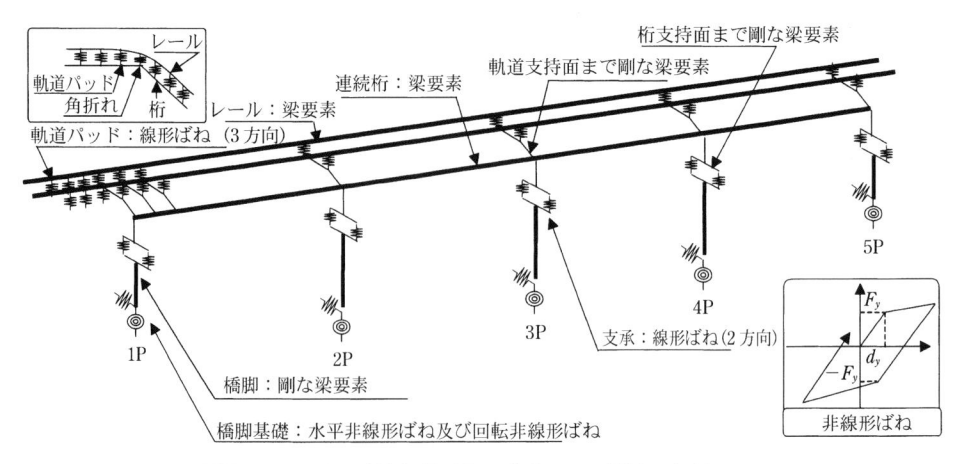

付属図 2.8 4径間連続合成桁橋梁の軌道および構造物の解析モデル

定めた．

減衰定数 ξ は，主桁鉛直モードに対しては 2.0% を，その他の全モードに対しては 5.0% をそれぞれ適用した．

3.3 常時の走行性解析結果

付属図 2.9 に主桁の鉛直たわみの応答波形を示す．単線載荷（定員積載），列車速度 360 km/h，8 両編成による解析結果を示した．図は主桁各スパン中央の鉛直たわみの応答波形であり，列車の進入とともに各スパンが順次変形していく様子が読み取れる．

付属図 2.10 に 1, 3, 6, 8 号車の第 1 輪軸，第 3 輪軸の輪重変動率の応答波形を示す．輪重変動率は，走行安全性の検討に用いるため，複線同時・同方向載荷（最大積載）により検討した．これらはいずれも列車速度 360 km/h，8 両編成による解析結果である．図中の橋梁の略図は，解析時刻における第 1 輪軸の橋梁上での位置を示している．輪重減少（負の輪重変動）の最大値は側径間端部の角折れにより生じているが，限界値である輪重減少率 0.37 に対して十分な走行性を有していることが分かる．

付属図 2.11 に 1, 3, 6, 8 号車の車体鉛直加速度を示す．車体鉛直加速度は，前台車直上，重心，後台車直上でそれぞれ評価した．車体鉛直加速度は，乗り心地の検討に用いられるため，単線載荷（定員積載）で検討した．これらはいずれも列車速度 360 km/h，8 両編成による解析結果である．図中の橋梁の略図は，解析時刻における各車両重心の橋梁上での位置を示している．車体加速度は，各スパンを通過するのに要する時間を周期とした正弦波振動に近い形状となっている．本標準で示した車体鉛直加速度の限界値は，1.5 Hz 以下の振動に対しては 2.0 m/s^2 であり，十分な走行性を有していることが分かる．

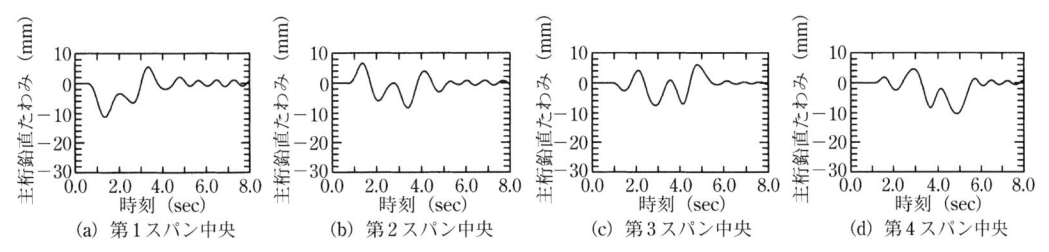

付属図 2.9 主桁の鉛直たわみの応答波形（単線載荷：定員積載，360 km/h，8 両編成）

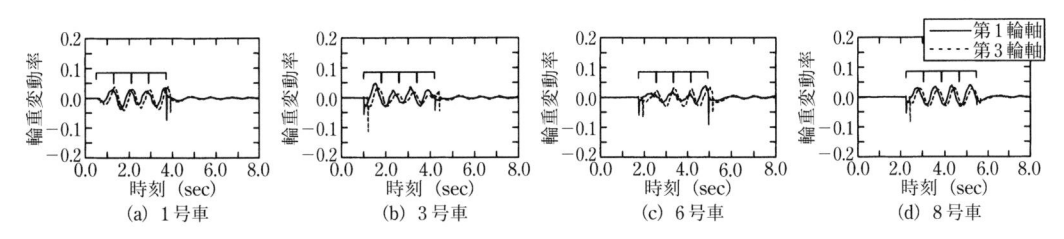

付属図 2.10 輪重変動率の応答波形（複線載荷：最大積載，360 km/h，8 両編成）

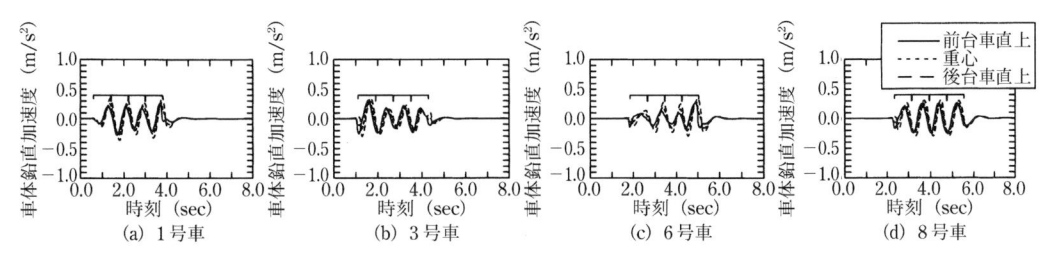

付属図 2.11 車体鉛直加速度の応答波形（単線載荷：定員積載，360 km/h，8 両編成）

付属図 2.10 と付属図 2.11 を各号車毎に比較すると，それぞれの応答波形は相似関係にあり，輪重変動は，前述の側径間端部の角折れによる影響以外は，車体の鉛直振動により生じていることが分かる．

常時の走行性解析は，このような手法により列車速度，編成両数等をパラメータとして行われ，総合的な評価が行われる[2]．

3.4 地震時の走行性解析結果

単線載荷(定員乗車)，列車速度 260 km/h，8 両編成，基盤地震動の最大加速度を 165 gal とした場合の解析結果について示した．

付属図 2.12 に主桁軌道面および基礎天端の水平相対変位の応答波形を示す．連続桁中央部 P3 橋脚で最も応答が大きく，主桁軌道面での最大水平変位は約 300 mm で，約 1.4 秒の周期で振動している．

付属図 2.13 に主桁軌道面および基礎天端の水平絶対加速度の応答波形を示す．連続桁中央部 P3 橋脚で最も応答が大きく，主桁軌道面での最大水平加速度は約 6.0 m/s² で，約 1.4 秒の周期で振動している．

付属図 2.14 に各橋脚の水平負担力と軌道面の水平相対変位の関係を示す．連続桁中央部 P3 橋脚で非線形性の影響が現れている．

付属図 2.15 に 1，4，6 号車の第 1 輪軸左側および右側の車輪上昇量の応答波形を示す．車輪上昇量が車輪フランジ高さに達していないため，車輪の水平移動は遊間程度(5 mm 以内)に留まっていた．図から最大車輪上昇量は，最も水平変位の大きくなる連続桁中央部 P3 橋脚付近を通過する際に生じる傾向にあること，桁端の角折れの影響は小さいことなどが分かる．

付属図 2.16 に 1，4，6 号車の車体水平およびロール加速度の応答波形を示す．車輪上昇が生じている時

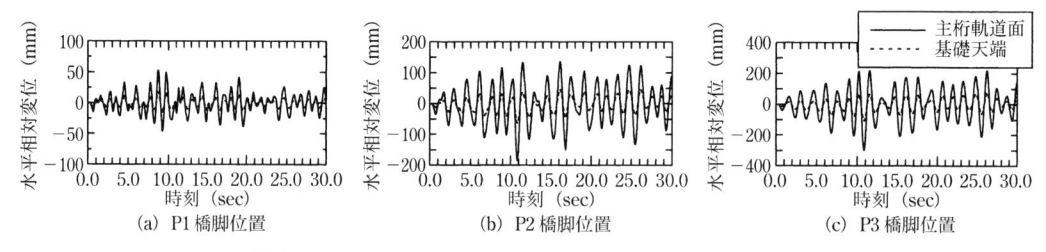

付属図 2.12 主桁軌道面および基礎天端の水平相対変位の応答波形

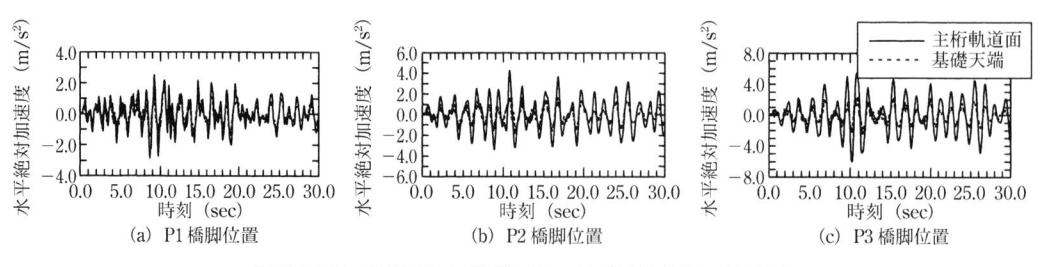

付属図 2.13 軌道面および基礎天端の水平絶対加速度の応答波形

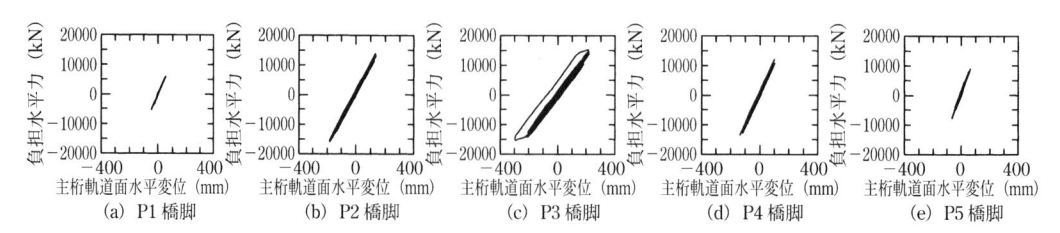

付属図 2.14 各橋脚の負担水平力と軌道面水平相対変位の関係

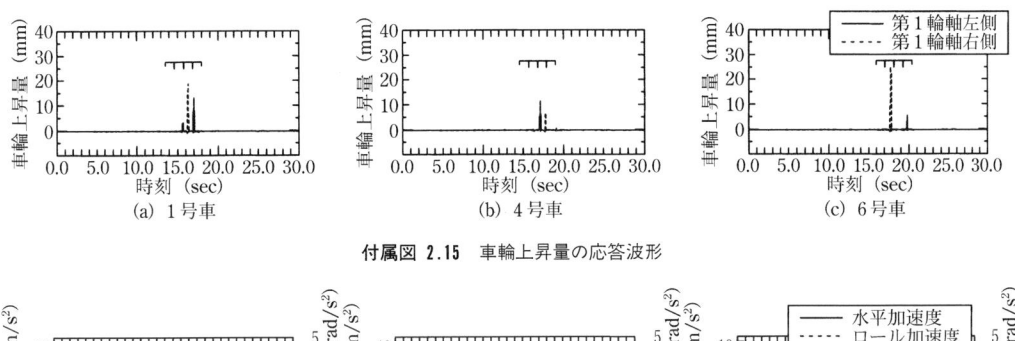

付属図 2.15 車輪上昇量の応答波形

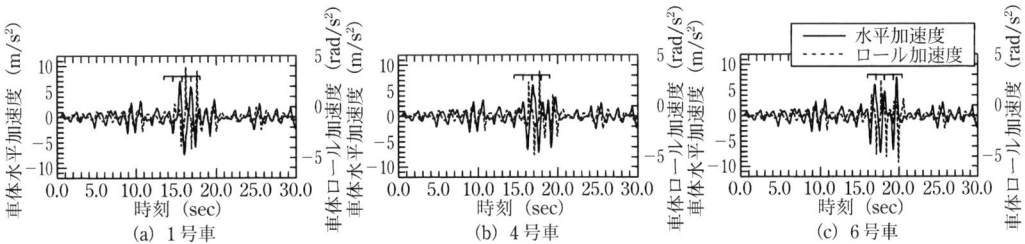

付属図 2.16 車体水平およびロール加速度の応答波形

刻では，車体水平加速度と車体ロール加速度が逆位相の関係にあり，車両が下心ロール[5]の挙動を示していることが分かる．

地震時の走行性解析は，このような手法により地震動の種類，規模，構造物への進入のタイミング等をパラメータとして行われ，総合的な評価が行われる．

4. まとめ

新幹線車両と線路構造物との動的相互作用解析プログラムDIASTARS IIを例に，車両および構造物の全体をモデル化して数値解析する場合の具体的な解析手法ならびに解析事例を示した．構造が複雑な特殊構造物や長大橋梁等に対しては，本付属資料で示した手法等を参考に，性能項目や照査指標に応じた適切な手法により応答値の算定を行うのがよい．

参考文献

1) 涌井一，松本信之，松浦章夫，田辺誠：鉄道車両と線路構造物の連成応答解析法に関する研究，土木学会論文集，No.513/I-31，pp.129-138，1995．
2) 曽我部正道，松本信之，涌井一，金森真，椎本隆美：PC斜張橋（北陸新幹線第2千曲川橋梁）の衝撃係数・列車走行性に関する研究，構造工学論文集，Vol.44A，pp.1333-1340，1998．
3) 松本信之，曽我部正道，涌井一，田辺誠：構造物上の車両の地震時走行性に関する検討，鉄道総研報告，第17巻，第9号，pp.33-38，2003．
4) Kalker, J. J.; Survey of Wheel-Rail Rolling Contact Theory, Vehicle System Dynamics, 8.4, 1979.
5) 宮本岳史，石田弘明，松尾雅樹：地震時の鉄道車両の挙動解析（上下，左右に振動する軌道上の車両運動シミュレーション），日本機械学会論文集（C編），Vol.64，No.626，pp.236-243，1998．

付属資料3　鉄道構造物上での車両の応答挙動

1. はじめに

本標準に示した桁のたわみの限界値は，車両を31自由度のばね・マス・ダンパーのリンクモデルで，桁を半正弦波のたわみ形状でモデル化した数値解析の結果に基づき定められている．本資料では，この桁のたわみの限界値の妥当性について，車両試験台を用いて検証した結果を示す[1]．

2. 試験方法

付属図3.1に試験の概念図を示す．検討には鉄道総合技術研究所が所有する新車両試験台を用いた．同車両試験台は輪軸を載せる4つの軌条輪を有しており，この軌条輪を回転させながら加振することにより，構造物上の車両の走行状態を模擬することができる．4つの軌条輪は個々に独立して制御できるため，各輪軸における位相ずれも再現することができ，例えば**付属図3.1**に示すような半正弦波形状の桁のたわみ曲線上をあたかも車両が走行するような試験を行うことができる．

付属表3.1に加振ケースを示す．鉛直方向の桁のたわみを対象とした．具体的な試験パラメータは，桁のスパン長（20～80 m），桁の連数（1連および5連），列車速度（100～300 km/h）で，合計29試番の試験

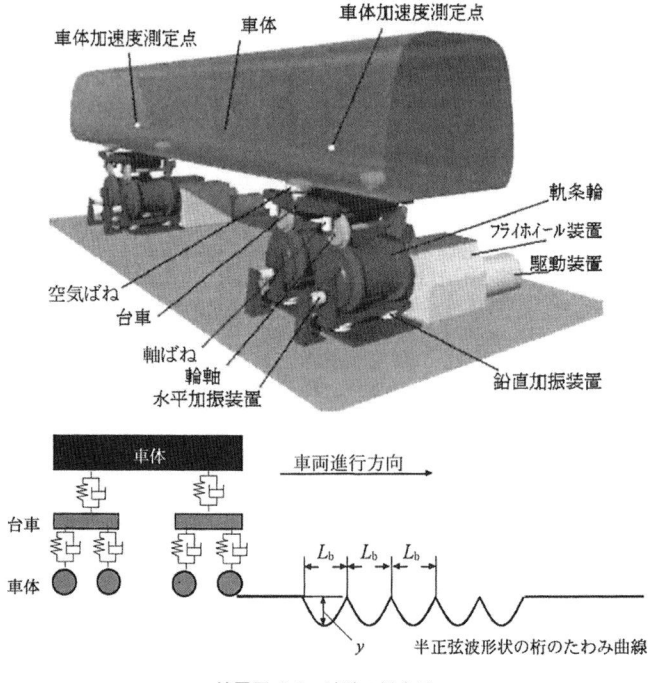

付属図 3.1 試験の概念図

付属資料3　鉄道構造物上での車両の応答挙動　　　103

付属表 3.1　車両試験台加振ケース一覧

スパン長 L_b	連数	列車速度（km/h）				
		100	150	200	250	300
20 m	1	○		○		○
40 m	1	○		○		○
60 m	1	○		○		○
20 m	5	○	○	○	○	○
40 m	5	○	○	○	○	○
60 m	5	○	○	○	○	○
80 m	5	○	○	○	○	○

を行った．車両の挙動は，主として前台車および後台車心皿位置直上の鉛直方向の車体加速度により評価した．

3．試験結果

3.1　車体加速度の時刻歴波形

付属図 3.2 に車体加速度の時刻歴波形を示す．列車速度 300 km/h，スパン長 $L_b=40$ m，80 m の 5 連について示した．入力した加振振幅は車両試験台の性能からすべてのスパン長に対してたわみ量 4 mm を基本としたが，軌条輪の実際の加振振幅はいずれも 3 mm 前後でばらつきがみられた．このため，測定値および解析値はすべて入力振幅を $L_b/4000$ に線形に換算して整理した．時刻歴波形では，いずれも第 1 スパン目で車体加速度の測定値と解析値の間に不一致がみられる．これは加振装置が高い振動数の急激な振幅増大に対応しきれないことに起因しており，第 1 スパン目の入力振幅のみ他スパンの半分程度となる傾向にあったためである．この点を除けば車体加速度の時刻歴波形は全体として比較的良い一致がみられた．また，これらの車体加速度波形は，列車速度/スパン長を振動数とした強制加振に対する応答に近い挙動を示した．

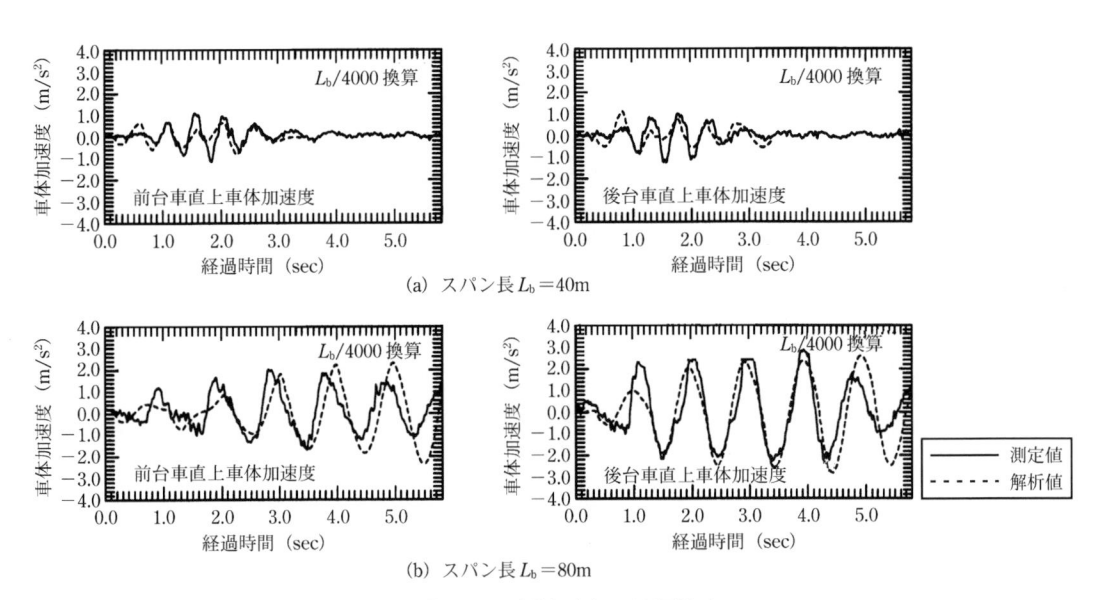

付属図 3.2　車体加速度の時刻歴波形

3.2 最大車体加速度

付属図 3.3 に列車速度ごとにスパン長と車体加速度との関係を示す．横軸には，列車速度 v とスパン長 L_b とから求まる加振振動数も併記した．ここでは桁連数 5 連の場合についてのみ示したが，1 連の場合も傾向は同様であった．車体加速度は解析値，測定値とも桁のたわみ量 $L_b/4000$ に換算して示した．速度 150 km/h の低速域では測定値と解析値の傾向が異なるものの，その他の速度領域では全体としては良い一致がみられた．低速域で一致が見られなかった原因は，前述のようにこの領域では車体加速度の絶対値が小さく，測定値ではノイズの影響が重なったためであると考えられる．図から車体固有振動数により生じる応答のピークが，列車速度の上昇とともに長スパン方向にシフトしていく現象を読みとることができる．また，本試験に用いた空気ばねの減衰係数が低いため車体固有振動数のピークで応答増大が顕著となっている．

付属図 3.4 にスパン長ごとに列車速度と車体加速度との関係を示す．横軸には，列車速度 v とスパン長 L_b とから求まる加振振動数も併記した．ここでも桁連数 5 連の場合についてのみ示したが，1 連の場合も傾向は同様である．車体加速度は解析値，測定値とも桁のたわみ量 $L_b/4000$ に換算して示した．スパン長 20 m の高速域で測定値と解析値に乖離が見られるのは，前述のように，加振装置が 3.0 Hz 以上の高振動数領域では精度の高いたわみ形状を再現できないことに起因している．スパン長 40 m では車体固有振動数により生じる応答のピークを明確に読みとることができる．スパン長 60 m, 80 m では列車速度の向上に伴う応答の増加傾向を読みとることができる．

付属図 3.5 に，前述の試験結果を加振振動数と車体加速度の関係により整理して示す．図から鉛直方向の

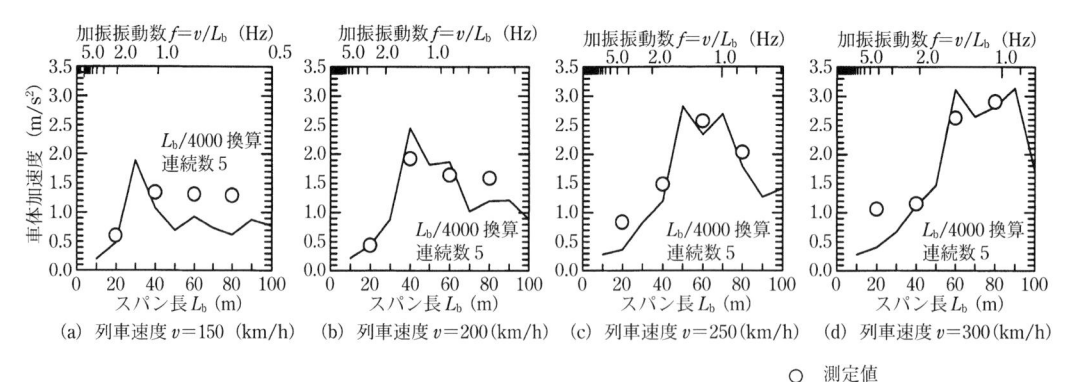

付属図 3.3 橋梁スパンと車体加速度の関係　　○ 測定値　── 解析値

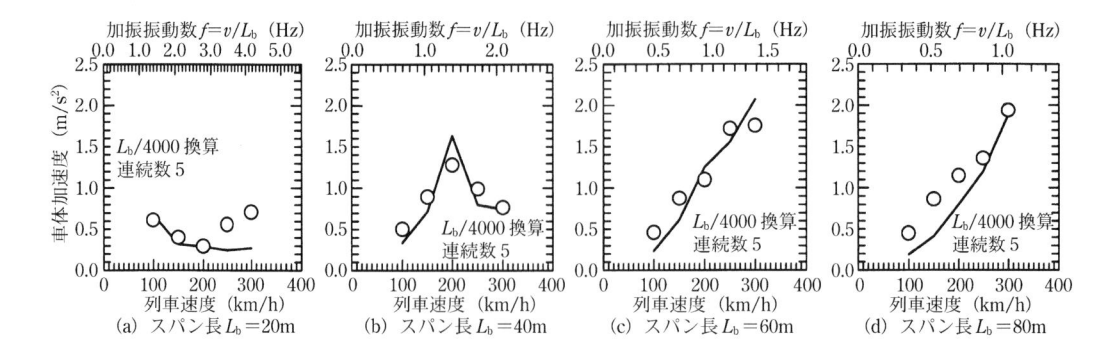

付属図 3.4 列車速度と車体加速度の関係　　○ 測定値　── 解析値

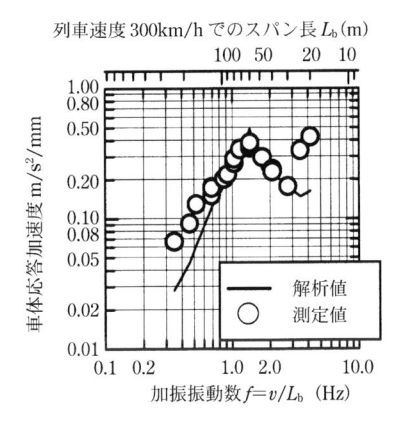

付属図 3.5 車両の応答特性

固有振動数が 1.5 Hz 付近に存在することが読みとれる．3.0 Hz 以上の高振動数領域では，加振装置の性能により適切な入力波形が得られなかったために，測定値と解析値の間にやや乖離が見られる．また，0.8 Hz 未満の低振動数領域でも測定値と解析値に乖離が見られるが，これは，この領域では車体加速度の応答の絶対値が小さく，測定値にノイズの影響が重なったためであると考えられる．一方，桁のスパン長と列車速度から定まる主要な加振振動数帯である 0.8 Hz～3.0 Hz では測定値と解析値は比較的よく一致していることがわかる．

4. まとめ

本標準に示した桁のたわみの限界値について，車両試験台を用いて実大車両による検証試験を行った．その結果，測定および解析による車体加速度の時刻歴波形は全体として比較的良い一致が見られ，それらは列車速度/スパン長を加振振動数とした強制加振に対する応答に近い挙動を示した．また，両者の車体加速度の最大値より，列車速度の増加に伴う応答の増加傾向を検証することができた．これらにより，本標準に示した桁のたわみの限界値の妥当性が確認された．

参考文献

1) 曽我部正道，古川　敦，下村隆行，飯田忠史，松本信之，涌井　一：列車の高速化に対応した構造物の変位制限，鉄道総研報告，Vol. 18, No. 8, 2004．

付属資料4　乗り心地の照査指標について

1. はじめに

鉄道の乗り心地基準には様々なものがあるが，一般には，個々の地点における瞬間的な乗り心地である地点乗り心地と，一定時間乗車した際の総合的な乗り心地である区間乗り心地とに大別することができる．本資料では，このうち地点乗り心地基準である国鉄乗り心地基準および列車動揺管理基準と，区間乗り心地基準である乗り心地レベルを取り挙げ，鉄道構造物の設計に用いる乗り心地基準としての適用性について検討を行った．

2. 各種乗り心地基準の概要

2.1 国鉄乗り心地基準

付属図4.1に国鉄乗り心地基準を示す．Janewayが提案した自動車用の乗り心地基準を参考とし，国鉄が1963年に独自の実験結果を加味して定めたものである[1]．従来の桁のたわみの限界値は，この国鉄乗り心地基準に示された乗り心地係数1.5（良い）を用いて定められていた．

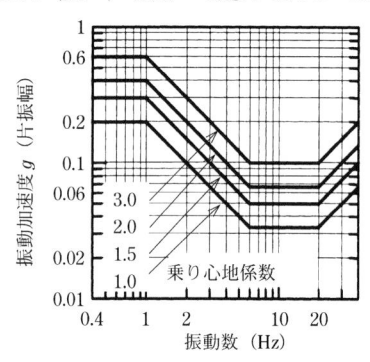

付属図 4.1　国鉄乗り心地基準（鉛直方向）

2.2 列車動揺管理基準

付属表4.1，付属表4.2に列車動揺加速度による軌道整備標準値の例を示す．これらは，JRや民鉄で行われている軌道整備標準値で，例えば新幹線では最大加速度（全振幅）が$0.25g$を超えると保守が行われる．いずれも最大加速度を指標としており，多い線区では数日に1回の割合で動揺測定が行われる．

付属表 4.1　列車動揺加速度による軌道整備標準値の例（在来線）

車種	上下動	左右動	処置
マヤ車または高性能優等車両	$0.13g$	$0.13g$	発見後15日以内に保守を行うか，徐行する．
その他	$0.20g$	$0.20g$	

注）加速度の最大片振幅に対して適用

付属表 4.2　列車動揺加速度による軌道整備標準値の例（新幹線）

種類	上下動	左右動	処置
第1限界値	$0.45\,g$	$0.35\,g$	直ちに徐行するとともに当夜緊急整備する．
第2限界値	$0.35\,g$	$0.30\,g$	次の測定日までに整備する．
第3限界値	$0.25\,g$	$0.20\,g$	要注箇所として管理し，必要により整備する．

注）加速度の最大全振幅に対して適用

2.3　乗り心地レベル

ISO-2631 を基本とし，鉄道車両の振動特性に合わせて**付属図 4.2** に示す等感覚曲線を定め，**付属表 4.3** に基づく判定を行う手法で，1981年に国鉄により提案された．乗り心地レベル L_T(dB) は式（1）で表される．

$$L_T = 10 \cdot \log(\bar{a}^2 / a_{\text{ref}}^2) = 10 \cdot \log(1/T) \int_0^T (\bar{a}_w^2(t)/a_{\text{ref}}^2) \, dt \tag{1}$$

ここで，$a_w(t)$ は乗り心地補正した振動加速度，$\bar{a}_w$ は乗り心地補正した振動加速度の実効値，a_{ref} は基準加速度で $10^{-5}(\text{m/s}^2)$ の値，T は評価時間をそれぞれ表す．

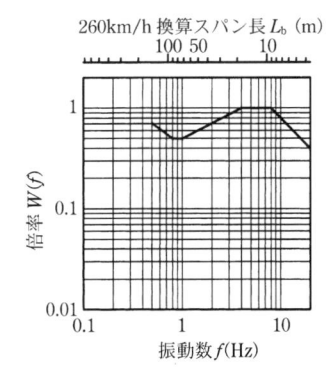

付属表 4.3　乗り心地レベルによる評価区分

乗り心地レベル (dB)	評　価
$L_T < 83$	非常に良い
$83 \leq L_T < 88$	良い
$88 \leq L_T < 93$	普通
$93 \leq L_T < 98$	悪い
$98 \leq L_T$	非常に悪い

付属図 4.2　ISO-2631 等感覚曲線（鉛直方向）

3.　検討手法

桁のスパン長 L_b を 10～100 m，桁のたわみを $L_b/2000$～$L_b/6000$ として，数値解析により車体加速度を算定して，これを各種乗り心地基準で評価した[3]．桁は単純桁5連とし，列車速度は 260 km/h とした．乗り心地レベルについては区間乗り心地となるため，実際の新幹線の動揺記録（列車速度 260 km/h）から，**付属図 4.3** に示すような平均 84.2 dB となるモデル車体加速度波形を作成し，このモデル波形に数値計算

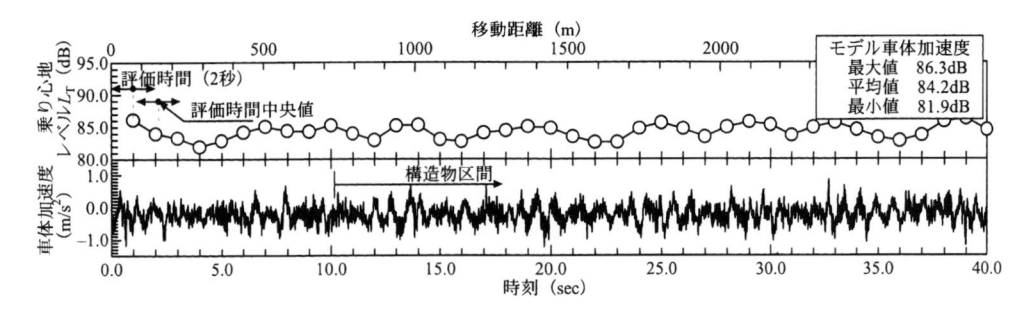

付属図 4.3　乗り心地レベル算定のためのモデル車体加速度波形

により求めた桁通過時の車体加速度波形を重ね合わせ，乗り心地レベルで評価した．

4. 検討結果

付属図 4.4 に国鉄乗り心地基準と列車動揺管理基準を限界値で比較して示す．横軸には振動数 f と列車速度 v（新幹線 260 km/h，在来線 130 km/h）とから定まる換算スパン長 L_b（$=v/f$）も併記した．図より，従来から構造物の設計に用いられてきた国鉄乗り心地基準における乗り心地係数 1.5 は，1.5 Hz 以下の低周波数領域では列車動揺管理基準よりも限界値が緩いことが分かる．このため軌道の維持管理で用いられている車両の動揺管理における目標値，基準値との整合がとれていないことが指摘されてきた．国鉄乗り心地基準で検討する加速度は設計上の予測値であり，列車動揺管理目標値は実測値であるため，本来，両者を直接に比較することは必ずしも適切とは言えないが，性能照査を意識した上で，できるだけ実状に即した照査となるように整合を図っていく必要がある．

付属図 4.5 に各種乗り心地評価基準による評価結果を示す．付属図 4.5(a) の最大加速度と乗り心地レベルでは，スパン長に関わらず一定の相関が認められる．各乗り心地基準における「非常に良い」，「良い」といった評価の区分はそれぞれ定義の違いがあり，乗り心地基準同士を一概には比較できないが，最大加速度と乗り心地レベルでは定性的に同等な評価を行う傾向にあるといえる．桁のたわみ度は $L_b/2000\sim$

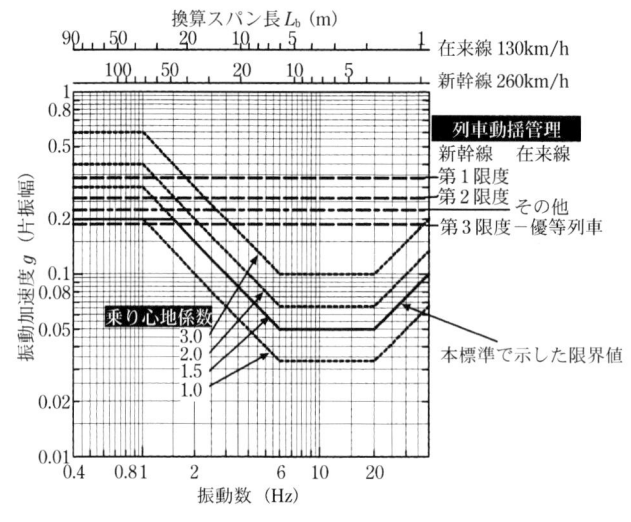

付属図 4.4 国鉄乗り心地基準および列車動揺管理基準の比較

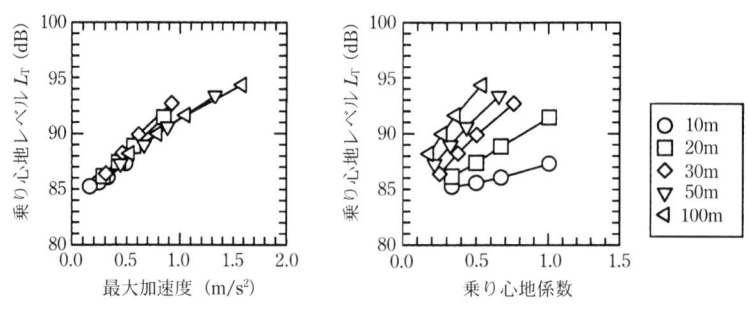

(a) 最大加速度と乗り心地レベル　　(b) 乗り心地係数と乗り心地レベル

付属図 4.5 各乗り心地評価基準による評価結果

$L_b/6000$ として計算したが，両者とも短スパンの桁に対して感度が低い．

付属図 4.5(b) の乗り心地係数と乗り心地レベルでは，10 m, 20 m の短スパンの桁において，乗り心地係数は乗り心地レベルよりも感度が高い．これは，乗り心地係数が，周波数の高い領域（短スパン）においては厳しい加速度値により定められていることに起因する．一方，30 m 以降は両者はほぼ同様の傾向となっている．

一方，付属図 4.6 に乗り心地レベルによる評価結果を示す．評価時間を 2 秒，評価時間の計算間隔を 1 秒とし，横軸をその中央値として示した．乗り心地レベルは構造物区間で明らかに増大しており，区間乗り心地の指標であっても評価時間が 2 秒程度であれば，桁のたわみの影響を明確に捉えられることが分かる．桁は各スパンとも 5 連として設定したが，評価時間の計算間隔が 1 秒であるため個々のスパンの形状まで

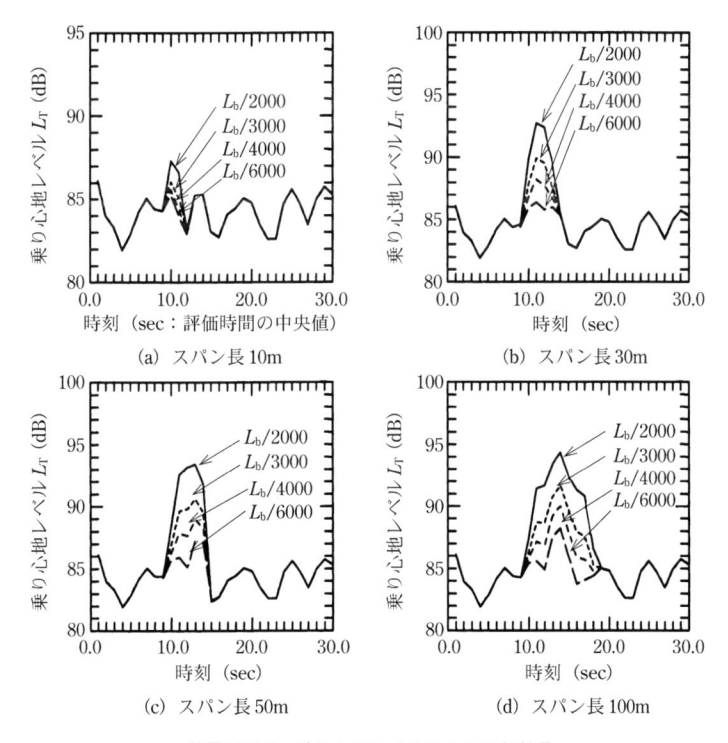

付属図 4.6 乗り心地レベルによる評価結果

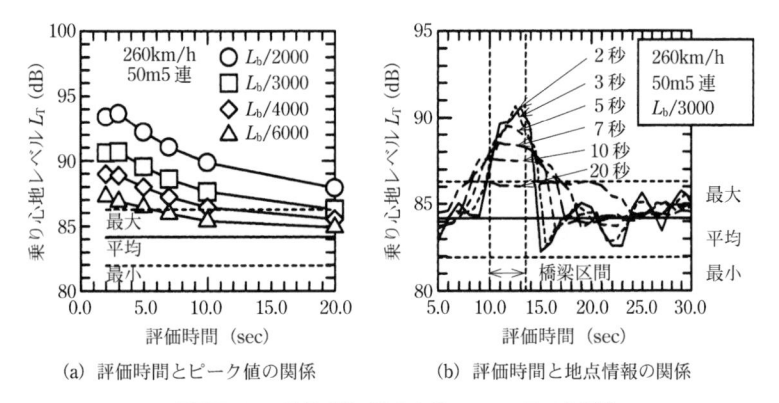

付属図 4.7 評価時間が乗り心地レベルに及ぼす影響

は表れてこない．

付属図 **4.7** に評価時間が乗り心地レベルに及ぼす影響を示す．スパン 50 m の場合について示した．乗り心地レベルの評価時間としては，一般的な車両動揺には 3±2 分が適当とされているが，特に動揺の激しい箇所には短時間乗り心地レベルとして，評価時間に 2 秒が用いられている．同図からも，評価時間を 2～3 秒としなければ，軌道狂いの影響の間に埋没してしまい，評価が困難となることが分かる．当然のことではあるが，評価時間が長くなればなるほど，ピーク値の地点情報，ピーク波形の周波数情報が失われていくこととなる．

5. 構造物の設計に用いる乗り心地の照査指標と限界値

以上の結果を踏まえ，従来の設計との連続性も勘案し，構造物上における乗り心地は乗り心地係数により照査するのがよいと判断した．桁のたわみに対する鉛直方向の乗り心地の限界値は，乗り心地係数 1.5 に基づき示される式（2）によるのがよい．

$$\begin{cases} \alpha_{vl}=2.0 & f<1.5 \\ \alpha_{vl}=3.0/f & 1.5 \leq f<6.0 \\ \alpha_{vl}=0.5 & 6.0 \leq f<20.0 \end{cases} \quad (2)$$

ここに，α_{vl}：車体鉛直加速度の限界値（m/s²）
　　　　f：車体鉛直加速度の振動周波数（Hz）

なお，式（2）では，列車動揺管理基準と整合性をとる観点から，新たに車体加速度に 2.0 m/s² の上限を設けることとした．これは，前述のように，設計上の性能照査を実態と合わせる目的があり，照査には実列車に近い軸重の列車荷重を用いることを前提として定めた．

6. まとめ

（1） 乗り心地係数による評価は，その周波数特性に起因して 10 m，20 m の短スパンの桁で他の乗り心地基準に比べ感度が高い．

（2） 30 m 以上の桁であれば，いずれの乗り心地基準を用いたとしても，定性的な傾向にそれほど差はない．

（3） 乗り心地レベルによる評価は，評価時間に左右される．基準とする軌道狂い等も必要となることから取り扱いがやや煩雑となる．

（4） 以上の検討結果を踏まえ，構造物の設計に用いる乗り心地の照査指標と限界値を乗り心地係数に基づき定めた．

参考文献

1) 国鉄列車速度調査委員会：車両の乗心地基準，資料 3 A-2-1，1963．
2) 乗心地管理基準に関する研究報告書：日本鉄道技術協会，1979～1981．
3) 長谷川淳史，曽我部正道，古川敦，松本信之：鉄道橋の評価に用いる乗り心地基準に関する検討，土木学会第 59 回年次学術講演会講演概要集，I-429，2004．

付属資料5 軌道の損傷に係る軌道面の不同変位の検討方法

1. はじめに

構造物の不同変位（角折れ・目違い）により軌道に変形が生じるため，その軌道の各構成要素の損傷状態による限界値を定める必要がある．本資料では，「**6章 応答値の算定**」の軌道のモデル化の詳細を示し，さらに「**9章 復旧性の照査**」において示した常時の軌道の損傷に関する復旧性および地震時の軌道の損傷に係る軌道面の不同変位の限界値の定め方について示す．

2. 応答値の算定方法

軌道の損傷に係る軌道面の不同変位の限界値は，従来の設計標準においてもレール－締結装置間のばねを考慮した弾性支持梁として解くことにより，スラブ軌道を対象として検討が行われている1)．本標準では，軌道面の不同変位の限界値を定めるにあたり，スラブ軌道のみでなく，バラスト軌道および昨今の様々な軌道形式も含めて検討を行うこととした．ここで，バラスト軌道の場合は，軌道パッドばねおよび道床ばねを「鉄道構造物等設計標準・同解説（軌道構造［有道床軌道］（案））」に従い，バラストのばね定数として考慮した．そして，従来の設計標準における検討と同様の方法により曲げ応力，軌道パッド反力（通称：レール圧力）等を求め，軌道面の不同変位の限界値を設定した．

2.1 角折れによる軌道の応答値の算定モデル

応答値の算定には，以下に示す弾性支承上にレールが梁として連続的に支持されるモデル1)を適用することとした．ここでレールの支持方法については，鉛直方向については弾性支持モデルとし，水平方向については弾性支持モデルおよび等間隔固定支持モデルを用いた．

2.1.1 鉛直方向

（1） 弾性支持モデル

弾性支持されたレールが曲げ変形を受ける場合の力の釣合いは，式（1）に示す4階の微分方程式で表される．

$$EI\,d^4y/dx^4 + ky = 0 \tag{1}$$

一般に4階の微分方程式において，$y=e^{\lambda x}$ とおいて式（1）に代入すると，

$$y = a_0\lambda^4 + a_1\lambda^3 + a_2\lambda^2 + a_3\lambda + a_4 = 0 \tag{2}$$

という特性方程式が得られ，その一般解は式（3）で与えられる．

$$y = e^{-\alpha x}(A_1\cos\beta x - A_2\sin\beta x) \tag{3}$$

ここに，y：レールの変位
　　　　k：単位長さあたりのレール支持ばね係数
　　　　EI：レール曲げ剛性

β：レールの剛性を考慮した係数　$\beta = \sqrt[4]{\dfrac{k}{4EI}}$

　a, A_1, A_2：係数

この微分方程式を解くことにより，角折れ部のレール変位，締結位置のレール圧力，レール曲げ応力は以下のように求まる．

レール変位：　　　　　$y = \theta/4\beta \cdot e^{-ax}(A_1\cos\beta x - A_2\sin\beta x) = \theta/4\beta \cdot \Phi_3(\beta x)$ 　　　　　（4）

レール圧力：

$$p_1 = \int ky \cdot dx = (\theta/4\beta) \cdot \int \Phi_3(\beta x)dx = (\theta/4\beta^2)[\Phi_2(\beta a) - \Phi_2(0)dx] \tag{5}$$

$$p_2 = \int ky \cdot dx = (\theta/4\beta) \cdot \int \Phi_3(\beta x)dx = (\theta/4\beta^2)[\Phi_2(2\beta a) - \Phi_2(\beta a)dx] \tag{6}$$

$$p_3 = \int ky \cdot dx = (\theta/4\beta) \cdot \int \Phi_3(\beta x)dx = (\theta/4\beta^2)[\Phi_2(3\beta a) - \Phi_2(2\beta a)dx] \tag{7}$$

ここで，p_1，p_2，p_3 は第1，第2，第3締結部のレール圧力を表す．

レール曲げ応力：

$$\begin{aligned}\sigma &= M/D \\ &= -EI d^2y/dx^2/D = -EI(\beta\theta/2) \cdot e^{-\beta x}(\cos\beta x - \sin\beta x)/D \end{aligned} \tag{8}$$

ここに，M：曲げモーメント

　　　　θ：折れ角

　　　　D：レールの断面係数

計算モデルとレールの境界条件を**付属図 5.1**に示す．

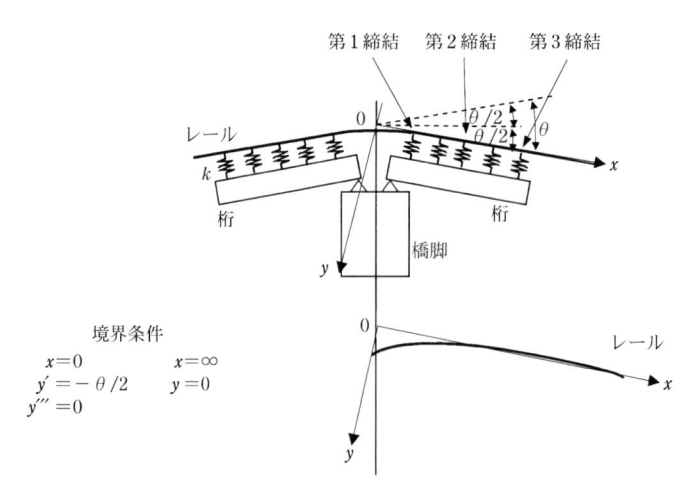

付属図 5.1 鉛直角折れのモデル化（弾性支持モデル）

2.1.2 水平方向

（1）弾性支持モデル

弾性支持されたレールが曲げ変形を受ける場合の力の釣合いは，「2.1.1 鉛直方向」と同様に4階の微分方程式で表され，計算モデルとレールの境界条件も同じである．ただし，支持ばね定数およびレールの剛性は異なる．

（2） 等間隔固定支持モデル

等間隔で固定支持されたレールが曲げ変形を受ける場合の力の釣合いは，式（9）に示す4階の微分方程式で表される．

$$EI d^4y/dx^4 = 0 \qquad (9)$$

式（9）の一般解は

$$y = c_1 x_1^3 + c_2 x_2^2 + c_3 x_3 + c_4 \qquad (10)$$

で与えられる．これを締結装置間隔ごとに区分けして式(11), (12) が得られる．

$$y_1 = A_1 + A_2 x_1 + A_3 x_1^2 + A_4 x_1^3 \qquad (11)$$

$$y_2 = A_5 + A_6 x_2 + A_7 x_2^2 + A_8 x_2^3 \qquad (12)$$

ここに，y：レールの変位
k：単位長さあたりのレール支持ばね係数
EI：レール曲げ剛性
y_1：区間1のレールの水平方向変位
y_2：区間2のレールの水平方向変位

計算モデルとレールの境界条件を**付属図 5.2**に示す．

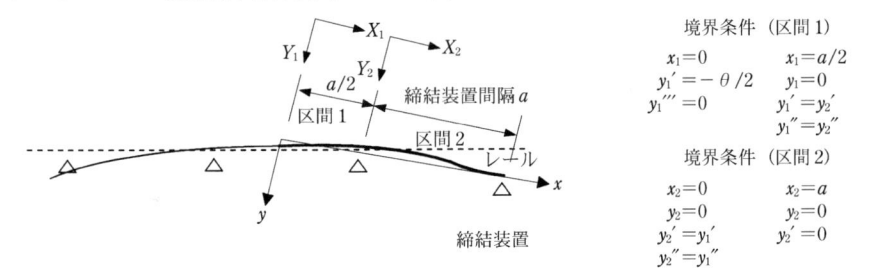

付属図 5.2　水平角折れのモデル化（等間隔固定支持モデル）

2.2 目違いによる軌道の応答値の算定モデル

2.2.1 鉛直方向

弾性支持されたレールが曲げ変形を受ける場合の力の釣合いは，角折れの場合と同様に式(13)に示す4階の微分方程式で表される．

$$EI d^4y/dx^4 + ky = 0 \qquad (13)$$

この一般解は同様に式(14)で与えられる．

$$y = e^{-\alpha x}(A_1 \cos\beta x - A_2 \sin\beta x) \qquad (14)$$

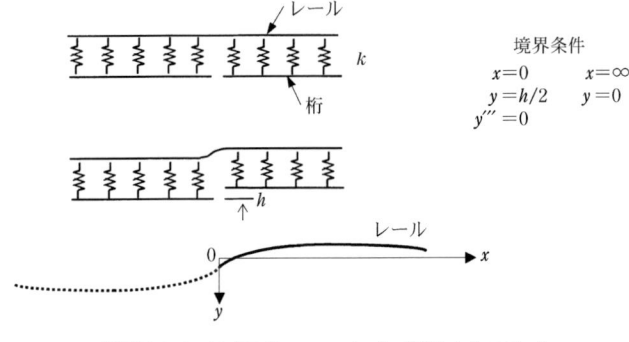

付属図 5.3　鉛直目違いのモデル化（弾性支持モデル）

ここに，y：レールの変位
k：単位長さあたりのレール支持ばね係数
EI：レール曲げ剛性
β：レールの剛性を考慮した係数 $\beta=\sqrt[4]{\dfrac{k}{4EI}}$
a, A_1, A_2：係数

計算モデルとレールの境界条件を**付属図 5.3**に示す．

2.2.2 水平方向

（1） 弾性支持モデル

弾性支持されたレールが曲げ変形を受ける場合の力の釣合いは，「2.2.1 鉛直方向」と同様に 4 階の微分方程式で表され，計算モデルとレールの境界条件も同じである．ただし，支持ばね定数およびレールの剛性は異なる．

（2） 等間隔固定支持モデル

等間隔で固定支持されたレールが曲げ変形を受ける場合の力の釣合いは，式 (15) に示す 4 階の微分方程式で表される．

$$EI\,\mathrm{d}^4 y/\mathrm{d}x^4 = 0 \tag{15}$$

この一般解は，式 (16)，(17) で与えられる．

$$y_1 = A_1 + A_2 x_1 + A_3 x_1^2 + A_4 x_1^3 \tag{16}$$

$$y_2 = A_5 + A_6 x_2 + A_7 x_2^2 + A_8 x_2^3 \tag{17}$$

ここに，y：レールの変位
k：単位長さあたりのレール支持ばね定数
EI：レール曲げ剛性
y_1：区間 1 のレールの水平方向変位
y_2：区間 2 のレールの水平方向変位

計算モデルとレールの境界条件を**付属図 5.4**に示す．

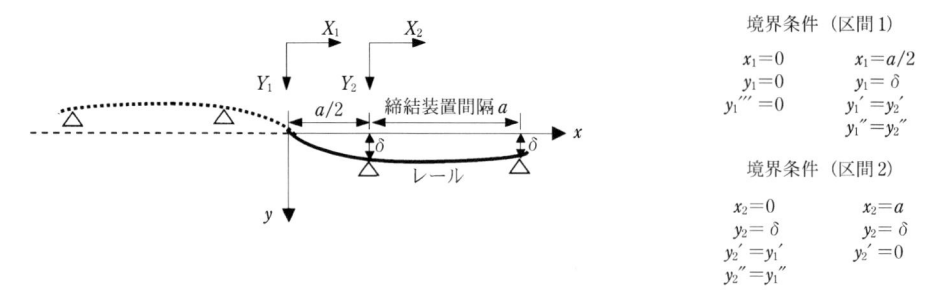

付属図 5.4 水平目違いのモデル化（等間隔固定支持モデル）

3. 軌道の損傷に係る限界値の目安の検討に用いた限度値

既往の検討においてレール変位，レール応力，レール圧力の限度値として用いられている第 1 限度値～第 3 限度値[2]を**付属表 5.1**に示す．

常時における軌道面の不同変位の限界値の目安は，**付属表 5.1**を用いると，第 1 限度，第 2 限度に関わら

ず，鉛直方向では角折れ，目違いともレール圧力（軌道パッド反力），水平方向では角折れはレール応力，目違いではレール圧力（軌道パッド反力）と締結ばねの応力の限度値により定まる．従来，新幹線は第1限度，在来線は第2限度を用いて角折れ，目違いの限界値を定めていたが，構造物の変位がこれらの値を超えても，必ずしも軌道が損傷にいたるとは限らず，軌道の損傷の観点から考えると，第2限度で示されているレール応力ならびにレール圧力でも十分安全側であるとの判断から，常時の軌道の損傷に関する復旧性の照査には第2限度より定まる限界値の目安を用いてもよいこととした．また，地震時の軌道の損傷に係る変位の照査においては第3限度より定まる限界値の目安を用いてもよいこととした．

付属表 5.1 既往の検討における限度値

照査項目		第1限度	第2限度	第3限度
鉛直	レール変位	0.5 mm	—	—
	レール応力	50 N/mm^2	100 N/mm^2	150 N/mm^2
	レール圧力	—	6 kN（スラブ） 10 kN（バラスト）	6 kN（スラブ） 10 kN（バラスト）
水平	レール変位	—	—	—
	レール応力	50 N/mm^2	100 N/mm^2	150 N/mm^2
	レール圧力（弾性支持モデル）	8 kN	16 kN	32 kN
	レール圧力（等間隔固定支持モデル）	16 kN	32 kN	64 kN

注） 第1限度 作用と所要強度からみて特に問題はない値
第2限度 注意を要する値
第3限度 許容されない値
— 限度値なし
レール圧力は浮き上がる方向の限度値を示す．

付属表5.1において，レール応力の第1限度 50 N/mm^2 は，ロングレールの温度応力を 100 N/mm^2，列車荷重による応力を 50 N/mm^2 と見積もり，これらをレールの許容応力度 200 N/mm^2 から差し引いて定めている．また，レール圧力はレールから軌道パッドが抜け出さないために抑えつけている反力の限界として定めている．

4. 代表的軌道に対する軌道の損傷に係る軌道面の不同変位の限界値の目安

ここでは，軌道の損傷に係る軌道面の不同変位の限界値を求めるために，従来のスラブ軌道に加えて，バラスト軌道および弾性まくらぎ直結軌道を対象として検討を行った結果を示す．

4.1 軌道種別ごとの鉛直ばね定数

レール下の鉛直方向の軌道パッドのばね定数は，いずれの軌道種別においてもスラブ軌道のものを用いることとし，バラスト軌道および弾性まくらぎ直結軌道の鉛直ばね定数 k は付属図5.5に示すように軌道

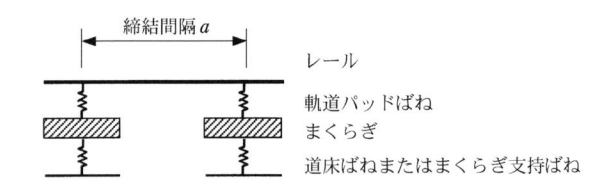

鉛直ばね定数 $k = 1/\{(1/D_{p1} + 1/D_b)a\}$
ここに，D_{p1}：軌道パッドばね定数
D_b：道床ばね定数またはまくらぎ支持ばね定数
a：締結間隔

付属図 5.5 バラスト軌道および弾性まくらぎ直結軌道の支持ばねモデル

パッドばねと道床ばねまたはまくらぎ支持ばねを直列につないでモデル化して定めた．

スラブ軌道，バラスト軌道および弾性まくらぎ直結軌道の鉛直ばね定数を**付属表 5.2**に示す．ここで用いたスラブ軌道の軌道パッドばね定数 60 MN/m は，現在の著大輪重発生防止のために使用されているものと同じであり，適値として用いた．

付属表 5.2 代表的な軌道構造形式の軌道のばね定数（鉛直方向）

軌道種別	レール種別	β (1/mm)	鉛直ばね定数 k (N/mm/mm)	軌道パッド D_{p1}	道床ばね定数またはまくらぎ支持ばね定数 D_b	締結間隔 a (mm)	備考
スラブ軌道	50 N	0.0015	在来線：96	60 kN/mm	—	625	文献 1) では 96 N/mm/mm を採用
	60 kg	0.0014	在来線および新幹線：96	60 kN/mm	—	625	
バラスト軌道（バラストマット入り）	50 N	0.0016	在来線：99	110 kN/mm	道床ばね 120 MN/m	580	締結装置間隔は，25 m 43 締結で 580 mm とした
	60 kg	0.0014	在来線：99	110 kN/mm	道床ばね 120 MN/m	580	
		0.0012	新幹線：61	50 kN/mm	道床ばね 120 MN/m	580	
弾性まくらぎ直結軌道	50 N	0.0012	在来線：32	60 kN/mm	まくらぎ支持ばね 30 kN/mm	625	締結装置間隔はスラブの場合と同じ
	60 kg	0.0011	在来線および新幹線：32	60 kN/mm	まくらぎ支持ばね 30 kN/mm	625	

注) β：レールの剛性を考慮した係数 $\beta = \sqrt[4]{k/4EI}$
   EI：レールの鉛直方向の曲げ剛性

4.2 軌道種別ごとの水平ばね定数

レール下の水平方向のばね定数として**付属表 5.3**に示すとおりばね定数を設定した．

バラスト軌道では道床の横抵抗力が過去の実験において 1 m あたり 5 kN/m～15 kN/m の範囲と推定している．これまで一般に横抵抗力の下限値を在来線では 5 kN/m，新幹線では 9 kN/m と定めている[3]．こ

付属表 5.3 代表的な軌道構造形式の軌道のばね定数（水平方向）

軌道種別	レール種別	β (1/mm)	水平ばね定数 k (N/mm/mm)	ばね定数の定め方
スラブ軌道	50 N	0.0019 0.0037	直4形：32 直8形：480	軌道パッドの水平方向の締結ばね定数のみを考慮 直4形と直8形に使用されているばね定数を用いた．
	60 kg	0.0017 0.0033		
バラスト軌道	50 N	0.0022 ～ 0.0028	在来線：62.5～160	軌道パッドと道床横ばねを考慮 $k = D_c/a$ ここに， D_c：軌道パッドと道床の単位長さあたりの横抵抗力（横ばね定数）を考慮した係数で，在来線では 5 kN/m～10 kN/m，新幹線では 9 kN/m～15 kN/m として算定した． a：締結間隔
	60 kg	0.0020 ～ 0.0025		
	60 kg	0.0018 ～ 0.0018	新幹線：40.5～43.5	
弾性まくらぎ直結軌道	50 N	0.0021	在来線および新幹線：480	軌道パッドの水平方向の締結ばね定数のみを考慮 直8形に使用されているばね定数を用いた．
	60 kg	0.0018		

とから，在来線で 5 kN/m～10 kN/m，新幹線で 9 kN/m～15 kN/m とし，これを 1 レールあたりの横抵抗力 (1/2) で除し，さらに単位を変換して在来線で 2.5 N/mm～5 N/mm，新幹線で 4.5 N/mm～7.5 N/mm を横抵抗力とし，軌道パッドと合わせて水平ばね定数を算出した．

4.3 軌道面の不同変位の限界値の目安の算定例

ここではスラブ軌道を弾性支持モデルとした場合の鉛直方向の角折れの限界値の目安の算定例を示す．

弾性支持されたレールが曲げ変形を受ける場合の力の釣合いは 2.1.1 項に示した 4 階の微分方程式により表される．

はじめに**付属表 5.4** に示すように軌道のモデル化に必要な条件の設定を行い，パラメータ β を算定する．

付属表 5.4 レールの条件

軌道種別	スラブ軌道
レール種別	50 N レール
ヤング率 E (N/mm²)	20000
断面 2 次モーメント I_x (mm⁴)	1960000
中立軸 y (mm)	71.6
締結間隔 a (mm)	625
ばね定数 k (N/mm/mm)	96
β (1/mm)	0.00155

β および締結間隔より**付属表 5.5** に示すように $\phi_2(n\beta a)$ を求める．**付属表 5.5** の値に基づいてレール圧力 p_1, p_2, p_3 およびレール曲げ応力 σ を求めた結果を**付属表 5.6** に示す．さらに，この結果と**付属表 5.1** に示す第 2 限度値を比較して，構造物の角折れの限界値の目安が**付属表 5.6** に示すように求まる．

付属表 5.5 ϕ の算定

n	$\phi_2(n\beta a)$
0	0.00
1	0.31
2	0.13
3	0.01

付属表 5.6 レール圧力とレール曲げ応力の算定と構造物の角折れの限界値の目安の算定

$\theta/1000$	p_1 (kN)	p_2 (kN)	p_3 (kN)	σ (N/mm²)
1	3.1	−1.8	−1.2	11.7
2	6.2	−3.6	−2.4	23.4
3	9.3	−5.3	−3.6	35.1
4	12.4	−7.1	−4.8	46.7
第 2 限度値	−6.0	−6.0	−6.0	100.0
角折れの限界値の目安 (・$\theta/1000$)	—	3.4	5.0	8.6

付属表 5.6 より角折れの限界値の目安としては，レール圧力からはレール圧力が最初に −6.0 kN となる 3.4/1000，レール応力からはレール応力が 100.0 N/mm² となる 8.6/1000 が得られることとなる．**付属表 5.7** の 50 N レールのスラブ軌道の常時の限界値にこれらの値が示されている．

4.4 軌道の損傷より定まる軌道面の不同変位の限界値の目安

4.4.1 常時の軌道の損傷に関する復旧性から定まる限界値の目安

4.3 に示した算定例により，軌道種別毎に鉛直方向（レール変位，レール応力，軌道パッド反力）および水平方向（レール応力，軌道パッド反力）の限度値から求まる角折れ・目違いの限界値の目安を**付属表 5.7** に示す．一般にばね定数 k が高い方がレール応力，レール圧力ともに厳しくなる傾向にある．また，水平方向の限界値の目安は，弾性支持モデルと等間隔固定支持モデルの 2 つのモデルから得られた結果のうち厳しい方（等間隔固定支持モデル）を選択した．

付属表 5.7 常時における構造物の角折れ・目違いの限界値の目安

変位の方向	限度レベル	軌道種別	限界状態を与える評価指標	角折れ (・θ/1000) 折れ込み平行移動 50 N	角折れ (・θ/1000) 折れ込み平行移動 60 kg		目違い δ (mm) 50 N	目違い δ (mm) 60 kg	
鉛直	第2限度	スラブ軌道	レール応力	7.5	7.0		8.5	10.0	
			レール圧力	3.5	3.0		3.0	2.0	
		バラスト軌道	レール応力	7.5	7.0	8.0	8.5	10.0	12.5
			レール圧力	6.0	5.5	7.0	3.5	2.0	2.0
		弾性まくらぎ直結軌道	レール応力	10.0	9.5		15.0	17.0	
			レール圧力	7.5	6.5		3.5	3.0	
水平	第2限度	スラブ軌道	レール応力	4.0	4.0		2.0	2.0	
			レール圧力	18.5	11.5		2.0	2.0	
		バラスト軌道	レール応力	5.5	5.5		2.0	2.0	
			レール圧力	15.5	10.0		2.0	2.0	
		弾性まくらぎ直結軌道	レール応力	4.0	4.0		2.0	2.0	
			レール圧力	18.5	11.5		2.0	2.0	

注) 60 kg レールの項が 2 つに分かれている欄は、左側：在来線、右側：新幹線を示す．

ただし、目違いについては、**付属表5.7**に示した限界値の目安の他、締結ばねの疲労およびタイプレートのずれより定まる限界値（鉛直・水平とも2mm）を考慮する必要がある．

4.4.2 地震時の軌道の損傷に係る変位の限界値の目安

同様にして、**付属表5.1**に示した第3限度に対応した、軌道種別毎に求まる地震時の角折れ・目違いの限界値の目安を**付属表5.8**に示す．

付属表 5.8 地震時における構造物の角折れ・目違いの限界値の目安

変位の方向	限度レベル	軌道種別	限界状態を与える評価指標	角折れ (・θ/1000) 折れ込み平行移動 50 N	角折れ (・θ/1000) 折れ込み平行移動 60 kg		目違い δ (mm) 50 N	目違い δ (mm) 60 kg	
鉛直	第3限度	スラブ軌道	レール応力	11.0	11.0		13.0	15.0	
			レール圧力	5.0	3.5		3.0	3.5	
		バラスト軌道	レール応力	11.0	10.5	12.0	13.0	14.5	18.5
			レール圧力	7.5	6.5	11.5	3.0	2.0	2.0
		弾性まくらぎ直結軌道	レール応力	15.0	14.0		22.5	26.0	
			レール圧力	11.0	14.5		3.5	3.0	
水平	第3限度	スラブ軌道	レール応力	6.0	6.0		2.0	2.0	
			レール圧力	37.0	23.0		2.0	2.0	
		バラスト軌道	レール応力	8.0	8.5		2.5	2.0	
			レール圧力	30.5	20.0		2.0	2.0	
		弾性まくらぎ直結軌道	レール応力	6.0	6.0		2.0	2.0	
			レール圧力	37.0	23.0		3.0	2.0	

注) 60 kg レールの項が 2 つに分かれている欄は、左側：在来線、右側：新幹線を示す．

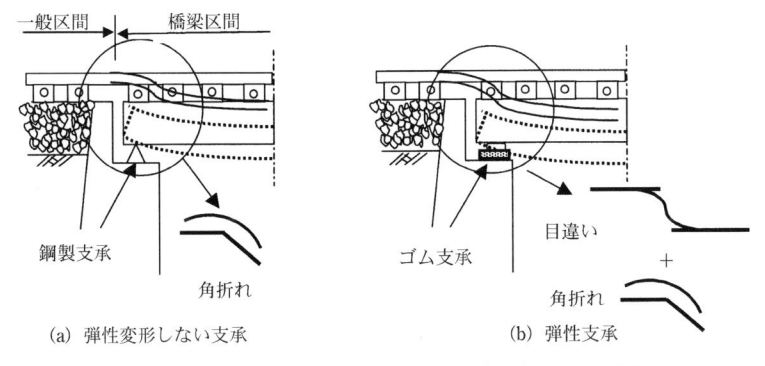

付属資料5　軌道の損傷に係る軌道面の不同変位の検討方法　119

(a) 弾性変形しない支承　　　　　　　　(b) 弾性支承

付属図 5.6　支点部が弾性変形する場合と弾性変形しない場合

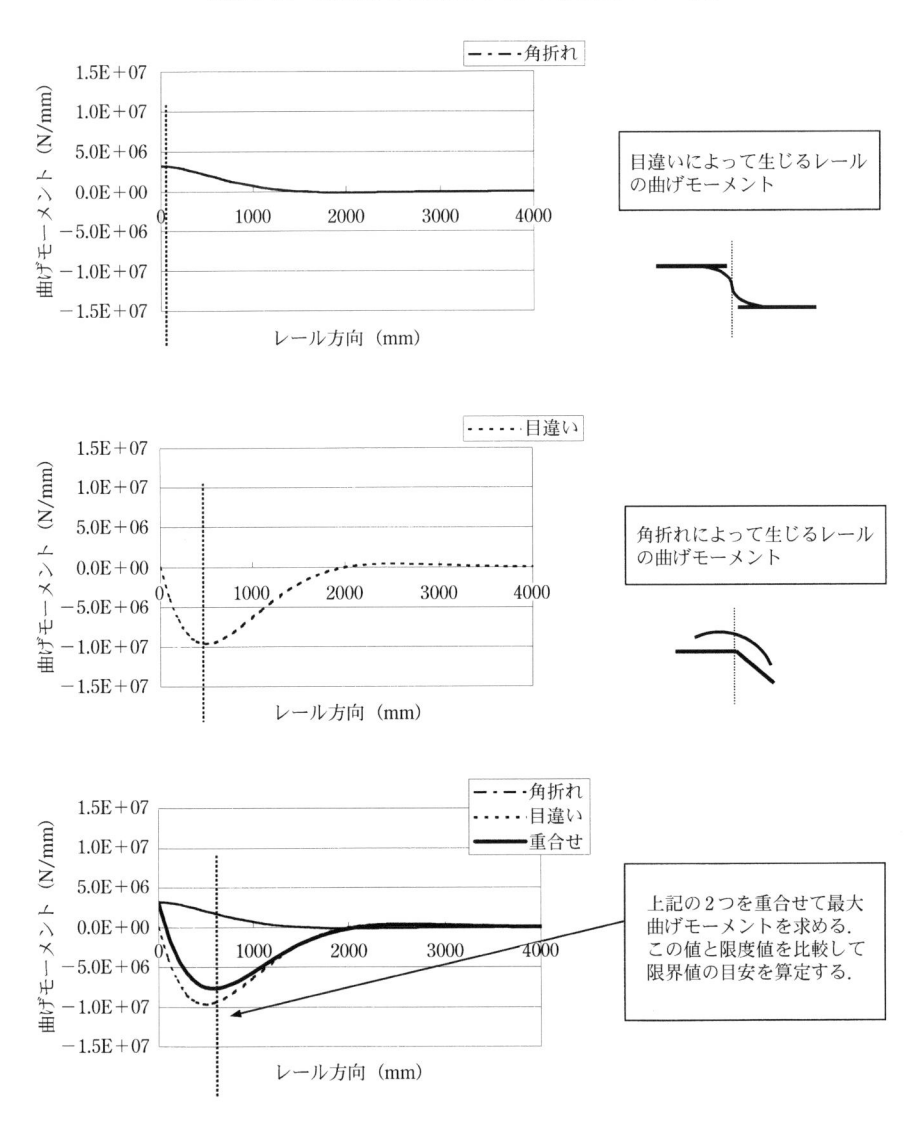

目違いによって生じるレールの曲げモーメント

角折れによって生じるレールの曲げモーメント

上記の2つを重合せて最大曲げモーメントを求める．この値と限度値を比較して限界値の目安を算定する．

（備考：目違いは左右対称のため支点の両側にて検討を行う）

付属図 5.7　目違い，角折れの重ね合わせの例

5. 桁端部に鉛直変位と角折れが同時に生じる場合の軌道面の不同変位の限界値

弾性支承を有する構造物では，桁端部において支点部の鉛直変位により角折れと目違いが同時に生じるようなケースが考えられる．一般に支点部の鉛直変位が1mm以内に収まる場合には，前述の軌道面の不同変位の限界値を定める方法により，角折れおよび目違いに関して別々に検討を行ってもよいが，支点部の鉛直変位が1mmを超える場合には両者による軌道変形によって生じるレール応力等への影響が大きくなるため，これらを同時に考慮した限界値を定める必要がある．ここでは，スラブ軌道とバラスト軌道および弾性まくらぎ直結軌道を対象として，弾性支承上で角折れと目違いが同時に生じる場合について検討することとした．

5.1 桁端部に鉛直変位と角折れが同時に生じる場合の軌道変形

弾性支承を有する構造物における支点部の鉛直変位は，角折れと目違いが同時に生じる現象として置き換えることが出来る．**付属図5.6**に支点部の沈下を考慮した場合と考慮しない場合の模式図を示す．支点部が沈下しない場合には，一般区間から橋梁区間に入る際に角折れが生じる．これに対して，支点部の沈下を考慮すると，桁のたわみに伴う角折れに加えて，支点部の沈下により目違いが生じる．このため，角折れと目違いの発生に伴い生じるレール応力，変位，レール圧力を同位置で足し合わせることにより，鉛直変位と角折れが同時に生じる場合のレール応力，変位，レール圧力を算出することが出来る（**付属図5.7**）．そして，この値を**付属表5.1**に示されている限度値と照らし合わせることにより，限界値の目安を得ることが出来る．なお，軌道モデルは，従来の軌道面の不同変位の検討に用いてきた弾性支承上にレールが梁として連続的に支持されるモデルを適用することとした．

5.2 弾性支承を有する軌道面の不同変位の限界値の目安

軌道種別毎に鉛直方向（レール応力，レール圧力）の限度値から定めた角折れ・目違いの限界値を**付属表5.9**に示す．

付属表5.9 常時における構造物の角折れ・目違いの限界値の目安（弾性支承）

変位の方向	限度レベル	軌道種別	限界状態を与える評価指標 {数値は角折れ（・θ/1000）}								
			レール	50 N レール				60 kg レール			
			目違い (mm)	0	1	2	3	0	1	2	3
鉛直	第2限度	スラブ軌道	レール応力	7.5	7.2	6.6	5.7	7.0	7.0	6.5	5.5
			レール圧力	3.5	2.5	2.0	0.5	3.0	2.0	0.5	―
		バラスト軌道	レール応力	7.5	7.0	6.5	5.5	7.0	7.0	6.5	5.5
								8.0	8.0	7.5	7.0
			レール圧力	6.0	5.0	3.5	2.5	5.5	4.0	2.0	―
								7.0	7.0	4.5	1.0
		弾性まくらぎ直結軌道	レール応力	10.0	9.5	9.5	9.0	9.5	9.0	9.0	8.5
			レール圧力	7.5	7.0	5.0	2.0	6.5	6.0	4.0	―

―：限界値を超えるため，限界値の目安が定められない箇所

参考文献

1) 佐藤裕，平田五十：構造物の変位とスラブ軌道，鉄道技術研究所報告，1972.3．
2) 豊田昌義，相原一男：締結装置からみた直結スラブ構造の許容動的くい違い量，鉄道技術研究所速報，1971.7．（締結装置の疲労限度）
3) 宮本俊光，渡辺偕年：線路工学，山海堂，1980．

付属資料6　鉛直目違いが列車走行性に及ぼす影響

1. はじめに

近年，鋼鉄道橋においてゴム支承の適用事例が増加しつつあり，また鋼橋・コンクリート橋ともLRBをはじめとする様々な支承形式が採用されるようになってきた．こうした弾性支承を用いる場合，その鉛直変位や鋼橋の端横桁のたわみ等により，桁端には鉛直方向の目違いが生じることとなる．この鉛直目違いは，本来，主桁のたわみと連成して列車の走行性に影響を及ぼすものであるが，従来の設計体系では，鉛直目違いと主桁のたわみが同時に生じた場合の影響については考慮されておらず，独立して照査が行われてきた．

そこで本付属資料では，上記のような弾性支承の適用拡大の動向を踏まえ，鉛直目違いと桁のたわみの連成の影響について走行シミュレーション解析を実施し，その影響度を評価することとした[1]．

2. 解析手法

解析には**付属資料2**に示した車両と構造物との動的相互作用解析プログラムDIASTARSを用いた．以下にその概要を示す．

2.1 車両モデル

車両モデルには，**付属図6.1**に示す三次元の1車両モデル（31自由度）を用いた．車両諸元は，定員乗車時に軸重120 kNとなる車両をモデルに設定した．走行安全性については最大積載，乗り心地については定員積載の車両諸元を用いて検討した．

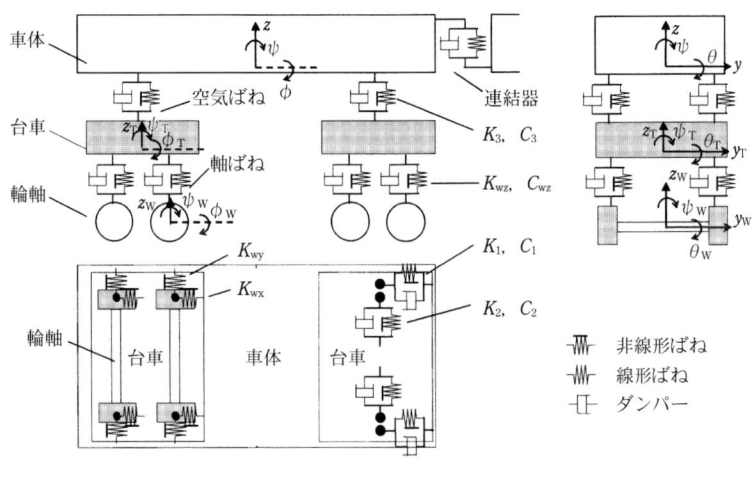

付属図 6.1　車両モデル

2.2 構造物モデル

桁のたわみと鉛直目違いに関して，これらの影響を適切に評価するためのパラメータを想定すると，構造形式，支承剛性，端横桁剛性，主桁剛性，桁連数など，組み合わせる事項は非常に多く，実際には一般化が極めて困難な現象となる．

そこで本付属資料では，より単純化したモデルを仮定しその影響を評価することとした．**付属図 6.2** に構造物モデルの概念図を示す．桁のたわみ形状は，スパン長 L_b を半波長とし，たわみ量 y を片振幅とする振動しない剛な半正弦波としてモデル化した．ただし，桁端部における曲率の不連続部には，桁端前後にレール剛性と支持剛性を考慮した緩衝区間を挿入した．式（1）に桁端角折れの緩和曲線を示す[2),3)]．

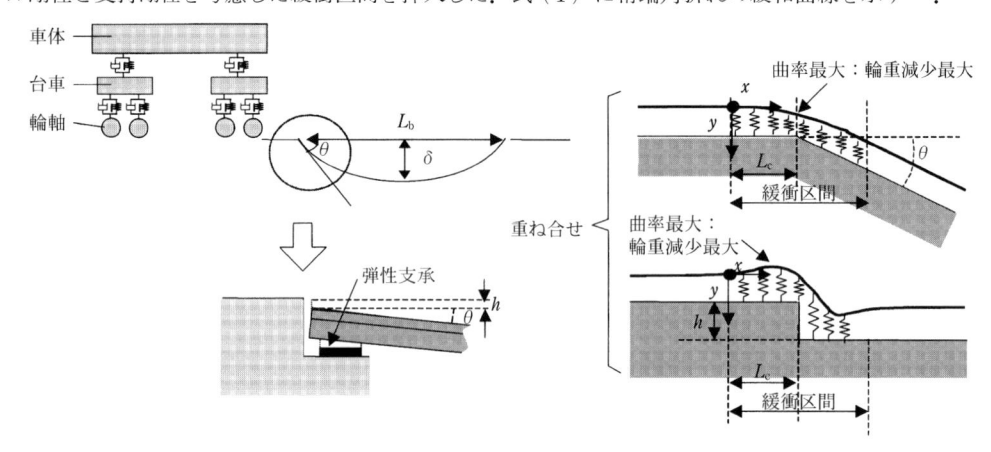

付属図 6.2 構造物モデルの概念図

$$0 \leq x \leq L_c$$
$$y = \frac{\theta}{4\beta} e^{\beta(x-L_c)} \{\cos\beta(x-L_c) + \sin\beta(x-L_c)\}$$
$$L_c < x \leq 2L_c$$
$$y = \frac{\theta}{4\beta} e^{-\beta(x-L_c)} \{\cos\beta(x-L_c) - \sin\beta(x-L_c)\} + \theta(x-L_c) \quad (1)$$

ここに，L_c は緩衝区間の長さ，θ は桁端部の折れ角，x は緩衝区間上の座標である．一方，鉛直目違いについても，従来の目違い解析と同様に，ある一定の変形量に対するレール剛性と支持剛性を考慮した緩和曲線を作成した．式（2）に目違いの緩和曲線を示す[2),3)]．

$$0 \leq x \leq L_c \qquad y = \frac{h}{2} e^{\beta(x-L_c)} \cos(x-L_c)$$
$$L_c < x \leq 2L_c \qquad y = -\frac{h}{2} e^{-\beta(x-L_c)} \cos(x-L_c) + h \quad (2)$$

ここに，L_c は緩衝区間の長さ，h は目違い量，x は緩衝区間上の座標である．これらたわみによる桁端

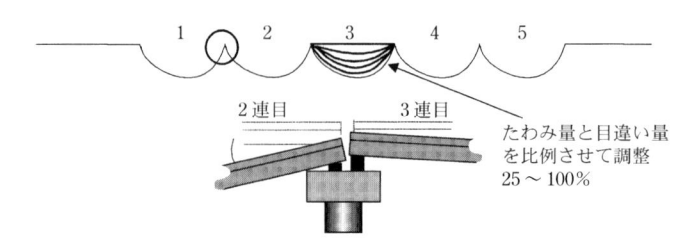

付属図 6.3 複数連の場合の構造物モデルの概念図

角折れと目違いとを重ね合わせて桁上の軌道形状とした．

付属図 6.3 に複数スパンが連続する場合の構造物モデルの概念図について示す．複数スパンが連続する場合には，付属図 6.2 に示した半正弦波を繰り返し用いて線路構造物モデルとした．複数スパンの影響を考える場合，たわみによる桁と桁との境界部の影響についても考慮する必要があるが，複数連スパンの検討を行う場合には，第3スパンのたわみ量，目違い量を4段階に調整して解析することとした．

2.3 評価指標

列車走行性は，走行安全性および乗り心地から定められる．走行安全性は，複線載荷で輪重減少率37％，乗り心地は，国鉄乗り心地基準における乗り心地係数1.5がそれぞれ限界値となる．

3. 解析結果

3.1 単連の桁に関する検討

付属図 6.4 に鉛直目違いが単連の桁の列車走行性に及ぼす影響を示す．単線載荷で列車が走行した場合に生じる実際のたわみ量を参考に，桁のたわみ量を $L_b/3000$ に固定し示した．図中には単連鉛直目違い量 0 mm と 5 連鉛直目違い量 0 mm の解析結果も併記した．図から，走行安全性については単連では目違い量

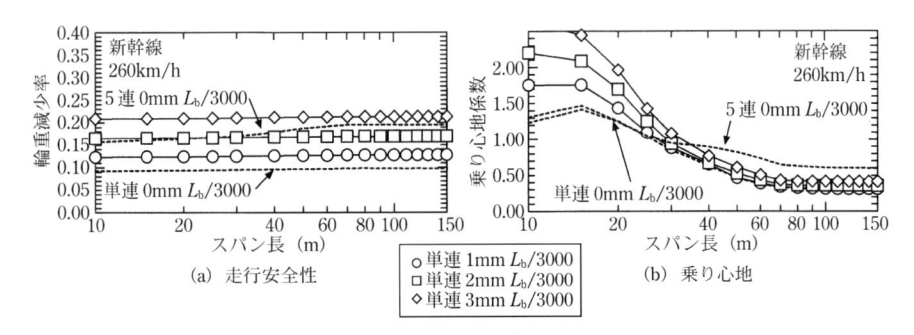

付属図 6.4 鉛直目違いが単連の桁の列車走行性に及ぼす影響

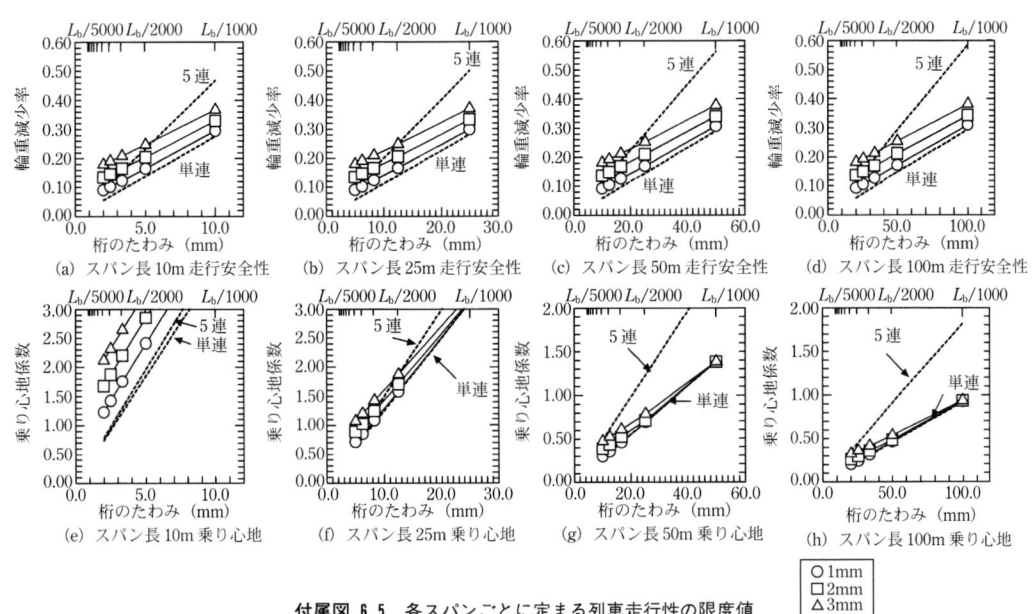

付属図 6.5 各スパンごとに定まる列車走行性の限度値

が2mmになると，応答値が目違い量0mmの2倍となっていることが分かる．また，乗り心地は短スパンの桁で厳しい結果となっている．これは，国鉄乗り心地基準が短スパンの桁の高速走行に対して厳しく設定されていることに起因しているが，加速度の絶対値としては小さい値である．

付属図6.5に各スパン毎に定まる走行安全性および乗り心地の応答値を示す．単連鉛直目違い量0mmと5連鉛直目違い量0mmの解析結果も併記した．同図から分かるように鉛直目違いが生じる桁の列車走行性の限界値は，実際には，鉛直目違い量と桁のたわみ量の2種類のパラメータの組み合わせとして桁のスパン長ごとに定まる．例えば図中において，桁のたわみ応答値と走行安全性の限界値である輪重減少率37%の交点を求めることにより，鉛直目違いの限界値を求めることができる．

3.2 複数連の桁に関する検討

付属図6.6に鉛直目違いが複数連の桁の走行安全性に及ぼす影響を示す．桁と桁との連続部では桁がたわむ時に支承も変形するものとし，第3スパンにおいてたわみ量および変形量を変化させて解析した．解析の結果，目違い量1mmの場合，第3スパンと接しない桁と桁との隣接部を通過する場合の応答が支配的となった．一方，目違い量2mmの輪重減少率の応答値は，5連の目違い量0mmの応答値を超えている．目違い量が2mmの場合は，両側径間の入口と出口の鉛直目違いを通過する場合の応答が支配的であった．また両者とも，第3スパンのたわみ量および鉛直目違い量の組み合わせは解析結果には殆ど影響を及ぼさなかった．なお，乗り心地については付属図6.4同様，短スパン以外影響が見られなかった．

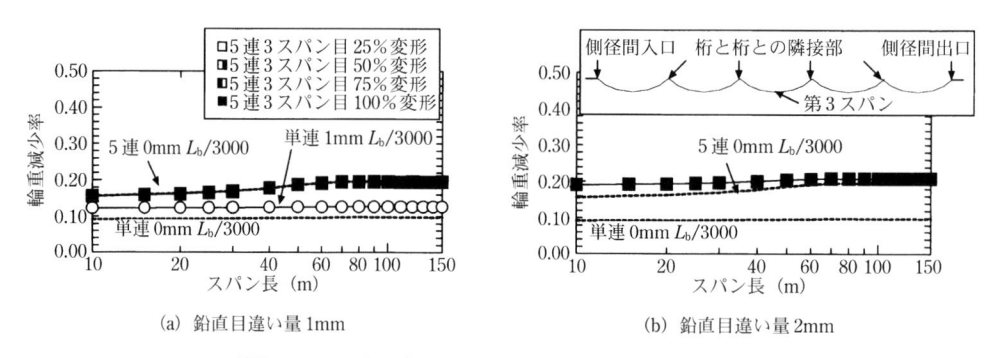

(a) 鉛直目違い量1mm
(b) 鉛直目違い量2mm

付属図 6.6 鉛直目違いが複数連の桁の走行安全性に及ぼす影響

4. 鉛直目違いの照査方法と限界値

鉛直目違いが生じる桁の列車走行性の検討では，構造物全体をモデル化して動的相互作用解析等により照査するのが望ましいが[4]，設計実務としては煩雑となる．よって照査は，従来どおり桁のたわみとその時に生じている鉛直目違いに分けて行うものとし，これに対応する限界値を設定することとした．

設計で用いる限界値については，従来の限界値との整合性に重点をおき，これまでの設計における実績を踏まえて定めた．本付属資料の数値解析結果によれば，鉛直目違いと桁のたわみが同時に存在した場合，限界値が危険側となる場合もあるが，実測による鉛直目違いの実態調査や[5]，実際の軌道管理などにおいて1mm程度の変位であれば調整が容易であることなども考慮して限界値を定めた．

5. まとめ

弾性支承の適用拡大等を踏まえ，鉛直目違いと桁のたわみの連成の影響について走行シミュレーション解析を実施し，その影響度を評価した．本付属資料の結果等を参考に支承形式に応じた照査を行っていく

とよい．

参考文献

1) 曽我部正道, 松本信之, 村田清満, 涌井 一：弾性支承を用いた桁の列車走行性に関する検討：土木学会第 57 回年次学術講演会講演概要集 I -546, 2002．
2) 佐藤吉彦, 三浦 重：走行安全ならびに乗心地を考慮した線路構造物の折角限度, 鉄道技術研究報告, No. 820, 1972.8.
3) 佐藤 裕, 平田五十：構造物の変位とスラブ軌道, 鉄道技術研究報告, No. 801, 1972.
4) 光木 香, 保坂鐵矢, 松浦章夫, 市川篤司, 松尾 仁：ゴム支承を用いた連続合成桁の高速車両走行性に関する研究, 土木学会第 52 回年次学術講演会, 1997．
5) 山口 愼, 谷口 望, 相原修司, 鈴木喜弥：地震時水平力分散構造における列車通過時のゴム支承の圧縮変位に関する検討, I -541, 2005．

付属資料7　地震時の車両運動シミュレーション解析の検証

1. はじめに

地震時のように大きく横方向に振動する軌道上を走行する車両の挙動について検討するためには，車両が大きく変位することを考慮した精度の高いシミュレーション解析が必要である．そこで，地震時の車両運動シミュレーション解析[1]の妥当性を検証するために，実台車を用いた加振試験を実施した．本資料では，実験と解析による走行安全限界を比較した結果を示す[2]．

2. 実台車を用いた加振試験

2.1 概要

付属図7.1に試験体の概要を示す．実験では，振動台上に軌道を敷設し，軌道上に実物の新幹線台車を設置し，その上に実物大半車体に相当する重量を載せた．試験体の総重量は転倒防止用の鋼製枠を含めて350 kNである．

加振条件は主に線路直角方向変位（左右変位）の正弦波加振（左右加振）とし，一定周波数，一定変位振幅で5波入力した．左右変位に上下変位を加えた加振条件（左右＋上下加振）では，左右と上下の振動は位相差を伴った同一周波数で，左右の振幅に対する一定倍率の上下振幅を，左右と上下ともに5波入力するものとした．加振開始・終了時の衝撃を抑えるために入力波形の前後には1波分の緩和形状を挿入した．加振周波数は0.5 Hz～2.0 Hzの範囲で，各周波数に対して小さい振幅から車輪がレールから離れることを確認できるまで，徐々に振幅を増やして実験を行った．

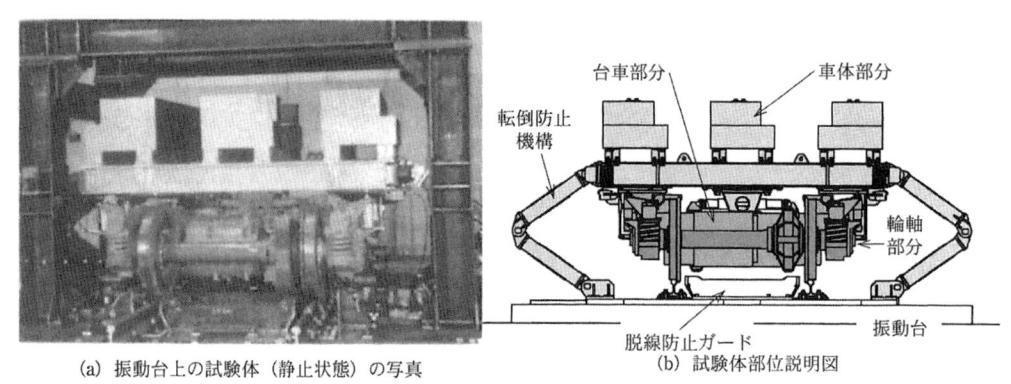

(a) 振動台上の試験体（静止状態）の写真　　(b) 試験体部位説明図

付属図 7.1　実台車を用いた加振試験の試験体の概要

2.2 加振試験結果

加振試験では，車輪がレールから確実に離れたことを確認できる指標として，車輪が中正位置から3 mm

以上上昇したときに入力された振動台の変位の片振幅を安全限界振幅とした．**付属図7.2**は，横軸の加振周波数と縦軸の安全限界振幅について車両の安全限界を超えた点を結んだ安全限界線を示したものである．**付属図7.2**の"左右加振"とは，左右方向の正弦波5波を入力した結果であり，"左右＋上下加振"とは，左右方向の加振振幅の15％の上下振幅を同一周波数で，"左右加振"に対し位相差90度の遅れで入力したときの結果である．**付属図7.2**から，加振周波数に対する安全限界振幅は"左右加振"と"左右＋上下加振"で顕著な差がなく，安全限界は大振幅の左右振動により決まることが分かる．

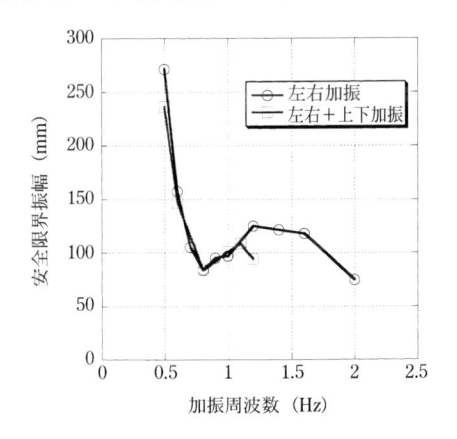

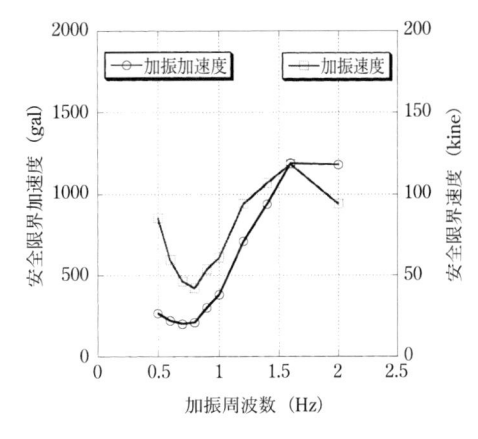

(a) 縦軸変位表示：左右加振，左右＋上下加振　　(b) 縦軸加速度・速度表示：左右加振

付属図 7.2　実台車を用いた加振試験による安全限界線

3. シミュレーション解析との比較

試験体および試験条件に合わせた半車両のモデルを用いてシミュレーション解析を行った．**付属図7.2**に示した加振試験結果による安全限界と同様に，シミュレーション解析では車輪上昇量3mmを目安とし，各加振周波数に対してその目安値を超える加振振幅を5mm刻みで探索して安全限界を求めた．シミュレーション解析による安全限界振幅を，前出の"左右加振"の実験結果とともに**付属図7.3**に示す．図中の破線がシミュレーション解析による安全限界線であり，実験結果と良く一致していることが確認できる．

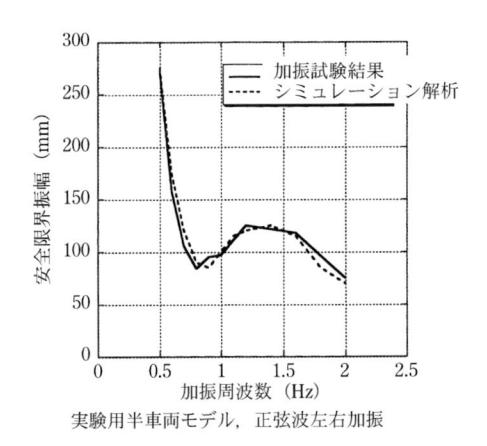

実験用半車両モデル，正弦波左右加振

付属図 7.3　加振試験とシミュレーション解析による安全限界線の比較

5. まとめ

車両運動シミュレーション解析の妥当性を検証するために，実台車を用いた加振試験を実施した．解析による安全限界線は実験結果とほぼ一致しており，シミュレーション解析の妥当性を確認することができた．

参考文献

1) 宮本岳史, 石田弘明, 松尾雅樹：地震時の鉄道車両の挙動解析, 日本機械学会論文集(C編), Vol.64, No.626, pp.236-243, 1998.10.
2) 宮本岳史, 松本信之, 曽我部正道, 石田弘明, 松尾雅樹：大変位軌道振動による実物大鉄道車両の加振実験, 日本機械学会論文集（C編）, Vol.71, No.706, pp.1849-1855, 2005.6.

付属資料8 車両運動シミュレーション解析による走行安全限界の設定

1. はじめに

　地震動によって大きく加振される軌道上の車両の挙動は加振周波数による影響を受ける．そのため，「鉄道構造物等設計標準・同解説（耐震設計）」[1]（以下，耐震設計標準）では，1車両モデルを用いたシミュレーション解析により正弦波振動に対する走行安全限界を求め，これをもとに地震動によって生じる軌道面の振動変位量の限界値を定めている．

　本資料では，耐震設計標準と同様に，車両運動シミュレーション解析により正弦波加振に対する走行安全限界を求めた[2]．また，走行安全性を改善するための基礎資料を得ることを目的に，車両諸元が走行安全限界に与える影響について検討した．さらに，実際の地震波はランダム波であり，車両の応答は正弦波に対するものとは異なることが考えられるため，地震波に対する走行安全限界について検討した．

2. 正弦波加振に対する走行安全限界

2.1 解析条件

（1） 車両と軌道のモデル化

　高速新幹線車両（ボルスタレス台車）が軌道狂いのない直線区間を一定速度で走行中に次に示す振動を受けるものとした．レールの支持剛性は，「**付属資料7** 地震時の車両運動シミュレーション解析の検証」に示した実台車を用いた加振試験[3]で得られた特性を用いた．

（2） 振動入力

　加振方法は，左右・上下方向の正弦波振動変位をレール下の路盤に入力し，ばね，ダンパを介してレールに加振力が伝わるモデルとした．左右と上下方向の振動は位相差を伴った同一周波数で，左右の振幅に対する一定倍率の上下振幅を，左右と上下の振動ともに5波入力した．左右方向と上下方向の振動の位相は上下方向を90度遅れとした．また，加振開始時と終了時の衝撃的な振動加速度の発生を抑制するため，正弦波の最初と最後に緩和形状の変位を挿入した．

（3） 走行安全限界の判定基準

　一般に鉄道車両の走行安全限界の判定基準としては，これまで脱線係数，輪重減少率，輪重，横圧などの車輪・レール間作用力をもとにした指標を用いてきた．しかし，地震時に脱線に至るような状態では，車輪がレールから離れて，再びレール上に戻る場合もあるので，本標準では地震時の車両の走行安全限界は，車輪・レールの相対左右変位（車輪踏面中心とレール中心との距離）により判定することとし，静止時の車輪の中正位置から±70 mm以上の変位を生じたときを限界とした．このときの車輪とレールの位置関係は**付属図8.1**に示すように，車輪がレールから外れて落ちる直前の状態を表している．

2.2 正弦波に対する走行安全限界

前節の解析条件の下で求めた正弦波に対する走行安全限界線図を**付属図 8.2**に示す．**付属図 8.2**は，横軸に軌道の加振周波数を縦軸に左右振動の加振振幅をとり，各加振周波数毎に加振振幅を5mm単位で大きくしながらシミュレーション解析を繰り返し実行して，**付属図 8.1**に示した走行安全限界の判定基準に照らした限界をプロットしたものである．

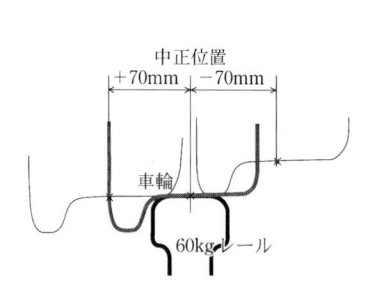

付属図 8.1 走行安全限界の判定基準

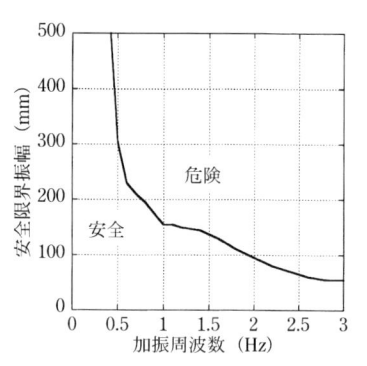

付属図 8.2 走行安全限界線（シミュレーション）

高速新幹線車両300km/h，正弦波左右加振

2.3 車両諸元の影響

付属図 8.2に示した走行安全限界に対し，車両諸元が与える影響を検討した結果を**付属図 8.3**に示す．この**付属図 8.3**から**付属表 8.1**に示すことが分かる．

付属表 8.1に示すように，車両諸元を変化させることで車両の走行安全限界が向上する場合がある．ただし，どれも加振周波数全域に渡って一律に安全性を高めるものではなく，周波数帯ごとにその効果は異なる．

ここに示した検討結果は，車両諸元の影響としてすべてを網羅している訳ではないが，地震時の走行安全性をさらに高めるうえで，このような車両側の対応策についても，今後，検討を進めることが重要と考えられる．なお，これらの車両側の対応策は，その実現性や通常走行時の車両性能との両立を十分考慮したものでなければならない．

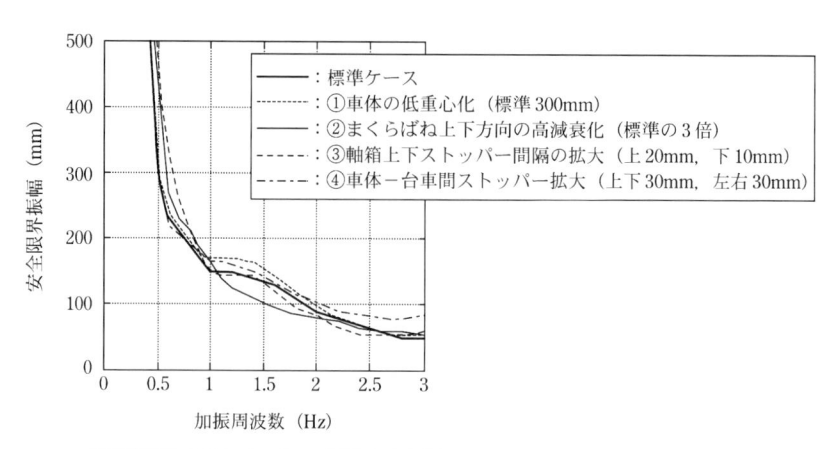

高速新幹線車両300km/h，正弦波左右加振

付属図 8.3 走行安全限界における車両諸元の影響

付属資料 8　車両運動シミュレーション解析による走行安全限界の設定

付属表 8.1　車両諸元の違いによる走行安全限界への影響

着目点	設定条件	走行安全限界への影響
①車体の低重心化	標準ケース−300 mm	加振周波数 0.9 Hz 以下で走行安全限界を向上する効果がある．
②まくらばね上下方向の高減衰化	標準ケースの3倍	加振周波数 1.1 Hz 以下で走行安全限界が向上する効果がある．ただし，高い周波数域では走行安全限界が低下している．
③軸箱上下ストッパー間隔の拡大	上 20 mm，下 10 mm	加振周波数 0.6 Hz〜2.2 Hz で走行安全限界が向上する効果がある．
④車体−台車間ストッパー間隔の拡大	上下 30 mm，左右 30 mm	加振周波数 0.9 Hz 以上で走行安全限界が向上する効果がある．

3. 地震波に対する走行安全限界

3.1 地震波による構造物の応答

　地震波を受けた鉄道構造物上を車両が走行する際の安全性を評価することを目的に，シミュレーション解析入力用の構造物の応答波を作成した．構造物の応答波の算出には，**付属表 8.2** に示すように，さまざまな特性を持つ 11 種の地表面地震波を用いた．この各地表面地震波の最大振幅は同一でないため，それらの最大値が 100 gal となるように振幅倍率を乗じて基準化した波を構造物の入力加速度波とした．次に，構造物を 1 質点系とみなし，構造物の等価固有周期をパラメーターとして絶対加速度地震波に対する絶対応答加速度波を求めた．このとき構造物の減衰定数 $h=0.05$ を用いた．この基準化加速度波による構造物の絶対応答加速度を 0.1 Hz のハイパスフィルターを通し，数値積分することで，構造物上で線路直角方向の絶対変位波を求め，これをシミュレーション解析入力用の構造物の応答波とした．

付属表 8.2　走行安全限界の検討に用いた地震波の特徴

地震名称	波形名称	選定理由
釧路沖地震	釧路気象台 NS 釧路気象台 EW	深い地震，大振幅で継続時間が長い，短周期成分が卓越
北海道東方沖地震	浦河 EW 浦河 NS	大地震＋遠方
兵庫県南部地震	神戸海洋気象台 NS 神戸海洋気象台 EW	断層近傍の地震，大振幅で継続時間が短く，1 sec 付近の波が卓越，速度が大きい （＝構造物や車両の運動に大きな影響を及ぼす周期帯域）
台湾集集地震	台中県 TCU 068	断層近傍の地震，大速度パルス波，3〜5 sec 付近の波が卓越，速度が大きい
L1 耐震設計波	L1, G3 地盤	L1 地震動，普通地盤
L1 耐震設計波	L1, G5 地盤	L1 地震動，軟弱地盤
L2 耐震設計波	L2, スペクトルI, G3 地盤	L2 海溝型地震動，普通地盤
L2 耐震設計波	L2, スペクトルII, G3 地盤	L2 直下型地震動，普通地盤

3.2 走行安全限界の設定

　前節で求めた構造物の応答波は，地表面における最大振幅 100 gal 相当の地震動によるものである．シミュレーション解析では，この構造物の応答波をレール支持面で左右方向に入力し，振幅を 10% ずつ大きくしながら，走行安全限界を超過する振幅倍率（安全限界超過倍率）の前の値を，この地震波に対する安全限界倍率（＝安全限界超過倍率−10%）と定義する．なお，シミュレーション解析モデルは正弦波加振に対する走行安全限界を算出した際と同じものであり，走行安全限界の判定基準として車輪・レールの左右

相対変位70 mm を用いた．

11種類の代表的な地震波（付属表8.2）に対する安全限界倍率を構造物の等価固有周期 0.5～2.0 sec の間で求めたものを付属図8.4 に示す．これらの地震波は，震源特性，震源距離，伝播特性および地盤種別などによって振幅や位相特性が大きく違うものである．

付属図8.5 は，11種類の地震波に対する走行安全限界線図として，構造物の等価固有周期（横軸）に対する走行安全限界における最大変位（縦軸）を示す．この走行安全限界における最大変位とは，車輪・レールの左右相対変位70 mm に達した時間＋1.0 sec までの間の入力波の最大変位である．

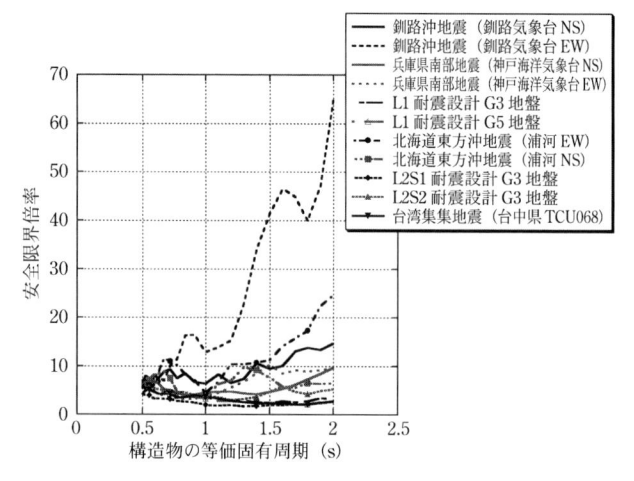

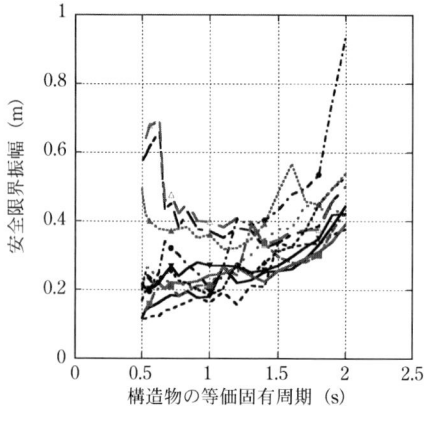

高速新幹線車両300km/h，左右加振

付属図 8.4 地震波安全限界倍率

高速新幹線車両300km/h，左右加振

付属図 8.5 地震波安全限界振幅

4. まとめ

地震時の列車走行性に係る構造物の変位を照査する際には，走行安全限界から定まる構造物の振動変位を設定する必要がある．本資料では，シミュレーション解析を用いて正弦波加振に対する走行安全限界を求め，車両諸元が走行安全限界に及ぼす影響について検討した．さらに，地震波に対する走行安全限界を求めた．

参考文献

1) 鉄道総合技術研究所編：鉄道構造物等設計標準・同解説（耐震設計），丸善，1999.10．
2) 宮本岳史，石田弘明，松尾雅樹：地震時の鉄道車両の挙動解析（上下，左右に振動する軌道上の車両運動シミュレーション），日本機械学会論文集（C編），64巻626号，pp.236-243，1998.10．
3) 宮本岳史，松本信之，曽我部正道，石田弘明，松尾雅樹：大変位軌道振動による実物大鉄道車両の加振実験，日本機械学会論文集（C編），Vol.71, No.706, pp.1849-1855, 2005.6．

付属資料9　スペクトル強度 SI および限界スペクトル強度 SI_L について

1. はじめに

「鉄道構造物等設計標準・同解説（耐震設計）」では地震時の横方向の振動変位に対する照査にスペクトル強度 SI（Spectra Intensity）を用いている．本標準においても，エネルギー的な観点からスペクトル強度 SI を用いることが妥当と判断した[1),2),3)] ため，これを照査指標として用いることとした．

本資料では，スペクトル強度 SI による照査方法と限界スペクトル強度 SI_L の作成過程について説明する．

2. スペクトル強度 SI による横方向の振動変位の照査法

ここでは，地震時の横方向の振動変位に対するスペクトル強度 SI（応答値）の算定方法およびこれを用いた照査方法について示す（**付属図 9.1**）．

スペクトル強度 SI の応答値の算定方法は，次のとおりである．まず地表面地震動を対象構造物に入力して，等価固有周期 T_{eq} を持つ構造物天端の加速度の応答波を求める．次に，この加速度の応答波による速度応答スペクトルを求め，その応答速度の周期成分を積分してスペクトル強度 SI を求める．

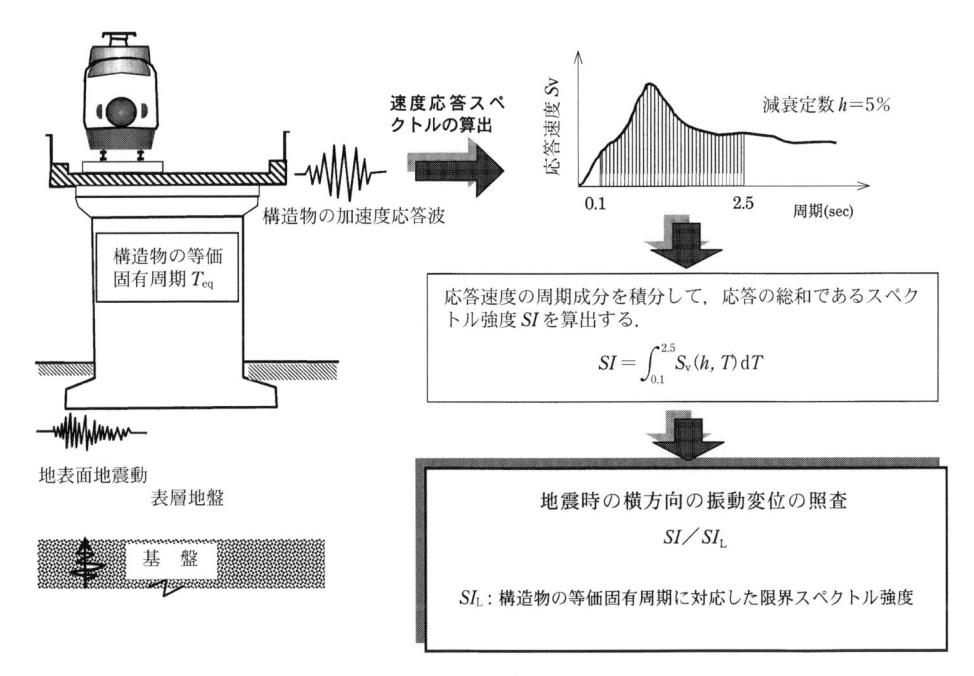

$$SI = \int_{0.1}^{2.5} S_v(h, T)\,dT$$

地震時の横方向の振動変位の照査
SI / SI_L

SI_L：構造物の等価固有周期に対応した限界スペクトル強度

付属図 9.1　スペクトル強度 SI による照査フロー

照査方法は，算定したスペクトル強度 SI と，等価固有周期 T_{eq} に対応した限界スペクトル強度 SI_L を比較することにより行う．

3. 限界スペクトル強度 SI_L の作成

3.1 作成プロセス

本標準に規定する限界スペクトル強度 SI_L の作成プロセスを**付属図 9.2** に示す．この限界スペクトル強度 SI_L の値は，地震動に対する構造物の応答波を用いた車両運動シミュレーション解析から得られたもので，車両の走行安全限界に基づいたものである．

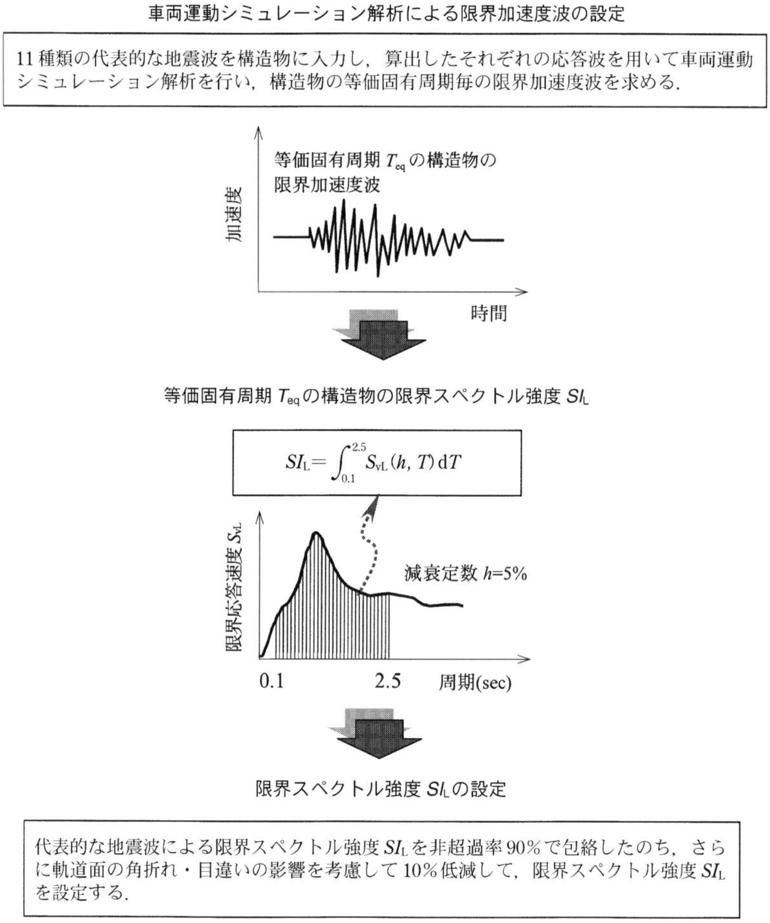

車両運動シミュレーション解析による限界加速度波の設定

11 種類の代表的な地震波を構造物に入力し，算出したそれぞれの応答波を用いて車両運動シミュレーション解析を行い，構造物の等価固有周期毎の限界加速度波を求める．

等価固有周期 T_{eq} の構造物の限界加速度波

加速度 / 時間

等価固有周期 T_{eq} の構造物の限界スペクトル強度 SI_L

$$SI_L = \int_{0.1}^{2.5} S_{vL}(h, T)\,dT$$

限界応答速度 S_{vL} / 減衰定数 $h=5\%$ / 0.1 2.5 周期(sec)

限界スペクトル強度 SI_L の設定

代表的な地震波による限界スペクトル強度 SI_L を非超過率 90% で包絡したのち，さらに軌道面の角折れ・目違いの影響を考慮して 10% 低減して，限界スペクトル強度 SI_L を設定する．

付属図 9.2 限界スペクトル強度 SI_L の作成プロセス

3.2 限界スペクトル強度 SI_L

「**付属資料 8** 車両運動シミュレーション解析による走行安全限界の設定」の 11 種類の代表的な地震波による走行安全限界変位に基づき，**付属図 9.2** で示したプロセスにより求めた構造物の等価固有周期と限界スペクトル強度 SI_L の関係を**付属図 9.3** に示す．また，地震時の走行安全性に係る変位の照査に用いる限界スペクトル強度 SI_L は，これらの計算結果に対し非超過率 90% の限界線を求めたうえ，レールの角折れ・目違いの影響を考慮して，さらに 10% 低減したものを包絡して求めている．

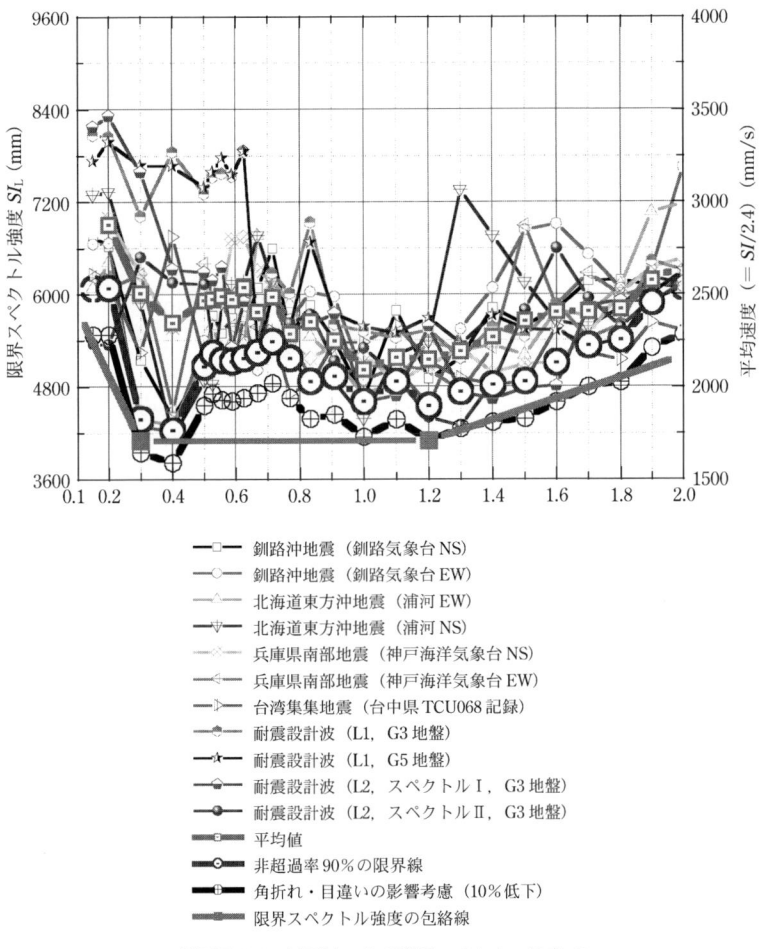

付属図 9.3 地震波による限界スペクトル強度 SI_L

4. まとめ

　地震時の横方向の振動変位に対するスペクトル強度 SI の応答値の算定方法およびこれを用いた照査方法について示した．また，11 種類の代表的な地震波を用いた車両運動シミュレーション解析結果に基づき限界スペクトル強度 SI_L を算出した．これらの計算結果に対し非超過率 90% の限界線を求めたうえ，レールの角折れ・目違いの影響を考慮して，地震時の走行安全性に係る変位の照査に用いる限界スペクトル強度 SI_L を求めた．

参考文献

1) 羅休：スペクトル強度による地震時列車走行性の簡便照査法, 鉄道総研報告, Vol. 16, No. 3, pp. 31–36, 2002.3.
2) Luo Xiu: A Practical Methodology for Running Safety Assessment of Trains during Earthquakes Based on Spectral Intensity, Proc. of the IABSE Symposium Antwerp 2003, "Structures for High Speed Railway Transportation", CD-ROM (Outline pp. 322–323), Belgium, 2003.8.
3) Luo Xiu: Study on Methodology for Running Safety Assessment of Trains in Seismic Design of Railway Structures, *J. Soil Dynamics and Earthquake Engineering*, Elsevier Science Ltd., Vol. 25, No. 2, pp. 79–91, 2005.2.

付属資料10　構造物の非線形性を考慮した地震時走行安全性

1. はじめに

本標準では，地震時の走行安全性に係る変位の照査は，L1地震動を用いて行うため，構造物は線形挙動をすることを前提としているが，より大きな地震動に対する検討を行う場合，構造物が非線形化することを考慮する必要がある．このような場合における構造物上の車両の走行安全性への影響を検討するために，DIASTARSを用いて構造要素（ばね要素）に**付属図10.1**に示すような履歴非線形性（標準トリリニア形）を考慮して走行性解析を行った．

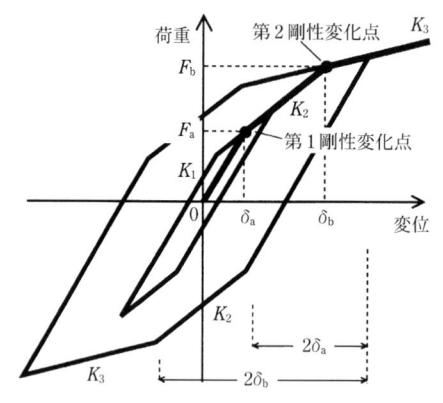

付属図 10.1　標準トリリニア形の履歴曲線モデル

2. 解析方法

付属図10.2に地震動に対する走行性解析のモデルの概念図を示す．構造物モデルとしては，上部構造を1要素の梁要素でモデル化し，この両端を橋脚をモデルとしたばね要素で支えるもので，ばね要素の第1剛性 K_1 を変化させて目的とする構造物の固有周期 T を得ている．

入力地震動としてL1設計地震動（G0地盤用）の波形を用い，その加速度振幅を変化させて両端の橋脚

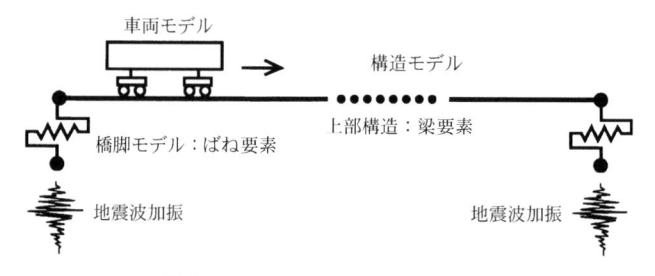

付属図 10.2　地震動に対する解析モデル

(a) 設計地震動全体の時刻歴波形

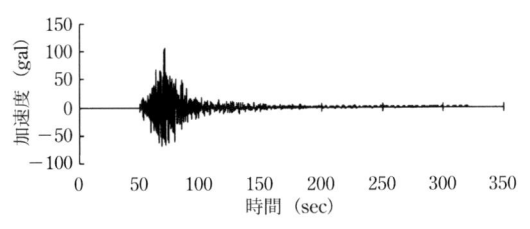

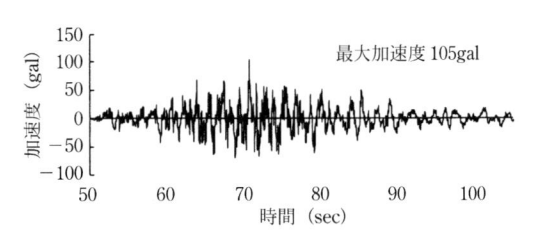

(b) 走行性解析に用いた主要動部分の時刻歴波形

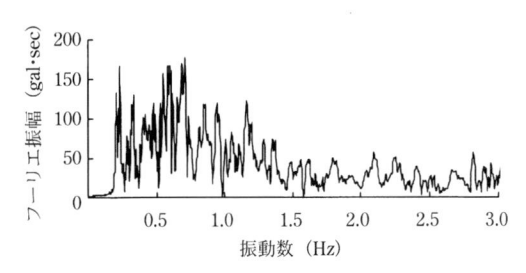

(c) 設計地震動全体のフーリエスペクトル

付属図 10.3 入力地震動の時刻歴波形とフーリエスペクトル

付属表 10.1 構造モデルの諸元

項目	線形モデル	非線形モデル	
	モデル A	モデル B	モデル C
第1剛性 K_1	$4\pi^2 M/T^2$ (M：上部構造質量，T：固有周期)		
K_2	—	$0.2K_1$	
K_3	—	$0.05K_1$	
降伏耐力 F_a	—	$0.4Mg$	$0.3Mg$
F_b	—	$1.2F_a$	
減衰定数 h	0.05		

基礎部に同位相で入力している．**付属図 10.3** に用いた設計地震動の時刻歴波形およびフーリエスペクトルを示す．また，橋脚モデルの非線形特性については，RC構造物の荷重-変位関係を参考に**付属表 10.1** に示すように設定した．減衰定数 h は 0.05 とした．

3. 解析結果

橋梁基礎部への入力加速度を変化させた場合の，車輪上昇量の推移を構造物の固有周期 0.5, 1.0, 2.0 秒を例として**付属図 10.4** に示す．

付属図 10.4 から，構造物の固有周期 T が 0.5 秒の場合は，非線形モデル（モデル B，C）の方が車輪上昇を開始する入力加速度が大きくなることが分かる．次に，T が 1.0 秒の場合は，線形モデル（モデル A）とモデル B では，車輪上昇を開始する入力加速度はほぼ同じであるが，車輪上昇の度合いが異なること，モデル C では車輪上昇開始加速度が大きくなるとともにその度合いが小さくなることが分かる．また，T が 2.0 秒の場合は，車輪上昇を開始する入力加速度はほぼ同じであるが，モデル C では上昇度合いがかなり低下することが分かる．

車輪上昇量 25 mm を目安として，3つのモデルによる構造物の固有周期と入力加速度（地表面加速度）

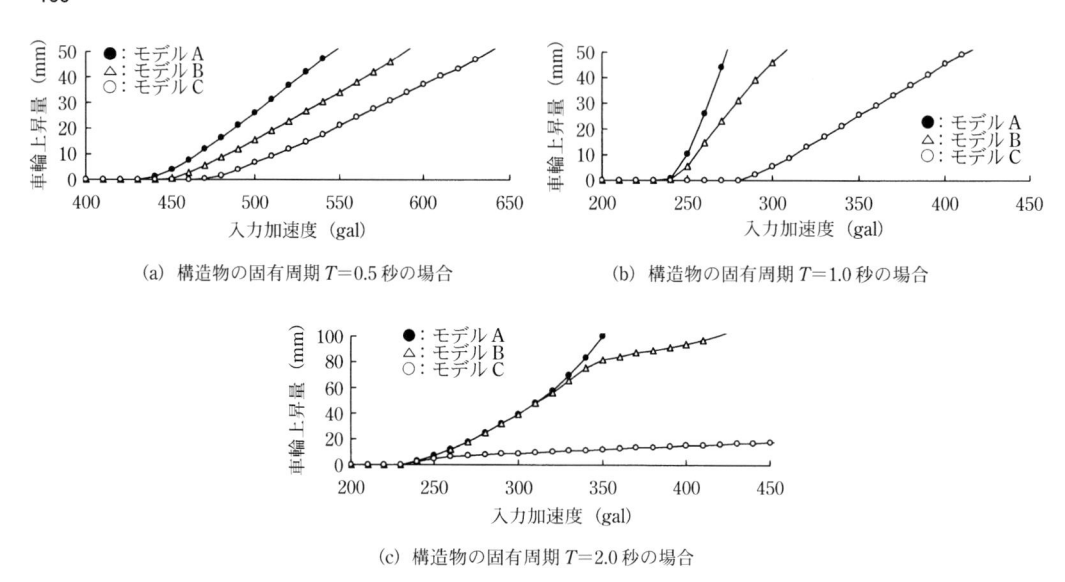

(a) 構造物の固有周期 $T=0.5$ 秒の場合

(b) 構造物の固有周期 $T=1.0$ 秒の場合

(c) 構造物の固有周期 $T=2.0$ 秒の場合

付属図 10.4 最大入力加速度と車輪上昇量との関係

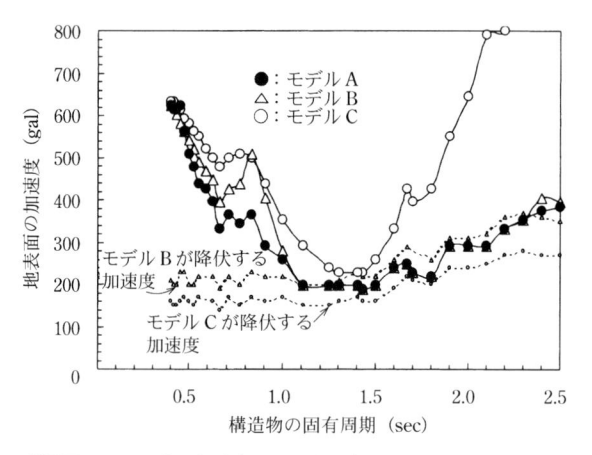

付属図 10.5 地表面加速度でみた走行安全限界曲線に対する構造物の非線形性の影響

との関係を用いた走行安全限界曲線を**付属図 10.5** に示す．また，**付属図 10.5** には，モデル B および C が降伏する時の地表面加速度も参考に示している．

　付属図 10.5 から，モデル B においては，固有周期 T が 1.1 秒以上では線形モデル（モデル A）上の走行安全限界に至るまで構造物の降伏が生じないので，限界値はモデル A と同じである．しかし，T が 1.1 秒以下では構造物が非線形化することにより限界値の上昇が認められる．また，モデル C においては，全周期領域で線形モデル上の走行安全限界に至る以前に構造物の降伏が生じるため，走行安全限界曲線が総じて上昇することが認められる．このように構造物が非線形化することにより走行安全限界に達する地表面の加速度が高まることが分かる．

　これらから，構造物が非線形化する場合においても，線形モデルから得られる走行安全限界曲線を用いることにより，安全側の設計限界値が定められるものと考えられる．

4. まとめ

地震動により構造物が非線形化する場合において，その構造物上の車両の走行安全限界はどのように変化するのかを検討するために，DIASTARSを用いて構造物の履歴非線形性を考慮して走行性解析を行った．この結果，構造物が非線形化しても走行安全限界に達する地表面の加速度は低下しないことが分かり，構造物が非線形化する場合においても，線形モデルから得られる走行安全限界曲線を用いることにより，安全側の設計限界値が定められることが得られた．

参考文献

松本信之，曽我部正道，涌井一，田辺誠：構造物上の車両の地震時走行性に関する検討，鉄道総研報告，第17巻，第9号，pp. 33-38，2003.9.

付属資料11 地震時における軌道面の不同変位の応答値の算定法

1. はじめに

地震時における軌道面の不同変位の照査は，構造物境界に生じる角折れおよび目違いに対して行う．このためには，L1地震動による構造物の変位量を算定する必要がある．この構造物の変位量は，地盤種別，基礎および構造物の剛性や質量分布等を勘案して算定しなければならない．また，地盤変位は構造物の変位量の算定に影響するが，地盤種別によってこの影響を考慮する場合と考慮しない場合がある．それぞれの場合について，構造物の角折れおよび目違いの算定法を以下に示す．

なお，構造物境界に生じる角折れおよび目違い量の算定については，現状では未解明な部分も残されており，今後の研究の進展が期待されるところであるが，本資料では従来から用いられている応答値の算定方法を概ね踏襲した．

2. 地盤変位を考慮しない場合（地盤種別 G0～G3）

普通地盤における構造物の変位は，比較的柔な構造物（構造物の等価固有周期が0.5秒以上）で，かつ隣接する構造物の形式や高さ，あるいは支持地盤の強度などが異なる場合について検討すればよい．

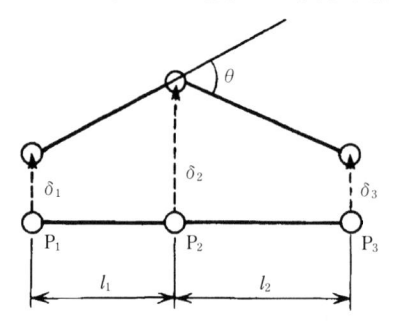

付属図 11.1 位相差を考慮した角折れ

付属図11.1に示すように地震時慣性力によって生じる軌道面における線路直角方向の目違いおよび角折れは，隣接する構造物の固有周期の違いによって生じる位相差を考慮して算定する．一般に角折れの算出は式（1）によってよい．

$$\theta = \frac{\delta_2 - \delta_1}{l_1} + \frac{\delta_2 - \delta_3}{l_2} \tag{1}$$

ここに，θ：角折れ
δ_1, δ_2, δ_3：P_1, P_2, P_3 橋脚の変位量
l_1, l_2：スパン

δ_1, δ_2, δ_3 は次のように考える．T_E なる卓越周期をもつ正弦波地震動が構造物に入力されたとき，橋脚 P_i の地震動に対する位相角 φ_i は次式で与えられる．

$$\varphi_i = \tan^{-1} \frac{2h_i(T_i/T_E)}{1-(T_i/T_E)^2} \quad \text{ただし,}\ 0 \leq \varphi_i \leq \pi \tag{2}$$

ここに，T_i：橋脚 P_i の等価固有周期 (s)

h_i：橋脚 P_i の減衰定数

このときの橋脚 P_2 と P_1，P_2 と P_3 の位相角の差は，$\varphi_2-\varphi_1$，$\varphi_2-\varphi_3$ で与えられる．したがって，δ_1，δ_2，δ_3 は式（3）のように計算される．

$$\left. \begin{array}{l} \delta_1 = a_1 \delta_{s1} \\ \delta_2 = \delta_{s2} \\ \delta_3 = a_2 \delta_{s3} \end{array} \right\} \tag{3}$$

ここに，

$$a_1 = \cos(\varphi_2 - \varphi_1)$$
$$a_2 = \cos(\varphi_2 - \varphi_3)$$

δ_{s1}，δ_{s2}，δ_{s3}：各橋脚毎に算出した軌道面における構造物の変位量

実際の地震動は正弦波地震動ではないので，厳密な意味では上記の考え方は成り立たないが，設計上，卓越周期で振動する正弦波地震動と考えるものとした．この場合の卓越周期 T_E は，0.3～0.7 秒の範囲の中で，角折れが最も大きくなる値を選ぶものとする．

また，この場合の構造物の減衰定数 h は 0.1 としてよい．T_i/T_E に対する位相角の関係を**付属図 11.2** に示す．

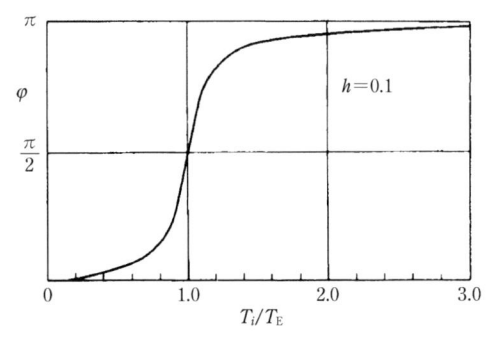

付属図 11.2 位相角

なお，橋脚間の位相差が小さく，δ_2 と δ_1，δ_3 の差が小さい場合でも少なくとも $\delta_2 = \delta_{s2}/2$，$\delta_1 = \delta_3 = 0$ として，角折れの検討を行うこととする．

3. 地盤変位を考慮する場合（地盤種別 G 4～G 7）

3.1 角折れ算定の基本的な考え方

軟弱地盤における地震時の軌道面の不同変位の照査は，比較的剛な構造物で，地盤変位を考慮した基礎の変位量が 25 mm 以下のものを除き，一般に必要となる．

軌道面の不同変位の照査は，地震時慣性力および地盤変位によって生じる軌道面における線路直角方向の角折れおよび目違いについて行うものとし，地表面における地震動の波長を考慮して応答値を算出する．その場合の地震動の波長と構造物変位量の算出方法を次に示す．

なお，地盤変位（波長）を考慮した場合の角折れおよび目違い量の算定では，本来は波長と慣性力の連成を考慮して算定するべきである．しかし，波長の算定方法や，波長と慣性力の連成の評価方法などは，

未解明な部分が多く，現在，研究が進められている段階である．このような状況に鑑み，従来からの設計体系を踏襲しつつ，実務設計での利便性を勘案して，波長による不同変位と慣性力による不同変位を独立に評価して，両者の和として簡易に算定することとした．

角折れ θ は，地盤変位によって生じる軌道面における線路直角方向の角折れ θ_g と慣性力によって生じる軌道面における線路直角方向の角折れ θ_s の合計とする（角折れ $\theta = \theta_g + \theta_s$）．

地盤変位によって生じる軌道面における線路直角方向の角折れ θ_g は，地表面における地震動の波長 L を考慮して算出する．

慣性力によって生じる軌道面における線路直角方向の角折れ θ_s は，前章で示した地盤変位を考慮しない場合と同様に，隣接する構造物の固有周期の違いによって生じる位相差を考慮して算出する．

3.2 地震動の波長

表層地盤の地表面における地震動の波長 L は，表層地盤および基盤の特性を考慮して式（4）によって算定する．

$$L = \frac{2L_1 L_2}{L_1 + L_2} \quad (4)$$

L_1：表層地盤のせん断弾性波の波長（m）（$L_1 = T'_g v_{sd}$）

L_2：基盤層のせん断弾性波の波長（m）（$L_2 = T'_g v_{s0db}$）

v_{sd}：表層地盤の設計せん断弾性波速度（m/s）

v_{sd} は「鉄道構造物等設計標準（耐震設計），4.3 土質諸定数の設計用値」の設計初期せん断弾性波速度 v_{s0d} に低減係数 α_g を乗じた値である．α_g は「鉄道構造物等設計標準（耐震設計），解説表5.7.2」に示す．

v_{s0db}：基盤面の設計初期せん断弾性波速度（m/s）

T'_g：剛性低減を考慮した表層地盤の固有周期（s）（$T'_g = T_g / \alpha_g$）

式（5）に示す波長は表層地盤および基盤層を進行する波が表層地盤の固有周期に等しい時間に進行するそれぞれの距離の調和平均を取ったものである．

「鉄道構造物等設計標準（耐震設計），6.4.2 地盤変位の算定」に示すB地盤における v_{sd} の値は，「鉄道構造物等設計標準（耐震設計），4.3 土質諸定数の設計用値」で求めた v_s の $1/\sqrt{2}$ とする．

A_2 地盤における v_{sd} の値は，表層地盤の第1層と第2層の加重平均値をとり，A地盤と同様の取扱いをする．

$$v_{sd} = \frac{v_{sd1} H_1 + v_{sd2} H_2}{H} \quad (5)$$

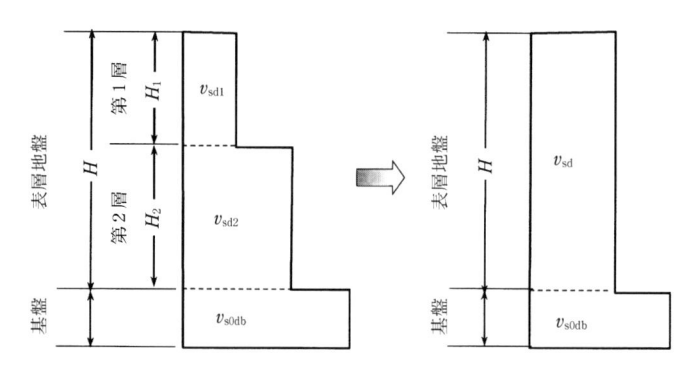

付属図 11.3　波長の計算に用いるA2地盤の設計せん断弾性波速度

なお，記号は**付属図 11.3** に示す．

3.3 桁式高架橋
3.3.1 地盤変位による角折れ
付属図 11.4 に示す地震時の地盤変位による軌道面における線路直角方向の角折れは，式（6）により求める．

$$\theta_g = \frac{1}{S_1}(y_x - y_{x-S_1}) - \frac{1}{S_2}(y_{x+S_2} - y_x) \tag{6}$$

$$\left. \begin{array}{l} y_x = \delta_{g0} \sin \dfrac{2\pi}{L} x \\[6pt] y_{x-S_1} = \delta_{g1} \sin \dfrac{2\pi}{L}(x - S_1) \\[6pt] y_{x+S_2} = \delta_{g2} \sin \dfrac{2\pi}{L}(x + S_2) \end{array} \right\} \tag{7}$$

ここに，S_1，S_2：橋脚の中心間隔

L：地震波の波長

δ_{g1}，δ_{g0}，δ_{g2}：地盤変位によって生じる各橋脚の軌道面における変位量

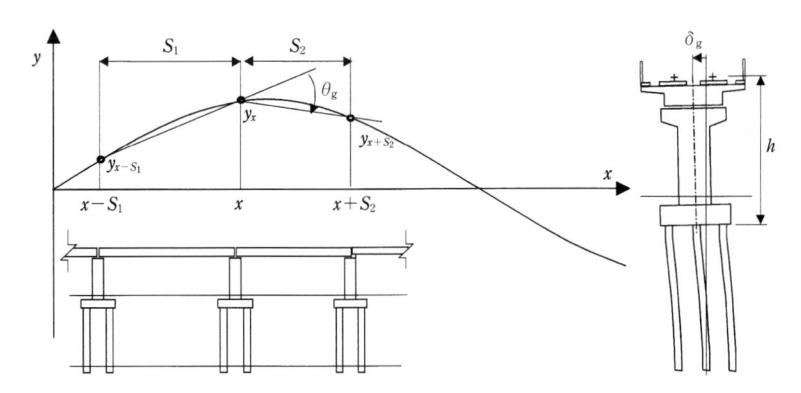

付属図 11.4 地震動の波長と橋脚変位の関係

角折れが最大となる位置 x は，式（8）により求める．

$$x = \frac{L}{2\pi} \tan^{-1} \frac{\dfrac{1}{S_1}\left(\delta_{g0} - \delta_{g1}\cos\dfrac{2\pi}{L}S_1\right) + \dfrac{1}{S_2}\left(\delta_{g0} - \delta_{g2}\cos\dfrac{2\pi}{L}S_2\right)}{\dfrac{\delta_{g1}}{S_1}\sin\dfrac{2\pi}{L}S_1 - \dfrac{\delta_{g2}}{S_2}\sin\dfrac{2\pi}{L}S_2} \tag{8}$$

この値を式（6）に代入して最大角折れ $\theta_{g\max}$ を求める．

3.3.2 慣性力による角折れ
慣性力によって生じる軌道面における線路直角方向の角折れは，隣接する構造物の固有周期の違いによって生じる位相差を考慮して，式（9）により求める．

$$\theta_s = \frac{1}{S_1}(\delta_0 - \delta_1) - \frac{1}{S_2}(\delta_2 - \delta_0) \tag{9}$$

ここに，S_1，S_2：橋脚の中心間隔

δ_1，δ_0，δ_2：慣性力によって生じる各橋脚の軌道面における変位量

δ_1，δ_0，δ_2 は，橋脚の地震動に対する位相角を考慮して算定する．

軟弱地盤（地盤種別 G 4～G 7）の場合，位相角を算定する際の地震動の卓越周期 T_E は，「鉄道構造物等

設計標準（耐震設計），（解7.12.4）」に示す剛性低減を考慮した表層地盤の固有周期 T_g' と同じとしてよい（$T_E = T_g' = T_g/a_g$）．

3.4 ラーメン高架橋
3.4.1 張り出し式の場合
角折れおよび目違い量の計算に当たっては次の仮定を設ける．
　①地震波の波長は正弦波とする．
　②高架橋は線路直角方向に剛体として地盤変位に追随し変位する．
　③地盤各部変位と高架橋各部変位の差の和は零とする（水平力の釣合い）．
　④地盤各部変位と高架橋各部変位の差の高架橋重心に対するモーメントの和は零とする（モーメントの釣合い）．
　⑤高架橋の軌道軸に対する傾きによる長さの差は無視する．

（1） 地盤変位による角折れおよび目違い

付属図 11.5 から隣接高架橋間における角折れ θ_g は式 (10) で与えられる．

$$\theta_g = \frac{6 a_g L}{\pi l_2^3} \cos\frac{2\pi}{L}(x + l_c)\left(\frac{L}{\pi}\sin\frac{\pi l_2}{L} - l_2\cos\frac{\pi l_2}{L}\right) \\ - \frac{6 a_g L}{\pi l_1^3}\cos\frac{2\pi}{L}x\left(\frac{L}{\pi}\sin\frac{\pi l_1}{L} - l_1\cos\frac{\pi l_2}{L}\right) \tag{10}$$

ここに，l_1, l_2：起点側，終点側の高架橋の長さ (m)
　　　　　l_c：起点側と終点側の高架橋の中心間隔 (m)
　　　　　L：地震波の波長 (m) で，式 (4) より求める．
　　　　　a_g：地震波の振幅 (m) で，「鉄道構造物等設計標準（耐震設計），6.4.2 地盤変位の算定」により求まる耐震設計上の地盤面の設計水平変位量としてよい．

角折れが最大となる位置 x は式 (11) により求めることができる．

$$x = -\frac{L}{2\pi}\tan^{-1}\frac{\sin\frac{2\pi}{L}l_c}{\cos\frac{2\pi l_c}{L} - \frac{l_2^3 A_1}{l_1^3 A_2}} \tag{11}$$

ここに，

$$A_1 = \frac{L}{\pi}\sin\frac{\pi l_1}{L} - l_1\cos\frac{\pi l_1}{L}$$

$$A_2 = \frac{L}{\pi}\sin\frac{\pi l_2}{L} - l_2\cos\frac{\pi l_2}{L}$$

一方，隣接高架橋間における相対目違い量 Δy は，式 (12) で表される．

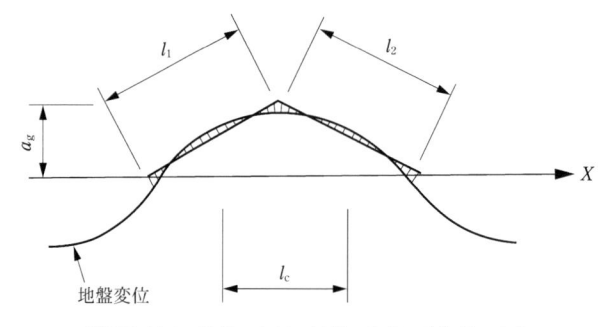

付属図 11.5　地震における地盤の変位と高架橋の変位

付属資料 11　地震時における軌道面の不同変位の応答値の算定法　　145

$$\Delta y = -\frac{3a_g L}{\pi}\left(\frac{A_2}{l_2^2}\cos\frac{2\pi}{L}(x+l_c)+\frac{A_1}{l_1^2}\cos\frac{2\pi}{L}x\right)$$
$$+\frac{a_g L}{\pi}\left(\frac{1}{l_2}\sin\frac{2\pi}{L}(x+l_c)\times\sin\frac{\pi l_2}{L}-\frac{1}{l_1}\sin\frac{2\pi}{L}x\times\sin\frac{\pi}{L}l_1\right) \quad (12)$$

また，Δy が最大となる位置 x は式 (13) により求めることができる．

$$x = -\frac{L}{2\pi}\tan^{-1}\frac{\dfrac{3}{l_2^2}A_2\sin\dfrac{2\pi}{L}l_c+\dfrac{1}{l_2}\cos\dfrac{2\pi}{L}l_c\times\sin\dfrac{\pi}{L}l_2-\dfrac{1}{l_1}\sin\dfrac{\pi l_1}{L}}{\dfrac{3}{l_1^2}A_1+\dfrac{3A_2}{l_2^2}\cos\dfrac{2\pi}{L}l_c-\dfrac{1}{l_2}\sin\dfrac{2\pi}{L}l_c\times\sin\dfrac{\pi l_2}{L}} \quad (13)$$

（2）慣性力による目違い

隣接するラーメン高架橋の高さが異なり，固有周期に差がある場合は，慣性力による目違いを考慮する．

慣性力によって生じる軌道面における線路直角方向の目違いは，隣接するラーメン高架橋の固有周期の違いによって生じる位相差を考慮して算出する．

位相角を算定する際の軟弱地盤（地盤種別 G 4〜G 7）における地震動の卓越周期 T_E は，「鉄道構造物等設計標準（耐震設計），（解 7.12.4）」における剛性低減を考慮した表層地盤の固有周期 T_g' と同じとしてよい．

3.4.2 ゲルバー式の場合

角折れ，目違い量の計算に当たっては次の仮定を設ける．
　①地震波の波長は正弦波とする．
　②高架橋は線路直角方向に剛体として地盤変位に追随し変位する．
　③地盤各部変位と高架橋各部変位の差の和は零とする（水平力の釣合い）．
　④地盤各部変位と高架橋各部変位の差の高架橋重心に対するモーメントの和は零とする（モーメントの釣合い）．
　⑤高架橋の軌道軸に対する傾きによる長さの差は無視する．

なお，ゲルバー桁については力の釣り合いには関係ないものとした．

（1）地盤変位による角折れ

ゲルバー式ラーメンの説明を**付属図 11.6** に示す．ここに，高架橋 l_1, l_2 はゲルバー桁 l_g との角折れを θ_{g1} と θ_{g2} で表す．照査の際に，θ_{g1} と θ_{g2} の最大値を求めて照査を行うものとする．

（a）A 点の θ_{g1} が最大となる場合

付属図 11.6 のように地盤変位と構造物の変位が生じたとき，角折れ θ_{g1} と θ_{g2} を式 (14)，(15) で算定する．

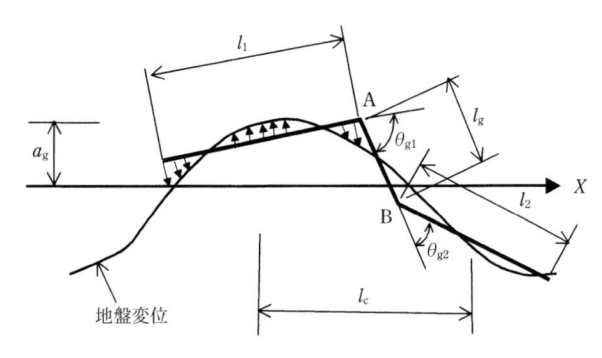

付属図 11.6　地震時おける地盤の変位と高架橋の変位

$$\theta_{g1} = -\frac{3a_g L}{\pi l_g}\left\{\frac{A_2}{l_2^2}\cos\frac{2\pi(x+l_c)}{L} + \frac{A_1}{l_1^2}\cos\frac{2\pi x}{L}\right\}$$

$$+ \frac{a_g L}{\pi l_g}\left(\frac{1}{l_2}\sin\frac{2\pi(x+l_c)}{L}\times\sin\frac{\pi l_2}{L} - \frac{1}{l_1}\sin\frac{2\pi x}{L}\times\sin\frac{\pi l_1}{L}\right) \quad (14)$$

$$- \frac{6a_g L}{\pi l_1^3}A_1\cos\frac{2\pi x}{L}$$

$$\theta_{g2} = -\frac{3a_g L}{\pi l_g}\left\{\frac{A_2}{l_2^2}\cos\frac{2\pi(x+l_c)}{L} + \frac{A_1}{l_1^2}\cos\frac{2\pi x}{L}\right\}$$

$$+ \frac{a_g L}{\pi l_g}\left(\frac{1}{l_2}\sin\frac{2\pi(x+l_c)}{L}\times\sin\frac{\pi l_2}{L} - \frac{1}{l_1}\sin\frac{2\pi x}{L}\times\sin\frac{\pi l_1}{L}\right) \quad (15)$$

$$- \frac{6a_g L}{\pi l_2^3}A_2\cos\frac{2\pi(x+l_c)}{L}$$

ここに，l_1, l_2：起点側，終点側の高架橋の長さ（m）

l_c：起点側と終点側の高架橋の中心間隔（m）

l_g：ゲルバー桁の長さ（m）

L：地震波の波長（m）で，「鉄道構造物等設計標準（耐震設計），7.12 変位の検討」より求める．

a_g：地震波の振幅（m）で，「鉄道構造物等設計標準（耐震設計），6.4.2 地盤変位の算定」により求まる耐震設計上の地盤面の設計水平変位量としてよい．

θ_{g1}：高架橋 l_1 とゲルバー桁 l_g との角折れ

θ_{g2}：高架橋 l_2 とゲルバー桁 l_g との角折れ

A 点の角折れ θ_{g1} が最大となる位置 x は式 (16) により求めることができる．

$$x = -\frac{L}{2\pi}\tan^{-1}\frac{\frac{3}{l_2^2}\sin\frac{2\pi l_c}{L}\times A_2 + \frac{1}{l_2}\sin\frac{\pi l_2}{L}\times\cos\frac{2\pi l_c}{L} - \frac{1}{l_1}\sin\frac{\pi l_1}{L}}{\frac{3}{l_2^2}\cos\frac{2\pi l_c}{L}\times A_2 + \left(\frac{3}{l_1^2}+\frac{6l_g}{l_1^3}\right)A_1 - \frac{1}{l_2}\sin\frac{\pi l_2}{L}\times\sin\frac{2\pi l_c}{L}} \quad (16)$$

ここに，

$$A_1 = \frac{L}{\pi}\sin\frac{\pi l_1}{L} - l_1\cos\frac{\pi l_1}{L}$$
$$A_2 = \frac{L}{\pi}\sin\frac{\pi l_2}{L} - l_2\cos\frac{\pi l_2}{L} \quad (17)$$

以上のように求めた θ_{g1} と θ_{g2} を用いて照査を行う．

（b） B 点の θ_{g2} が最大となる場合

B 点の角折れ θ_{g2} の最大値とそれに対応する θ_{g1} の値は，式 (14)～(17) の中の記号 θ_{g1} と θ_{g2}，l_1 と l_2 を入れ替えることによって算出できる．算定結果に対して，照査を行う．

（2） 慣性力による角折れ

隣接するラーメン高架橋の高さが異なり，固有周期に差がある場合は，慣性力による折れ角を考慮する．

慣性力によって生じる軌道面における線路直角方向の折れ角は，隣接するラーメン高架橋の固有周期の違いによって生じる位相差を考慮して算出する．

位相角を算定する際の軟弱地盤（地盤種別 G 4～G 7）における地震動の卓越周期 T_E は，「鉄道構造物等設計標準（耐震設計），（解 7.12.4）」における剛性低減を考慮した表層地盤の固有周期 T_g' と同じとしてよい．

3.5 橋脚とラーメン高架橋との境界
3.5.1 地盤変位による折れ角

付属図 11.7 に示す地震時の地盤変位によって生じる軌道面における線路直角方向の折れ角は，式 (18)，(19) により求める．

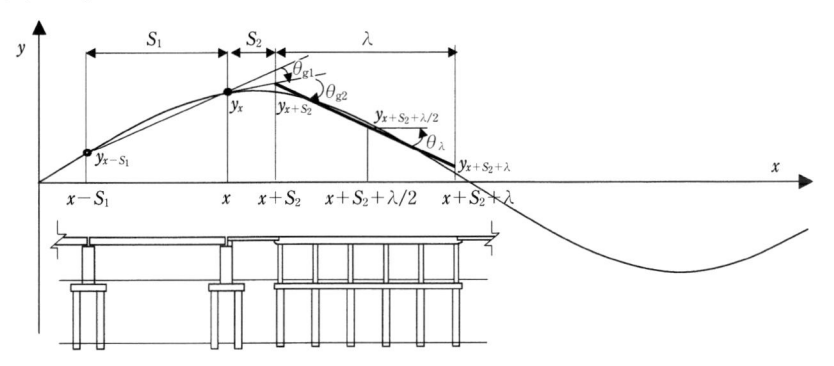

付属図 11.7 橋脚とラーメン高架橋との境界における地盤変位の影響

$$\theta_{g1}=\frac{1}{S_1}(y_x-y_{x-S_1})-\frac{1}{S_2}(y_{x+S_2}-y_x) \tag{18}$$

$$\theta_{g2}=\frac{1}{S_2}(y_{x+S_2}-y_x)-\frac{1}{\lambda}(y_{x+S_2+\lambda}-y_{x+S_2})=\frac{1}{S_2}(y_{x+S_2}-y_x)-\theta_\lambda \tag{19}$$

$$\left.\begin{aligned}y_x&=\delta_0\sin\frac{2\pi}{L}x\\y_{x-S_1}&=\delta_1\sin\frac{2\pi}{L}(x-S_1)\\y_{x+S_2}&=y_{x+S_2+\lambda/2}-\frac{\lambda\theta_\lambda}{2}\\y_{x+S_2+\lambda}&=y_{x+S_2+\lambda/2}+\frac{\lambda\theta_\lambda}{2}\end{aligned}\right\} \tag{20}$$

$$\left.\begin{aligned}\theta_\lambda&=\frac{6a_gL}{\pi\lambda^2}\cos\frac{2\pi(x+S_2+\lambda/2)}{L}\cdot\left(\frac{L}{\pi\lambda}\sin\frac{\pi\lambda}{L}-\cos\frac{\pi\lambda}{L}\right)\\y_{x+S_2+\lambda/2}&=\frac{a_gL}{\pi\lambda}\sin\frac{2\pi(x+S_2+\lambda/2)}{L}\cdot\sin\frac{\pi\lambda}{L}\end{aligned}\right\} \tag{21}$$

ここに，S_1：橋脚の中心間隔
S_2：ゲルバー桁長
λ：ラーメン高架橋長
L：地震波の波長
a_g：地盤変位量
δ_0, δ_1：地盤変位によって生じる各橋脚の軌道面における変位量
θ_λ：地盤変位によって生じるラーメン高架橋の軌道面における回転角

折れ角 θ_{g1} が最大となる位置 x は式 (22) により求まる．

$$x=\frac{L}{2\pi}\tan^{-1}\left(\frac{\left(\frac{1}{S_1}+\frac{1}{S_2}\right)\frac{\pi\delta_0}{L}-\frac{\pi\delta_1}{S_1L}\cos\frac{2\pi S_1}{L}-\frac{a_g}{S_2\lambda}\left(\cos\frac{2\pi(S_2+\lambda/2)}{L}\cdot\sin\frac{\pi\lambda}{L}+3\sin\frac{2\pi(S_2+\lambda/2)}{L}\cdot\left(\frac{L}{\pi\lambda}\sin\frac{\pi\lambda}{L}-\cos\frac{\pi\lambda}{L}\right)\right)}{\frac{\pi\delta_1}{S_1L}\sin\frac{2\pi S_1}{L}-\frac{a_g}{S_2\lambda}\left(\sin\frac{2\pi(S_2+\lambda/2)}{L}\cdot\sin\frac{\pi\lambda}{L}-3\cos\frac{2\pi(S_2+\lambda/2)}{L}\cdot\left(\frac{L}{\pi\lambda}\sin\frac{\pi\lambda}{L}-\cos\frac{\pi\lambda}{L}\right)\right)}\right) \tag{22}$$

この値を式 (18) に代入して最大折れ角 θ_{g1max} を求めることができる．

また，折れ角 θ_{g2} が最大となる位置 x は式 (23) により求まる．

$$x=\frac{L}{2\pi}\tan^{-1}\left(\frac{\frac{\pi\delta_0\lambda}{a_gL}-\cos\frac{2\pi(S_2+\lambda/2)}{L}\cdot\sin\frac{\pi\lambda}{L}-\left(3+\frac{6S_2}{\lambda}\right)\sin\frac{2\pi(S_2+\lambda/2)}{L}\cdot\left(\frac{L}{\pi\lambda}\sin\frac{\pi\lambda}{L}-\cos\frac{\pi\lambda}{L}\right)}{-\sin\frac{2\pi(S_2+\lambda/2)}{L}\cdot\sin\frac{\pi\lambda}{L}+\left(3+\frac{6S_2}{\lambda}\right)\cos\frac{2\pi(S_2+\lambda/2)}{L}\cdot\left(\frac{L}{\pi\lambda}\sin\frac{\pi\lambda}{L}-\cos\frac{\pi\lambda}{L}\right)}\right)$$
(23)

この値を式 (19) に代入して最大折れ角 θ_{g2max} を求めることができる．

3.5.2 慣性力による折れ角

慣性力によって生じる軌道面における線路直角方向の折れ角は，隣接する構造物の固有周期の違いによって生じる位相差を考慮して，式 (24)，(25) によって算出する．

$$\theta_{s1}=\frac{1}{S_1}(\delta_0-\delta_1)-\frac{1}{S_2}(\delta_\lambda-\delta_0) \tag{24}$$

$$\theta_{s2}=\frac{1}{S_2}(\delta_\lambda-\delta_0) \tag{25}$$

ここに，S_1：橋脚の中心間隔
S_2：ゲルバー桁長
δ_1, δ_0：慣性力によって生じる各橋脚の軌道面における変位量
δ_λ：慣性力によって生じるラーメン高架橋の軌道面における変位量

δ_1, δ_0, δ_λ は，橋脚およびラーメン高架橋の地震動に対する位相角を考慮して算定する．

位相角を算定する際の地震動の卓越周期 T_E は，「鉄道構造物等設計標準(耐震設計)，(解 7.12.4)」における剛性低減を考慮した表層地盤の固有周期 T_g' と同じとしてよい．

4. まとめ

地震時における軌道面の不同変位を照査するために，構造物境界に生じる角折れおよび目違いを算定する必要がある．本資料は，普通地盤や軟弱地盤における橋梁や高架橋の境界に生じる角折れおよび目違いの算定法を示した．地震時における軌道面の不同変位は，地盤種別，基礎および構造物の剛性や質量分布などに影響され，現状では未解明な部分が残されており，今後の研究成果を逐次に取り入れ，精度の高い応答値の算定法の確立を目指していく必要がある．

付属資料12　地震時における軌道面の不同変位の限界値および照査法

1. はじめに

兵庫県南部地震以降，構造物の横方向の振動変位の重要性が認識されようになり，「鉄道構造物等設計標準・同解説（耐震設計）」（平成11年制定）からは，地震の影響に対して構造物の横方向の振動変位（以下，振動変位という）の照査が行われるようになった[1]．しかし，この振動変位と構造物の軌道面の不同変位（以下，不同変位という）が同時に発生した場合の影響については設計上は考慮されていなかった．

地震時における不同変位（角折れ・目違い）は，個々の特性に応じて横方向に振動する複数の構造物間の動的な相対変位によって生じるものであり，振動変位と不同変位は本来連動して生じるものである．しかしながら，応答値の算定，限界値の設定ともに未解明な点も多いことから，設計上は独立して取り扱われて照査が行われる体系となっていた．

このような背景から，本標準では，本来一つの現象である振動変位と不同変位とを統一して同じ尺度で比較し，相互の影響を考慮できるような照査方法について検討することとした．

本付属資料では，振動変位の影響を考慮した不同変位の限界値の設定方法とその照査方法について示した[2]．

2. 検討手法

解析には**付属資料2**に示した車両と構造物との動的相互作用解析プログラムDIASTARSを用いた[3],[4]．以下にその概要を示す．

2.1 車両モデル

車両モデルには，**付属図12.1**に示す三次元の1車両モデル（31自由度）を用いた．車両諸元は，定員乗車時に軸重120kNとなる車両をモデルに設定した．列車は3両編成（12軸）とした．

2.2 構造物モデル

既往の研究および設計標準では，**付属図12.2**，**付属図12.3**に示す角折れモデルを対象に検討が行われてきた[5]．ここでもこれに準じた検討を行った．ただし，桁端部における曲率の不連続を緩和するために，桁端前後には弾性床上の梁の変形を表す式（1）による緩衝区間を挿入した．なおレールおよび支持剛性は車輪の走行曲線の曲率が大きく走行安全上最も厳しい条件となる60kg/mレールおよびスラブ軌道の諸元を用いた．

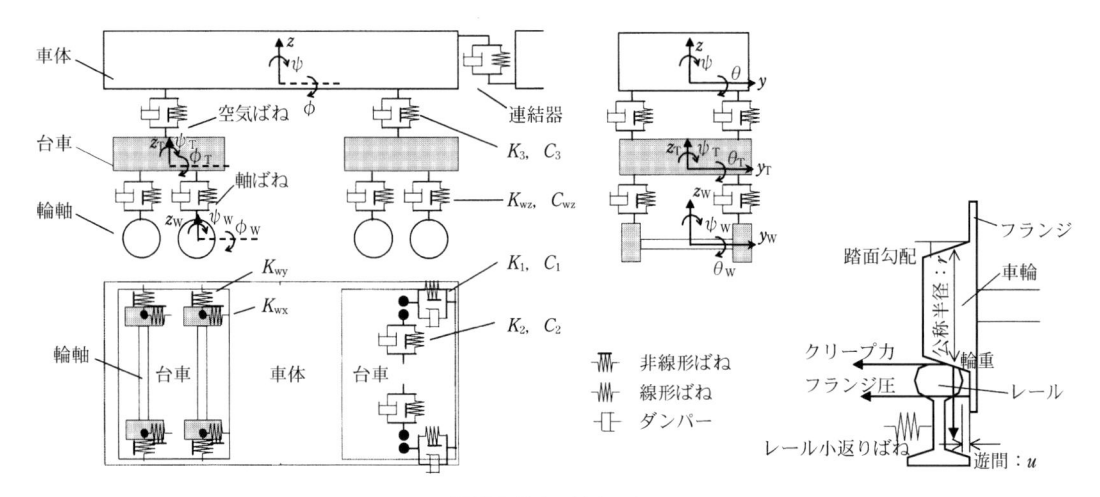

付属図 12.1 車両モデル

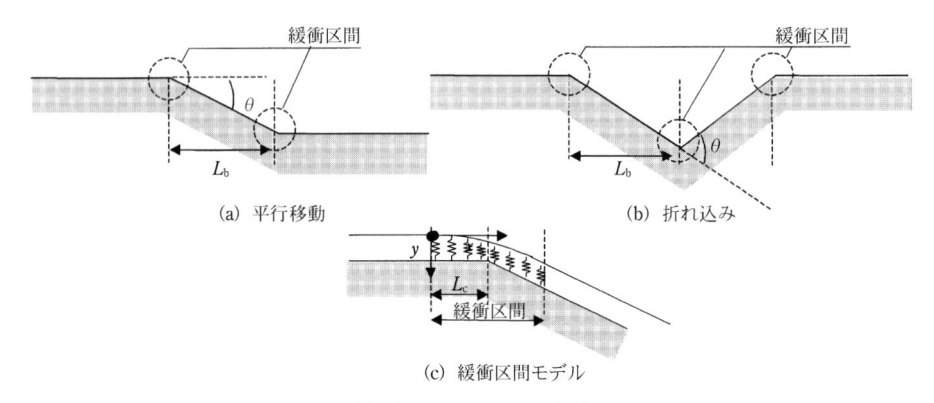

付属図 12.2 検討モデルの概念図
(a) 平行移動
(b) 折れ込み
(c) 緩衝区間モデル

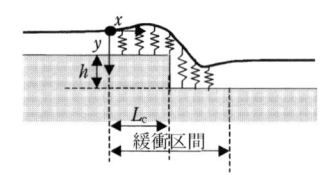

付属図 12.3 検討モデルの概念図

$0 \leq x \leq L_c$

$$y = \frac{\theta}{4\beta} e^{\beta(x-L_c)}\{\cos\beta(x-L_c) + \sin\beta(x-L_c)\}$$

$L_c < x \leq 2L_c$

$$y = \frac{\theta}{4\beta} e^{-\beta(x-L_c)}\{\cos\beta(x-L_c) - \sin\beta(x-L_c)\} + \theta(x-L_c)$$

(1)

ここに，L_c は緩衝区間の長さの1/2，θ は桁端部の折れ角，x は緩衝区間開始点からの距離である．また，目違いについては式(2)により表される緩衝区間を挿入した．

$$0 \leq x \leq L_c \qquad y = \frac{h}{2} e^{\beta(x-L_c)} \cos\beta(x-L_c)$$
$$L_c < x \leq 2L_c \qquad y = -\frac{h}{2} e^{-\beta(x-L_c)} \cos\beta(x-L_c) + h \tag{2}$$

ここに，h は目違い量である．

2.3 横方向の振動変位と不同変位の組み合わせ

ある特定の区間において構造物の固有振動数，剛性等が常に一様であることは稀で，個々の構造物の振動変位にはばらつきが生じるものと考えられる．標準設計のラーメン高架橋においても，適用される高さが異なったり，架道橋やラーメン橋台等の異種剛性構造物と連続する場合が多い．またG4～G7地盤等では，地盤変位の影響により個々の構造物間にも位相ずれが生じる．

一方，これらの影響を適切に評価するためのパラメータを想定すると，構造形式，橋脚高さ，桁連数，レールの変形，地震波，地盤種別，相互作用など，組み合わせる事項は非常に多く，また車両の応答も振動振幅に単純に比例しない非線形挙動であることから，実際には一般化が極めて困難な現象となる．

そこで，本標準では，より単純化したモデルを仮定し，不同変位の限界値を定めることとした．すなわち，振動変位の照査に用いる走行安全限界に着目し，これに不同変位が組み合わさった場合の影響を考慮する方法を採ることとした．この不同変位は，本来，振動系の構造物に更に付加される動的な相対変位として表現されるべきものであるが，本検討では，水平角折れ・目違いは，一種の軌道変位とみなせる固定不同変位として与えることとした．

付属図12.4，**付属図12.5** に振動変位と角折れに関する検討の概念図を示す．角折れの形状は一定であり軌道変位として与えられる．車両の第1軸が角折れ開始点に到達する時刻を正弦波5波の第2振幅開始点に設定したものを基本ケースとした．また，正弦波と角折れの位相ずれの影響を考慮するために，角折れ開始点を基本ケースから1/4波長ずつ1波長までずらした検討も行った．車両応答に対して，できるだけ多くの位相ずれ条件が考慮できるように，列車は3両編成（12軸）とした．

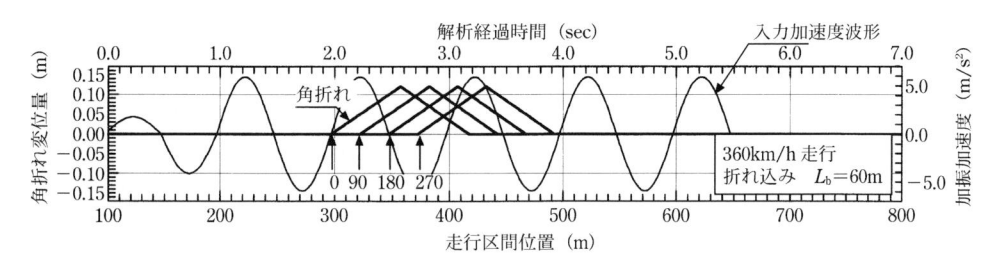

付属図 12.4 角折れ検討の概念図（折れ込み）

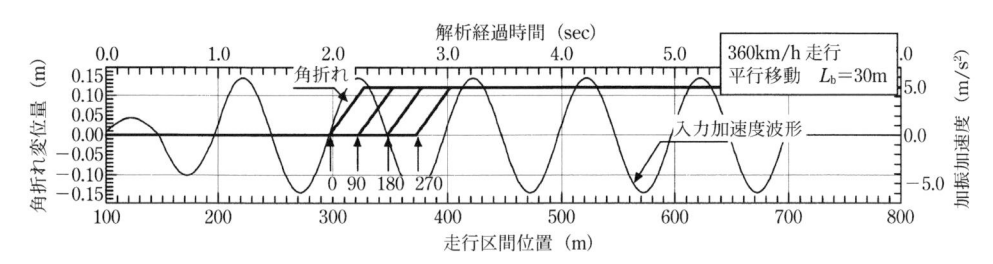

付属図 12.5 角折れ検討の概念図（平行移動）

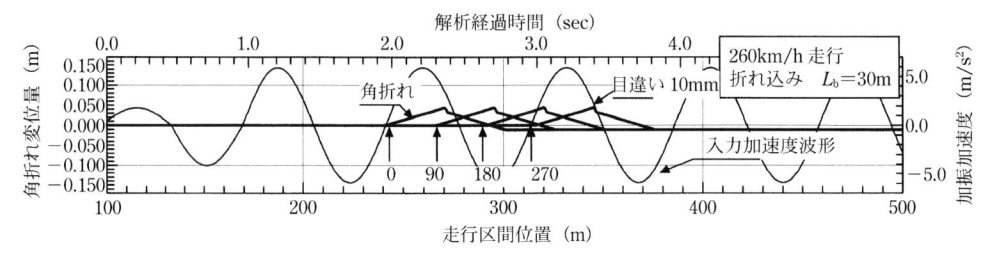

付属図 12.6 目違い検討の概念図

付属図12.6に振動変位，角折れ（折れ込み）および目違いに関する検討の概念図を示す．張出し型のラーメン高架橋等では，目違いと同時に振動変位と角折れが生じるため，これらの連成も考慮したモデルとした．目違いは角折れと同方向と反対方向の2種類を設定した．ここでの角折れの設定方法は付属図12.4と同様である．また車両応答に対して，できるだけ多くの位相ずれ条件が考慮できるように，ここでも列車は3両編成（12軸）とした．

2.4 走行安全性の評価方法

走行安全性の評価は，車輪上昇量を指標として，走行安全限界を用いて行った．車輪上昇量は3両編成24車輪のうちの最大値で評価した．車輪上昇量の限界値の目安は，車輪のフランジ高さを踏まえて25 mmとした．

3. 検討結果

3.1 平行移動

解析パラメータとしては，スパン長10～50 m，列車速度160 km/h～360 km/h，折れ角2/1000～8/1000に対して検討した．付属図12.7に振動変位と水平角折れ（平行移動）を組み合わせた解析結果の例（折れ角4/1000の場合）を示す．付属図12.7(a)は正弦波5波の横方向加振と水平角折れの影響を考慮した走行安全限界を示している．付属図12.7(b)は，同図(a)に示した解析結果を振動変位のみによる走行安全限界で基準化した「安全限界振幅比」を示す．これは振動変位のみによる走行安全限界に対して，角折れが加わるとどの程度これが変化するかを表した指標である．折れ角4/1000の場合の走行安全限界は，加振振動数や位相ずれにもよるが，振動変位のみによるものに対して平均で10%程度低下することが分かる．

同様の検討を，スパン，列車速度，折れ角をパラメータとして行った．付属図12.8に列車速度と折れ角

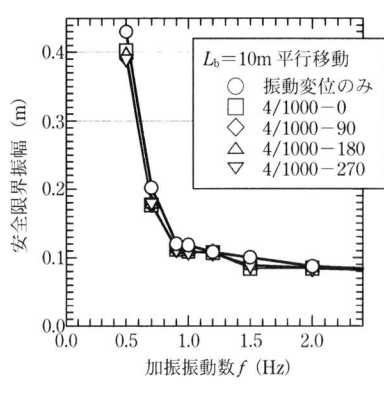

(a) 車輪上昇量25mm限界変位
(b) 車輪上昇量25mm限界変位相対比較 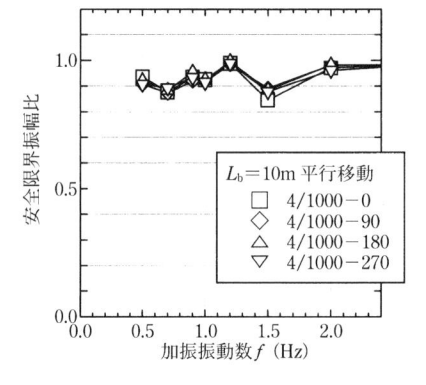

付属図 12.7 横方向の振動変位と水平角折れ（平行移動）を組み合わせた解析の例（260 km/h）

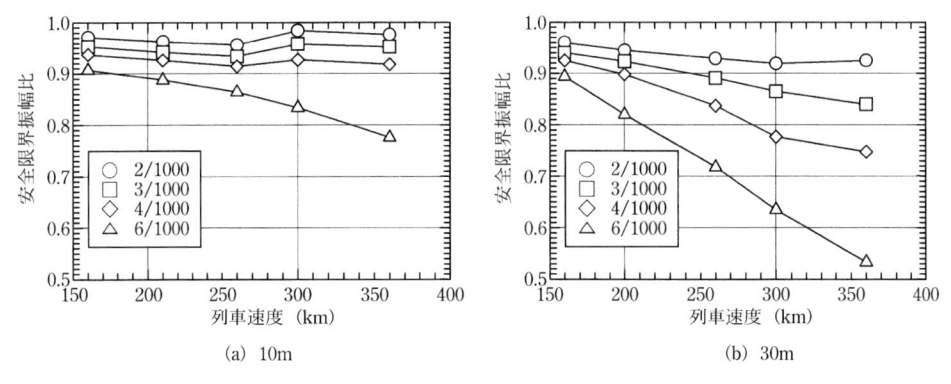

付属資料 12 地震時における軌道面の不同変位の限界値および照査法

(a) 10m

(b) 30m

付属図 12.8 列車速度と水平角折れ（平行移動）が安全限界振幅比に及ぼす影響

が走行安全限界に及ぼす影響を示す．平行移動ではスパンの違いによる影響が大きいため，スパンを分けて示した．折れ角の増加とともに走行安全限界が低下すること，高速になるほど走行安全限界が低下することなどが分かる．

3.2 折れ込み

折れ込みについても同様の検討を行った．付属図 12.9 に振動変位と水平角折れ（折れ込み）を組み合わせた解析結果の例（折れ角 4/1000 の場合）を示す．付属図 12.9(a) は正弦波 5 波の横方向加振と水平角折

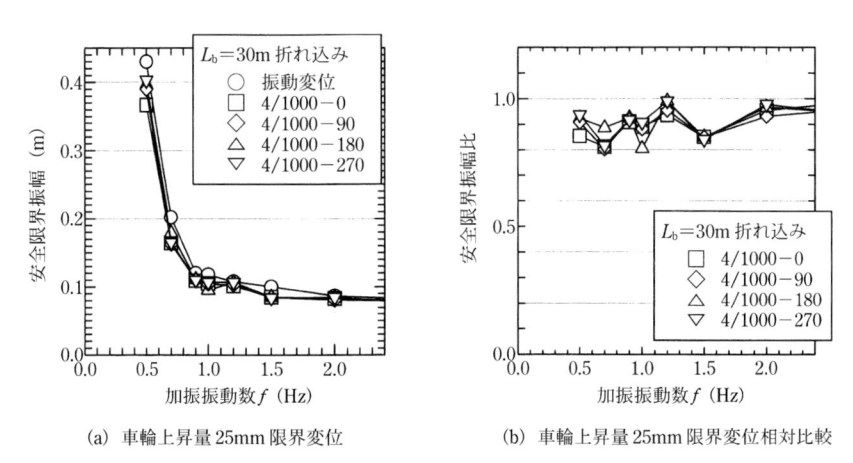

(a) 車輪上昇量 25mm 限界変位

(b) 車輪上昇量 25mm 限界変位相対比較

付属図 12.9 横方向の振動変位と水平角折れ（折れ込み）を組み合わせた解析の例（260 km/h）

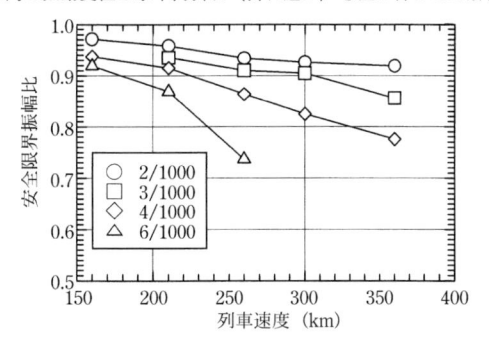

付属図 12.10 列車速度と水平角折れ（折れ込み）が安全限界振幅比に及ぼす影響

れの影響を考慮した走行安全限界を示している．付属図12.9(b) は，同図(a)に示した解析結果を振動変位のみによる走行安全限界で基準化した安全限界振幅比で示している．折れ角 4/1000 の場合の走行安全限界は，加振振動数や位相ずれにもよるが，平行移動の場合と同様に，振動変位のみによるものに対して平均で 10% 程度低下することが分かる．

付属図12.10 に列車速度と折れ角が走行安全限界に及ぼす影響を示す．平行移動の場合と同様に，折れ角の増加とともに走行安全限界が低下すること，高速になるほど走行安全限界が低下することなどが分かる．

3.3 目違い

付属図12.11 に，目違いに対して，振動変位および角折れ（L_b=30 m，折れ込み 3/1000）を組み合わせた解析の例（260 km/h）を示す．目違いによる安全限界振幅比の低下は，ある程度の目違い量に至るまで角折れによる安全限界振幅比に対する影響の中に埋没してしまう結果となった．

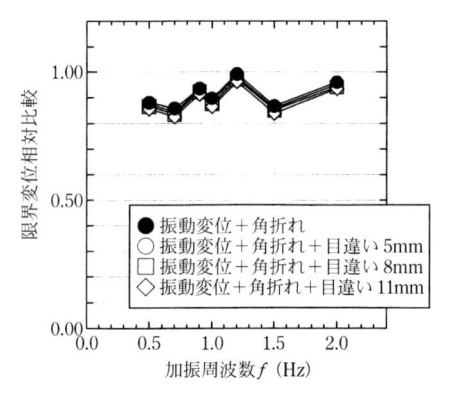

付属図 12.11 目違いに振動変位および角折れ（L_b=30 m，折れ込み 3/1000）を組み合わせた解析結果の例(260 km/h)

4. 地震時における軌道面の不同変位の照査方法と限界値

4.1 水平方向

線路方向に連続する構造物上での列車走行性を検討する場合には，構造物全体をモデル化して動的相互作用解析等により照査するのが望ましいが，設計実務としては煩雑となる．よって地震時の走行安全性に係る変位の照査は，従来どおり，横方向の振動変位と，その時に生じている構造物間の最大相対不同変位に分けて行うものとし，これに対応する限界値を前章に示した検討結果に基づき設定することとした．

付属表12.1 に，地震時における軌道面の不同変位（角折れ・目違い）の限界値を示す．角折れの限界値は，前述の安全限界振幅比に基づき定めた．具体的には，横方向の振動変位の限界値は，解析上定まる振動変位のみによる限界値から 10% 低い値を用いることとし（付属資料9 参照），これに対応して，角折れの限界値は，安全限界振幅比の低下率の平均値が 10% を超えないように定めることとした．

目違いの限界値は，従来の限界値と実績等を踏まえて定めた．これらの限界値は，前章の検討において目違いの影響が角折れの影響を有意差を持って 1% 上回る場合の限界値に対応している．

なお，建設地点の制約条件により角折れの限界値を満たすことが著しく困難となる場合については，振動変位の照査の余裕度に応じて，式（4）に示す補正係数 k_{st} を乗じて付属表12.1 に示す限界値 θ_L を緩和してもよい．

付属表 12.1　地震時における軌道面の不同変位の限界値（水平方向）

方向	最高速度 (km/h)	角折れ θ_L (・1/1000)		折れ込み	目違い (mm)
		平行移動			
		$L_b = 10$ m	$L_b = 30$ m		
水平	130	7.0		8.0	14
	160	6.0		6.0	12
	210	5.5	3.5	4.0	10
	260	5.0	3.0	3.5	8
	300	4.5	2.5	3.0	7
	360	4.0	2.0	2.0	6

用語の意味は下図の通りである．

平行移動　　　折れ込み　　　目違い

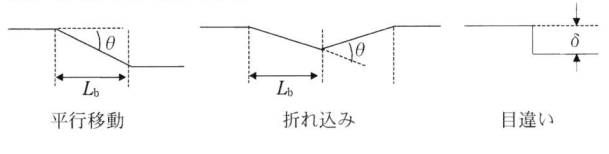

$$k_{SI} = (SI/SI_L)^{-2.5} \leq 1.5 \tag{4}$$

ここに，k_{SI} はスペクトル強度による振動変位の照査の余裕度を考慮する係数，SI はスペクトル強度の設計応答値，SI_L はスペクトル強度の設計限界値である．

4.2　鉛直方向

　地震時における鉛直方向の不同変位は，既往の設計事例等によれば応答値が小さく，照査が不要となるレベルであるのが一般的である．このため，本標準では，地震時の鉛直方向の不同変位の照査を省略してもよいこととした．しかし，何らかの要因で鉛直方向の不同変位の応答値が大きくなる場合には，適切な限界値を定めて照査を行う必要がある．この場合の限界値は，従来から限界値として用いられてきた**付属表12.2**を参考としてよい．

付属表 12.2　地震時における軌道面の不同変位の限界値（鉛直方向）

方向	角折れ θ_L (・1/1000)		目違い δ (mm)
	平行移動	折れ込み	
鉛直	$10(300/V)^{1.3}$	$9(300/V)$	$22.6(300/V)^{1.16}$

1) V：列車速度（km/h）
2) 用語の意味は下図の通りである．

平行移動　　　折れ込み　　　目違い

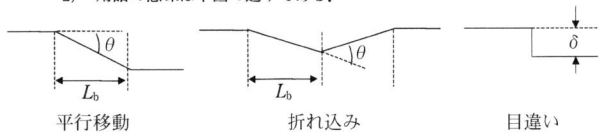

5．まとめ

　地震時の不同変位（角折れ・目違い）の限界値を，走行安全限界における安全限界振幅比に着目して定めた．具体的には，横方向の振動変位の限界値は，解析上定まる振動変位のみによる限界値から10%低い値を用いることとし，これに対応して，角折れの限界値は，安全限界振幅比の低下率の平均値が10%を超えないように定める方法を用いた．
　本検討では，簡易な固定角折れモデルを用いて検討を行ったが，地震時の構造物の全体挙動については，

未だ未解明な点も多く，更なる検討により精度向上を図っていく必要があると考える．

参考文献

1) 宮本岳史，石田弘明，松尾雅樹：地震時の鉄道車両の挙動解析，機論C，Vol.64, No.626, pp.236-1243, 1998.
2) 曽我部正道，宮本岳史，涌井一，松本信之：横方向の振動変位の影響を考慮した構造物の不同変位の照査法，第12回鉄道技術・政策連合シンポジウム（J-RAIL2005）講演論文集，2006
3) 涌井一，松本信之，松浦章夫，田辺誠：鉄道車両と線路構造物の連成応答解析法に関する研究，土木学会論文集，No.513/I-31, pp.129-138, 1995.
4) 松本信之，曽我部正道，涌井一，田辺誠：構造物上の車両の地震時走行性に関する検討，鉄道総研報告，Vol.17, No.9, 2003.
5) 佐藤吉彦，三浦重：走行安全ならびに乗心地を考慮した線路構造物の折角限度，鉄道技術研究報告，No.820, 1972.

付属資料 13　盛土の地震時挙動およびスペクトル強度 SI による照査

1. はじめに

　盛土などの土構造物は，一般に横断面幅が大きいため，地表面の水平地震動に対する応答の増幅は小さい．しかしながら，土構造物上の地震時の走行安全性についても確認する必要があると考えられる．本資料では，代表的な盛土に対してL1地震動を入力して，路盤面での加速度の応答波からスペクトル強度 SI を算出して走行安全性について検討した．

2. 照査の方法

　スペクトル強度 SI による盛土上の地震時の横方向の振動変位の照査フローを**付属図 13.1** に示す．まず，地表面の地震動を盛土に入力して，二次元動的FEM解析により盛土天端の加速度の応答波を求める．この加速度の応答波による速度応答スペクトルを求め，スペクトル強度 SI を算出する．このスペクトル強度 SI と，盛土の等価固有周期 T_{eq} に対応した限界スペクトル強度 SI_L とを比較して，地震時の横方向の振動変位の照査を行う．

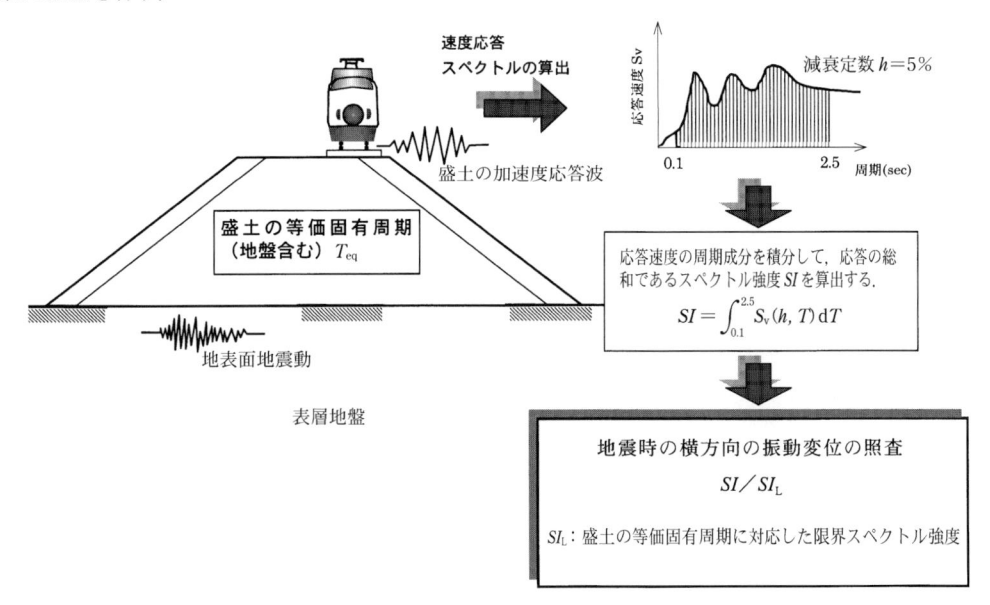

$$SI = \int_{0.1}^{2.5} S_v(h, T)\, dT$$

地震時の横方向の振動変位の照査

$$SI / SI_L$$

SI_L：盛土の等価固有周期に対応した限界スペクトル強度

付属図 13.1　スペクトル強度 SI による盛土上の地震時の横方向の振動変位の照査フロー

3. 盛土の地震応答解析

3.1 盛土の条件

解析対象とした盛土の検討断面のモデル図を**付属図 13.2** に示す．一般に鉄道に用いられている盛土高さは 6 m 以下がほとんどであるが，ここでは盛土構造としてきわめて厳しい条件を想定することとし，複線断面の高さ 9 m の盛土を対象とした．また，その他の断面諸元および材料特性についても，設計標準に示されている最低規定に基づき設定した．盛土の断面諸元等を**付属表 13.1** に示す．

付属表 13.1 解析対象とした盛土の断面諸元

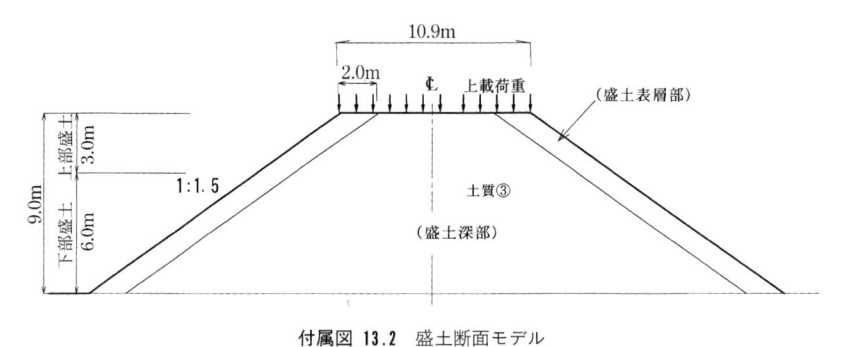

項目	条件	摘要
盛土高	$H=9$ m	
のり面勾配	$1:1.5$	
盛土天端幅	10.9 m	複線
盛土上載荷重	軌道荷重 $q=10$ kN/m^2	スラブ軌道
盛土の土質	土質③	「鉄道構造物等設計標準・同解説（耐震設計）」解説表 4.3.2 に準拠
層厚管理材	考慮しない	安全側に考慮
盛土補強材	考慮しない	安全側に考慮

付属図 13.2 盛土断面モデル

3.2 構造解析の条件

二次元動的 FEM 解析の解析条件を以下に示す．解析に用いた詳細な材料定数等を**付属表 13.2～付属表 13.4** に示す．

　　節　点　数　　　　　　　：928 節点
　　要　素　数　　　　　　　：868 要素
　　拘　束　条　件　　　　　：盛土底面固定
　　土要素モデル　　　　　　：平面ひずみ要素
　　盛土の土質定数　　　　　：土質③（**付属表 13.2**）
　　土の応力・ひずみ関係　　：R-O（Ramberg-Osgood）モデル
　　R-O モデルパラメーター　：$\alpha=2^{\beta-1}$，$\beta=\dfrac{2+\pi h_{\max}}{2-\pi h_{\max}}$　（**付属表 13.4**）
　　Rayleigh 減衰パラメーター：$\alpha=0$，$\beta=\dfrac{2hT}{2\pi}$　（**付属表 13.4**）

付属資料 13　盛土の地震時挙動およびスペクトル強度 SI による照査　　　　159

付属表 13.2　盛土各層の材料定数

材料番号	区分	変形係数 E (kN/m²)	ポアソン比 ν	粘着力 c (kN/m²)	内部摩擦角 ϕ (°)	単位体積重量 γ (kN/m³)
1	盛土表層部 ($h=6\sim9$ m)	182000	0.3	3	40	18
2	盛土表層部 ($h=3\sim6$ m)	225000				
3	盛土表層部 ($h=0\sim3$ m)	304000				
4	盛土深部 ($h=6\sim9$ m)	182000		6	45	
5	盛土深部 ($h=3\sim6$ m)	225000				
6	盛土深部 ($h=0\sim3$ m)	304000				
7	路盤面	182000	0.3	3	40	30

付属表 13.3　盛土高さに対する上載圧，間隙比，有効拘束圧および初期剛性

盛土高 h (m)	上載圧 q (kN/m²)	間隙比 e	有効拘束圧 p (kN/m²)	初期剛性 G (kN/m²)
1.5	15	0.68	28.0	70000
4.5			64.0	98000
7.5			100.0	117000

付属表 13.4　動的解析の入力パラメーター

地震動レベル	Rayleigh 減衰パラメーター				R-O モデルパラメーター		
	内部減衰 h	固有周期 T (sec)	α	$\beta=\dfrac{2hT}{2\pi}$	最大減衰定数 $h_{\max}$	$\alpha=2^{\beta-1}$	$\beta=\dfrac{2+\pi h_{\max}}{2-\pi h_{\max}}$
L1	0.09	0.179	0	0.005	0.3	3.440	2.782

3.3　入力地震動

入力地震動は，「鉄道構造物等設計標準・同解説（耐震設計）」に示す L1 地震動の各地盤種別（G0～G7）の地表面設計地震動の中で，最大加速度が最も大きい G5 地盤用（最大加速度：198.6 gal）の設計地震動を用いた．

3.4　盛土の応答加速度

盛土の最大応答加速度のコンター図を**付属図 13.3** に示す．また，盛土天端の応答加速度の時刻歴波形（軌

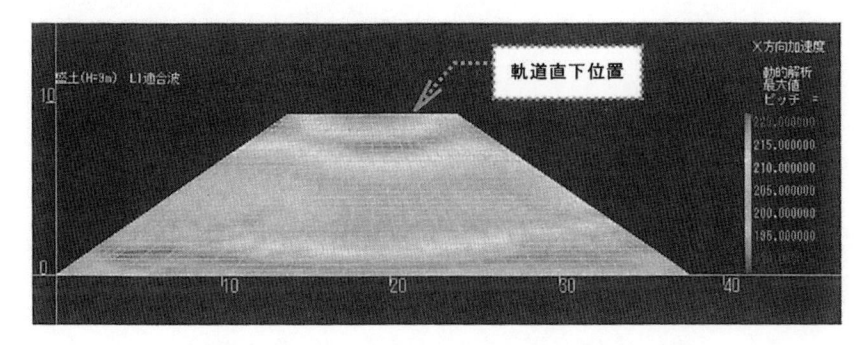

付属図 13.3　盛土の水平方向の最大応答加速度のコンター図

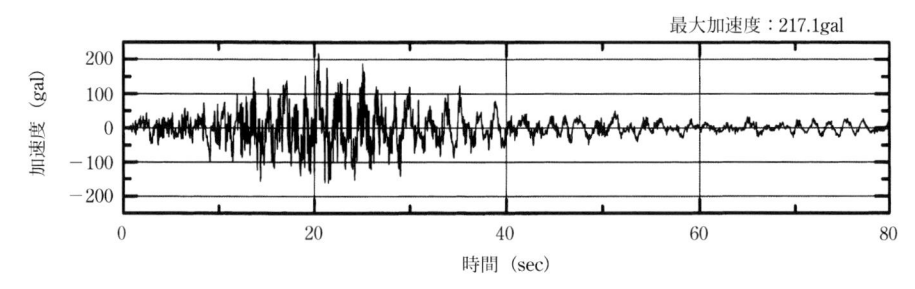

付属図 13.4 盛土天端の軌道直下位置における応答加速度の時刻歴波形

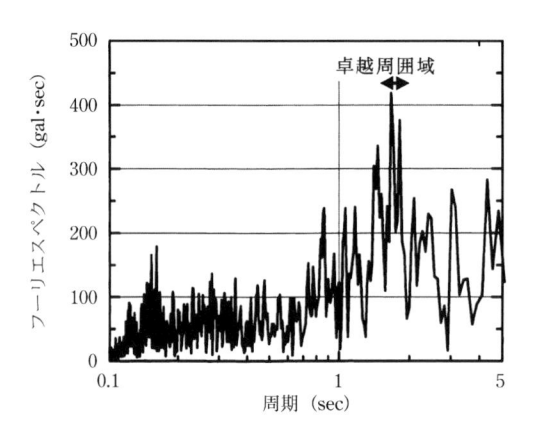

付属図 13.5 盛土天端の応答加速度波のフーリエスペクトル

道直下位置)を**付属図13.4**に示す．L1地震動による盛土天端の最大応答加速度は217.1 gal であり，増幅倍率は約1.1倍に留まる．

　G5地盤の固有周期は0.75~1.0 sec である．一方，固有値解析から盛土の固有周期（1次モード）は約0.18 sec であることが得られており，本モデルの盛土は共振しにくい構造であるといえる．このため，L1地震動に対する盛土の動的応答は全体的に小さく収まる結果となった．

　盛土天端の応答加速度波の卓越周期域を調べるために，フーリエスペクトルを求めた．**付属図13.5**に示すように，L1地震動（G5地盤）による応答加速度波の卓越周期域は約1.6~1.9 sec であることがわかる．

4. スペクトル強度 SI による照査

　付属図13.1に示す手順に従い，**付属図13.4**の盛土天端の応答加速度波に対するスペクトル強度 SI を算出した．このスペクトル強度 SI（$=1767$ mm）とそれに対応する卓越周期（約1.8 sec）および限界スペクトル強度 SI_L を**付属図13.6**に示す．また，同図に，同様の手順で求めたG2~G4地盤用のL1地震動によるスペクトル強度 SI（$=1277$ mm（G2地盤），1487 mm（G3地盤），1560 mm（G4地盤））も示す．

　いずれの地震波を用いても，スペクトル強度 SI は限界スペクトル強度 SI_L よりかなり小さく，十分な走行安全性を確保できることがわかる．

　この結果から，盛土構造としてきわめて厳しい条件であるにもかかわらず，十分な走行安全性を確保することが得られたため，鉄道構造物で用いられている一般的な盛土においては，横方向の振動変位の照査を省略してもよいと考えられる．

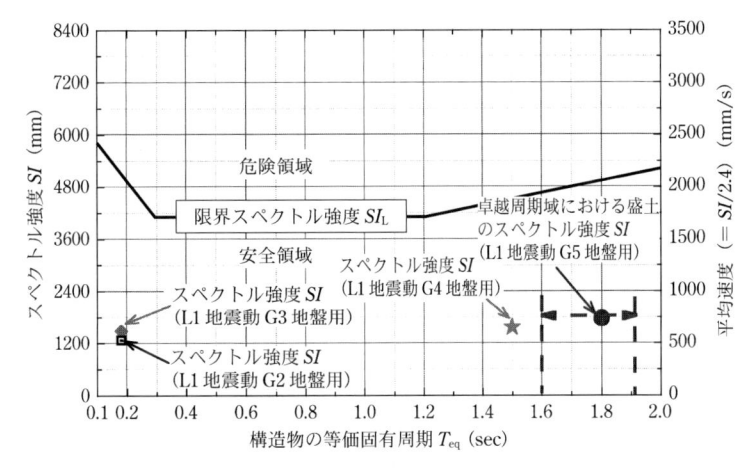

付属資料 13　盛土の地震時挙動およびスペクトル強度 SI による照査　　　161

付属図 13.6　盛土のスペクトル強度 SI と限界スペクトル強度 SI_L との比較

5. まとめ

　本資料では，鉄道に用いられる盛土構造としてはきわめて厳しい条件を想定して，L1地震動による横方向の振動変位に対する照査を行い，以下の結果が得られた．

①盛土の固有周期は地盤の固有周期よりかなり短く，共振しにくいことから，盛土天端の応答は小さい．

②盛土構造としてはきわめて厳しい条件であるにもかかわらず，L1地震動に対するスペクトル強度 SI は限界スペクトル強度 SI_L の半分以下であり，十分な走行安全性を確保できることがわかった．

　この結果を踏まえ，鉄道構造物で用いられている一般的な盛土においては，横方向の振動変位の照査を省略してもよいと考えられる．

付属資料14　耐震性（セメント改良補強土）橋台

1. はじめに

　地震時に生じる橋台背面の盛土の沈下は，列車の走行安全性に重大な影響を及ぼすことから，鉄道においては古くから克服すべき課題となっていた．付属図14.1に，橋台背面盛土の沈下の模式図を示す．盛土は空隙を有するため，地震によって「揺り込み沈下」が生じる．加えて，橋台背面では，橋台自体の前倒れなどの変形に伴って「段差」も生じるため大きな沈下となる．付属図14.2は橋台部の被災状況を示す．兵庫県南部地震（1995）[1]や十勝沖地震（1968）では大きな被害が生じた．このような大規模地震以外でも，橋台背面においては一般の盛土区間と比べて大きな沈下が観察されている．

　これまで，この現象に対する対策としては，背面土に粒度調整砕石を用いて良く締め固めた「アプローチブロック工」（付属図14.3）を設けて沈下を緩衝する処置がとられてきた．この方法は，昭和42年以降に制定された設計標準[2),3),4)]に列車走行時の動的変形の緩衝手段として示されたが，揺り込み沈下の軽減にも寄与することから，地震に対する沈下対策工として有効であると考えられてきた．しかしながら，北海道南西沖地震（1995）では津軽海峡線建有川橋梁のアプローチブロックが施されていた橋台部において，

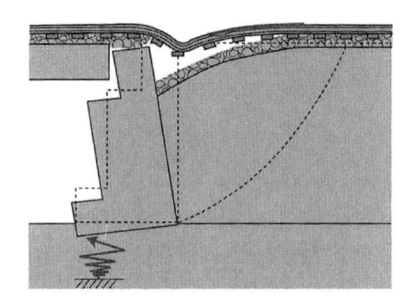

付属図 14.1　地震時橋台の変形

(a) 兵庫県南部地震（1995）　　　(b) 十勝沖地震（1968）

付属図 14.2　地震時における橋台背面の被災状況

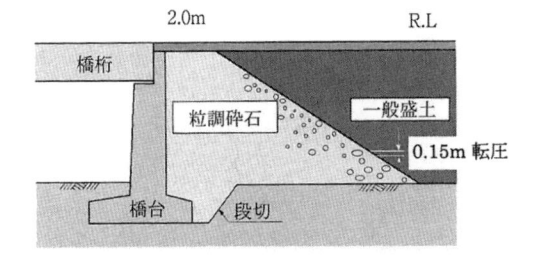

付属図 14.3 従来の対策工（アプローチブロック）

付属図 14.4 被災状況（北海道南西沖地震，1993.7）

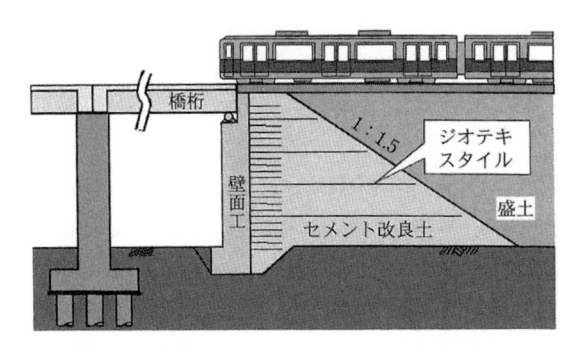

付属図 14.5 提案した耐震性（セメント改良補強土）橋台

中規模の地震動（最大加速度：200 gal 強）によって橋台背面に 0.5 m 程度の段差が生じていた（**付属図 14.4**）．

そこで大規模地震動に対しても十分な耐震性を有し，かつ合理的な構造とするために各種橋台タイプに対する振動実験を実施し，その対策効果を明らかにしてきた[5),6)]．また，それらの結果から，抜本的に耐震性を高めるためには「揺り込み沈下」と「段差」の両方に対策が施された構造形式が合理的であることを解明するとともに，**付属図 14.5** に示す耐震性に優れた新型橋台（セメント改良補強土橋台）[7),8)] を提案し，整備新幹線において適用が試みられた．本資料ではその開発状況を示す．

2. セメント改良補強土橋台の概要

付属図 14.6 に提案したセメント改良補強土橋台の施工手順を示す．本橋台は，貧配合のセメント安定処理を施した粒度調整砕石を盛土材とし，補強土工法によってアプローチブロックならびに盛土を構築する（手順①）．その後，地盤の変形が収束した後に，橋台く体コンクリートをアプローチブロックと一体化さ

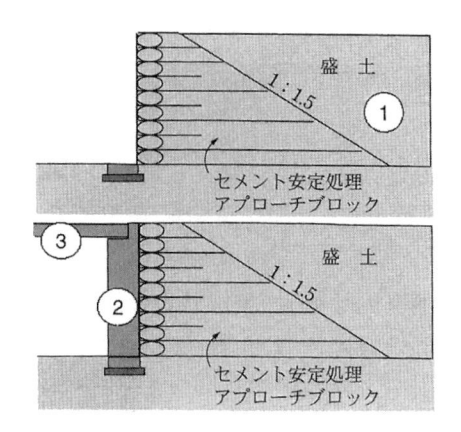

付属図 14.6 施工手順

せるために裏型枠を用いずに打設し（手順②），最後に桁を設置するものであり（手順③），以下の特徴を有する．

・アプローチブロックにセメント改良礫土を用いているため，地震時の揺込み沈下が大幅に軽減される．
・橋台く体と，セメント安定処理アプローチブロックが一体化しているため，橋台く体の安定性が飛躍的に向上し，く体断面や基礎がスリムになる．
・アプローチブロックや盛土を橋台く体に先行して構築するため，ジオテキスタイルのく体連結部への応力集中など，地盤や盛土の変形に伴う諸問題を回避できる．
・従来の補強土壁（RRR）工法[9),10)]の延長上で構築することができるため，新しい構造形式であるにも関わらず，施工や補強メカニズムが実務者に理解されやすい．

付属図 14.7 に本橋台に対する振動試験結果[5)]の一例を示す．この実験結果から，正弦波 1000 gal の加振に対してもほとんど変形することはなく，同条件で行った無対策橋台（350 gal で破壊）や従来対策工であるアプローチブロック工（450 gal で破壊）と比較すると，提案した橋台の耐震性は極めて高いことが確かめられた．

(a) セメント改良補強土橋台　　　　(b) アプローチブロック工

付属図 14.7　模型振動実験による耐震性の検証

3. セメント改良補強土橋台の設計法

3.1 設計モデルの提案

鉄道における橋台は，性能照査型設計法によって耐震設計[11)]が行われている．そこで，セメント改良補

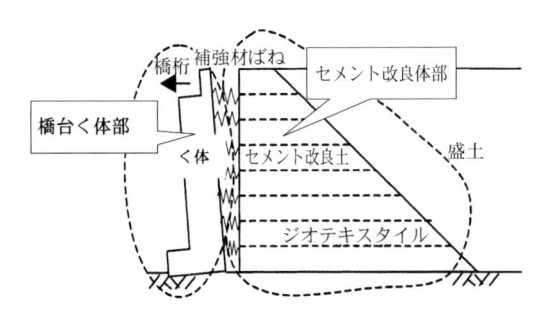

付属図 14.8 設計モデルの説明図

強土橋台についても，同様の方法による耐震設計法の提案[12]を行った．ここでは，橋台く体における静的非線形解析（Push-Over 解析）のモデル化，およびセメント改良体部の耐震設計の考え方を示す．

付属図 14.8 に，本橋台の耐震設計モデルを示す．本構造は背面のセメント安定処理アプローチブロックと橋台が補強材ばねによって接合された複合構造物である．そこで設計にあたっては，「橋台く体部」と「セメント改良体部」に分けてモデル化することとした．

付属表 14.1 は各部材に要求される耐震性能を示す．L1地震動に対してはすべての部材が無損傷であることとした．L2地震動に対しては，RC部材の応答値が非線形領域に入ることは許容するが，最大耐力以内に留まるものとした．また，セメント改良体部についてはせん断クラックが生じることを許容することとした．これは，振動実験[5]でも1000 gal を超えた加振に対してはセメント改良体部に多少のせん断クラックが認められたが，構造系全体の損傷には至らなかったことによる．しかし，その際にはセメント改良土の残留強度を用いて，損傷したセメント改良体がニューマーク法によって算出される地震時残留変形が許容値以内であることを照査することとした．

付属表 14.1 セメント改良補強土橋台の耐震性能

部位		地震動	L1地震動	L2地震動
橋台く体（RC）		安定	弾性範囲内	塑性率の制限値以内
		部材	弾性範囲内	最大耐力以内
補強材			設計破断強度以内	上部1/3の最大引張力を許容
セメント改良アプローチブロック		変形	—	許容変形量以内
		部材	許容応力度以内	せん断クラック許容

3.2 橋台く体部の設計

付属図 14.9 は，橋台く体部に対する地震時作用力と抵抗力との関係を示す．作用力としては，橋台く体や桁の自重および地震慣性力，ならびに列車荷重を考慮する．しかしながら，振動実験で得られた知見から，セメント改良体部の安定を照査することを前提に背面盛土の地震時主働土圧は作用させないこととした．

付属図 14.10 は，橋台く体部の設計モデルを示す．橋台く体は棒部材，基礎地盤は回転ばねおよび水平ばね，補強材は水平ばねでモデル化した．また，橋台く体の非線形性は M-ϕ モデル，補強材ばねおよび基礎地盤ばねは，それぞれバイリニアおよびトリリニアモデルとした．このモデルに対して，荷重増分法によって静的非線形（Push-Over）解析を実施し，解析の結果得られる荷重〜変位関係からエネルギー一定則により応答値を算定し，鉄筋コンクリート部材の破壊モードや損傷レベル，塑性率による基礎の安定レベルを耐震標準[11]に準拠して照査することとした．

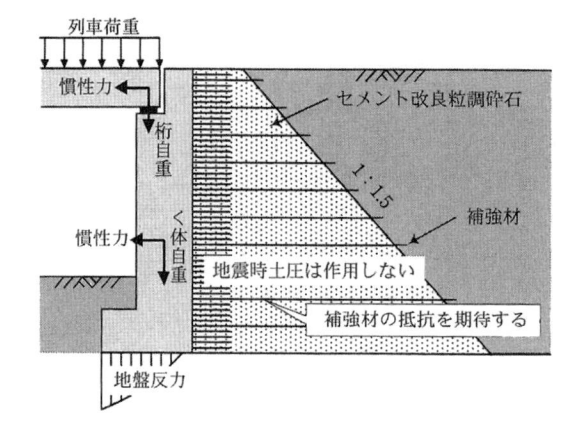

付属図 14.9　橋台く体部に対する地震時作用力

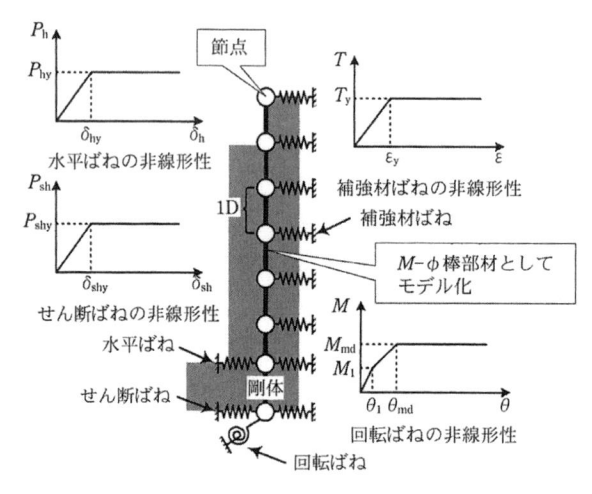

付属図 14.10　橋台く体部の設計モデル

3.3　セメント改良体部の設計

付属図 14.11 にセメント改良体部の地震時作用力と抵抗力との関係を示す．作用力としては，橋台く体部の Push-Over 解析により求めた補強材ばね反力，セメント改良体および背面盛土の自重ならびに地震慣性力，上載荷重（軌道＋列車），背面盛土の地震時主働土圧（修正物部・岡部法[13]）を考慮する．ここで地震

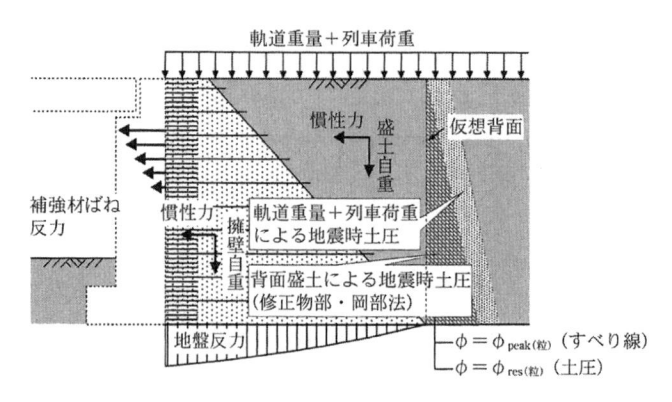

付属図 14.11　セメント改良体部に対する地震時作用

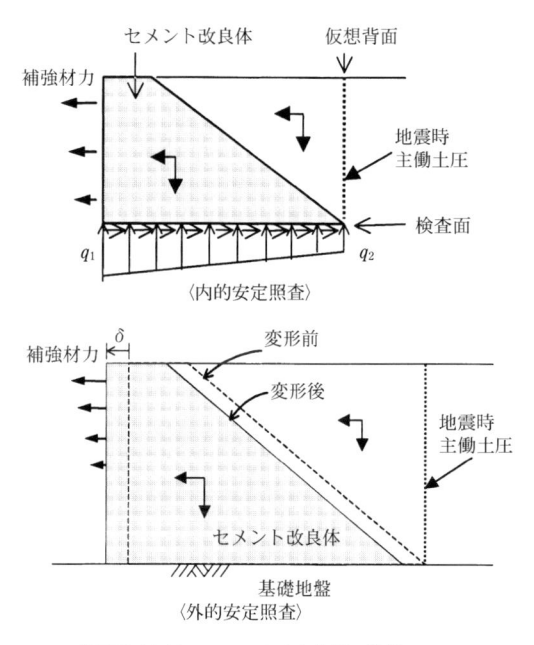

付属図 14.12 セメント改良体部の設計モデル

時主働土圧は，背面盛土の残留強度を用いて算出し，セメント改良体のり尻に鉛直な仮想背面を想定して算定することにした．

付属図14.12は，提案したセメント改良体部に対する設計モデルを示す．セメント改良体部における施工時の検討は，セメントが固まらない場合を想定し，未固結の粒度調整砕石の強度定数を用いて土構造標準[4]に示されている補強盛土として安定計算を行い，補強材（ジオテキスタイル）の配置を定める．完成時に対しては，固結したセメント改良体部を重力式擁壁と仮定し，L1地震動に対しては発生（引張り，圧縮，せん断）断面力が設計耐力以内で，かつブロック体全体が安定であることを照査する．L2地震動に対しては，改良体の断面力が設計耐力を超えることを許容しているため，その際には降伏前まではセメント改良土のピーク強度を，降伏後は残留強度を用いてニューマーク法により滑動変形量を算出し，許容変形量以内であることを照査することとした．なお，外的安定照査で安定が得られない場合にも同様にニューマーク法によって変形量を照査することとした．なお，設計の詳細は文献16）による．

4. セメント改良補強土橋台の現場試験

4.1 現場概要

セメント改良補強土橋台の地震時耐力の把握を目的として，実橋台を構築し，水平載荷試験を実施した[14]．

付属図14.13に，本橋台と従来橋台の設計断面の比較を示す．従来形式の橋台は，く体および基礎により桁水平力と地震時土圧に抵抗する構造である．これに対しセメント改良補強土橋台は，背面のセメント改良アプローチブロックがジオテキスタイルによって一体化され十分に安定しているために地震時土圧が作用しない．そればかりか逆に，桁や橋台く体の地震時慣性力をセメント改良アプローチブロックが支える構造となる．

セメント改良補強土橋台の断面は，提案した設計法に基づいて設計されたものであるが，フーチングや

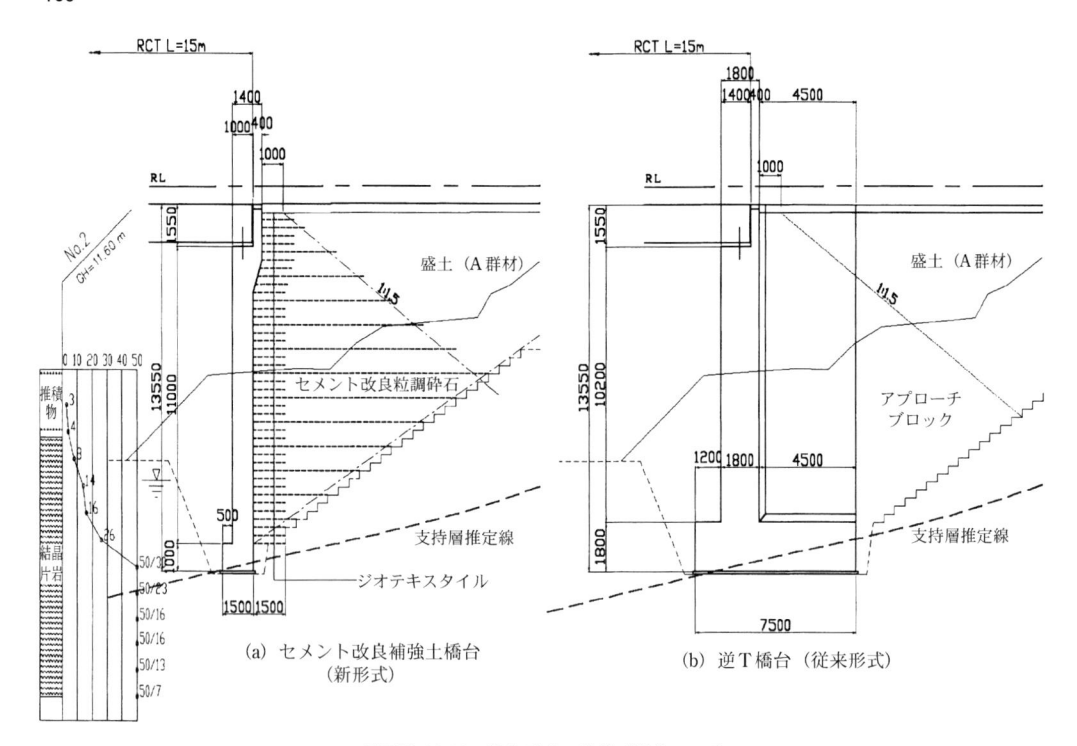

付属図 14.13 橋台形式の比較（単位：mm）

橋台く体断面が大幅に縮減される．

4.2 水平載荷試験

付属図 14.14 に，本橋台を用いて行った載荷装置と計測機器の概要を示す．主な計測箇所は PC 鋼棒の張力，橋台・橋脚の変位，フーチング底面反力(土圧)，路盤沈下量，セメント改良体と橋台の連結箇所および改良体内に敷設した補強材に発生するひずみ等である．橋台の水平載荷を行う上での反力は対面する橋脚としたが，事前の検討で橋脚1基では反力不足が予想されたため，橋脚2基に内切梁と PC 鋼棒を設置

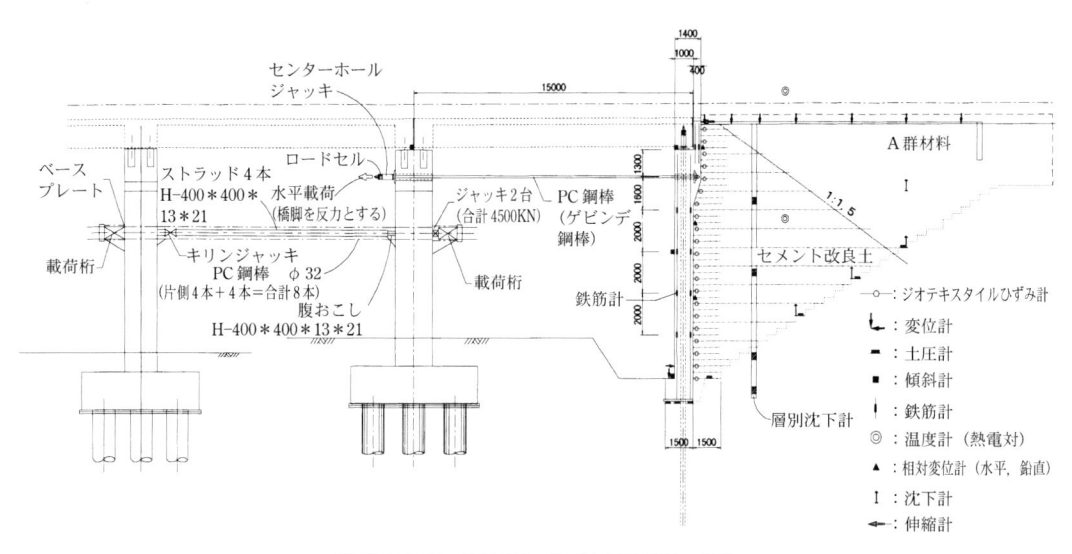

付属図 14.14 載荷試験の概要と計測機器の配置

し，ジャッキで締め付けて連結した．この状態でPC鋼棒により相互に水平方向に引き合った．なお，実際には桁が設置された状態となるため，橋台上部には設計荷重の半分程度の鉛直荷重(1200 kN)を一定荷重として作用させた．

載荷試験の最大鉛直荷重および最大水平荷重は，L2地震時における設計荷重を目標にした．具体的には，支承部に作用する水平荷重および橋台く体に作用する地震時慣性力による作用モーメントの合計と等価なモーメントを与える水平載荷荷重（約4000 kN）を計画載荷荷重とした．この計画載荷荷重は，実構造物を用いて実施したため，試験後に実構造物に極端な残留変形が残らない範囲で定めたものである．このため，最終的な破壊耐力を確認するには至っていない．

付属図14.15 に耐震性橋台ならびに2基連結した反力橋脚の水平荷重・水平変位載荷履歴曲線を，**付属図14.16** に載荷試験時の変形図を示す．これらより以下のことが確認された．

①耐震性橋台の載荷時の水平変位量は，反力橋脚の半分程度であることから，耐震性橋台の水平剛性は，橋脚1基に対して4倍程度高いといえる．

②計画載荷荷重(4000 kN：L2地震時相当の荷重)に対して，橋台く体の残留変形量は10 mm程度とわ

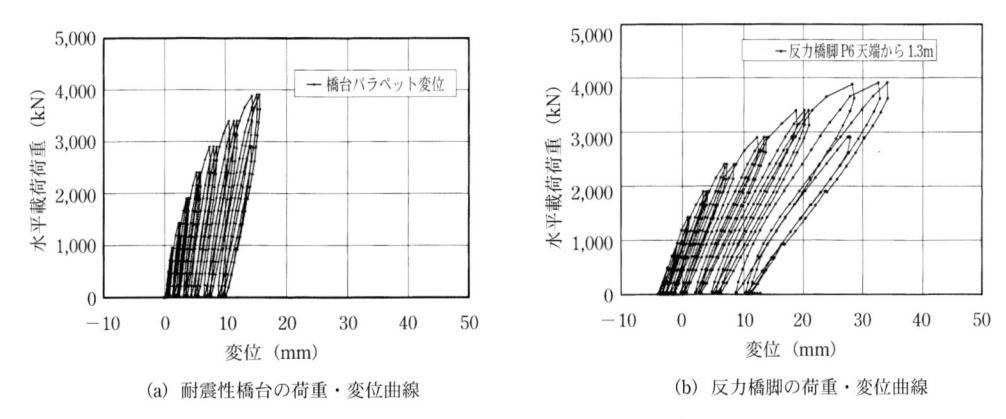

(a) 耐震性橋台の荷重・変位曲線　　　　　(b) 反力橋脚の荷重・変位曲線

付属図 14.15 水平載荷荷重・水平変位関係

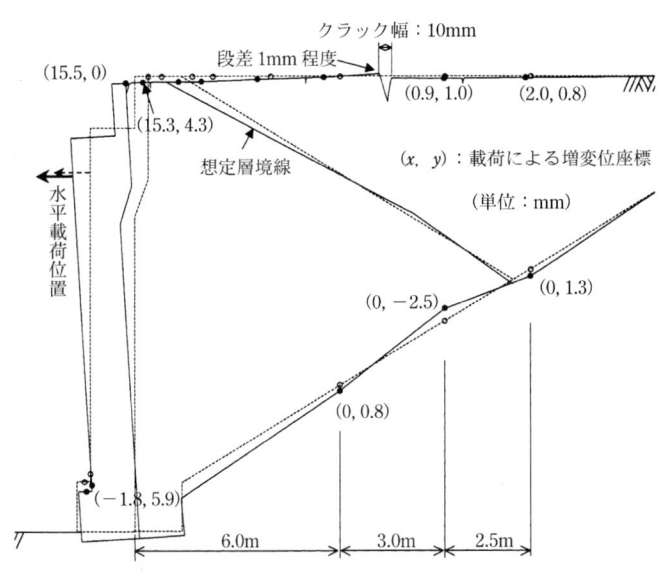

付属図 14.16 載荷試験時の変形図

ずかであり，耐震性橋台は十分な耐震性能を有すると考えられる．

③計画載荷荷重時における履歴曲線からみて，耐震性橋台の変形の累積は小さく，降伏に至っていないと考えられる．一方，反力橋脚の計画載荷荷重時の3回の繰り返し載荷による変形の累積が大きくなっている．そのため載荷を終了した．

④載荷試験中の橋台く体と背面のセメント改良アプローチブロックの一体性が確認できた．

5. 有限差分法によるセメント改良補強土橋台の動的解析

背面地盤を含むセメント改良補強土橋台全体系のL2地震動による動的な挙動を把握することを目的として，水平載荷試験結果の逆解析で同定した解析パラメーターを用いて，有限差分法による動的解析を実施した．付属図14.17に，本解析で用いた有限要素メッシュと境界条件を示す．要素数は約3500，静的解析時の境界条件は支持地盤下面をY方向固定，盛土背面および前面地盤をX軸方向固定とし，動的解析の際は自由境界とした．また，設計地震動は，支持地盤が$N \geqq 50$の砂礫地盤であることから，L2地震動を想定した耐震標準[11]によるスペクトルⅡ，G1地盤用の設計地震動を入力した．

付属図14.18に基盤面に対するパラペット天端および壁中央部の相対変位の時刻歴波形を示す．同図から，パラペット天端および壁中央部の最大応答変位は，それぞれ93mmおよび53mmであるが，残留変位はそれぞれ17mmおよび7mmと非常に小さく，L2地震動に対してもセメント改良補強土橋台は弾性的な挙動を示すものと思われる．また，壁中央部よりパラペット天端の変位が大きいことから，転倒モー

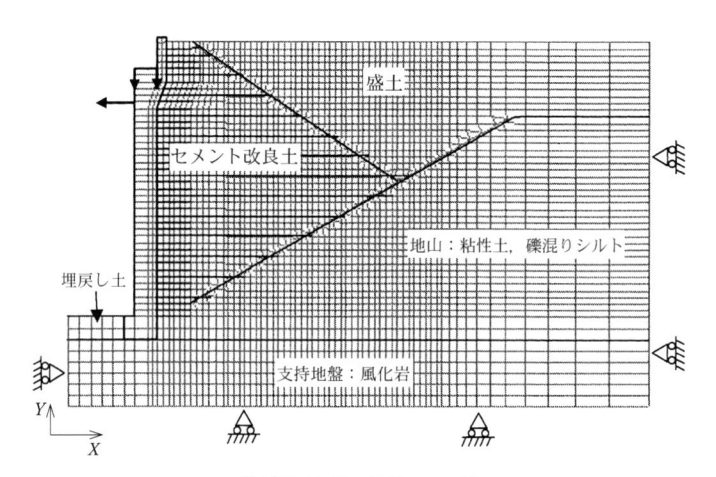

付属図 14.17 解析モデル図

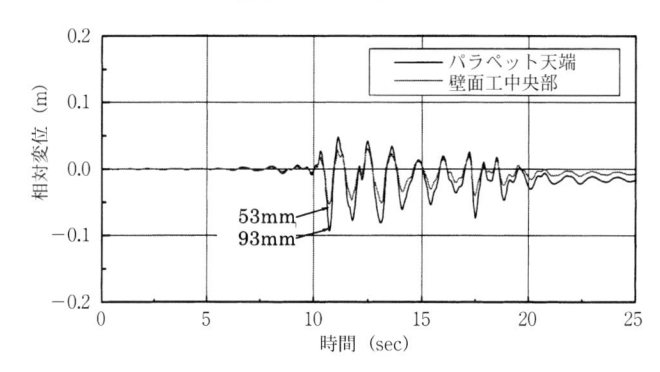

付属図 14.18 橋台く体の相対変位

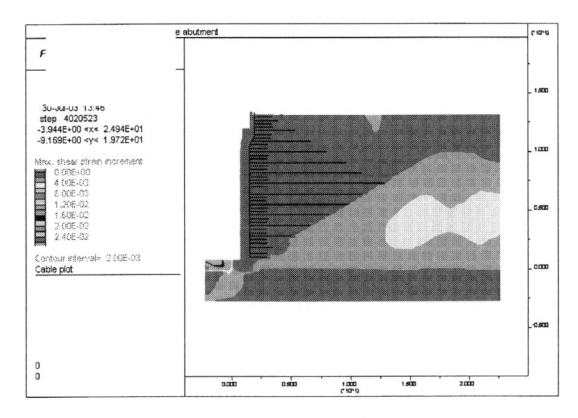

付属図 14.19 最大せん断ひずみコンター図

ドの変形であると判断できる．

付属図 14.19 にパラペット天端での最大応答加速度時の最大せん断ひずみコンター図を示す．パラペット天端が最大応答加速度を示した時には，せん断ひずみはセメント改良土と粘性土地盤の境界に沿って粘性土地盤内で発達しているのが分かる．また，セメント改良土内にはせん断ひずみはほとんど発生しておらず，高い耐震性が示された．

6．まとめ

セメント改良補強土を用いた耐震性橋台を開発し，その耐震性能を実験および解析により確認した．本検討で得られた結果を以下にまとめる．

①地震時の橋台背面沈下（盛土の揺り込み沈下および橋台の変形に伴う段差）の抜本的対策工として，耐震性（セメント改良補強土）橋台を開発した．
②耐震性橋台に関する耐震設計法を提案し，実構造物に適用した．
③実橋台の水平載荷試験により，耐震性橋台はＬ２地震動に対しても十分な耐震性能を有していることを確認した．
④有限差分法による動的解析結果から，Ｌ２地震動に対しても耐震性橋台の挙動は弾性的であり，地震後の残留変形も非常に小さいことを確認した．

参考文献

1) 鉄道総合技術研究所：兵庫県南部地震鉄道被害調査報告書, 鉄道総研報告, 特別第 4 号, pp. 89-90, 1996.4.
2) 日本国有鉄道：土構造物の設計施工指針, pp. 133-134, 1967.12.
3) 日本国有鉄道：建造物設計標準解説　土構造物, pp. 89-92, 1978.11.
4) 鉄道総合技術研究所：鉄道構造物等設計標準・同解説　土構造物, 丸善, 1992.10.
5) 渡辺健治, 舘山勝, 青木一二三, 米澤豊司：セメント改良アプローチブロックを有する耐震性橋台に関する模型振動実験, 鉄道総研報告, Vol. 16, No. 3, 2002.3.
6) Watanabe, K., Tateyama, M., Yonezawa, T., Aoki, H., Tatsuoka, F. & Koseki, J.: Shaking table tests on a new type bridge abutment with geogrid-reinforced cement treated backfill, Proc. of the 7 th International Conference on Geosynthetics, Vol. 1, pp. 119-122, Nice, 2002.9.
7) 舘山勝, 青木一二三, 米澤豊司：セメント改良補強土橋台の開発, 土木技術, 57 巻 2 号, 2001.2.
8) Aoki, H., Watanabe, K., Tateyama, M. & Yonezawa, T.: Shaking Table Tests on Earthquake Resistant Bridge Abutment, Proc. of the 12 th Asian Regional Conference on Soil Mechanics and Geotechnical Engineering, Singapore, 2003.

9) 内村太郎, 龍岡文夫, 舘山勝：PL/PS工法の新しい展開, 土木技術, 57巻2号, 2001.2.
10) 龍岡文夫, 舘山勝：ジオテキスタイル補強土擁壁, 基礎工, 1995.11.
11) 鉄道総合技術研究所：鉄道構造物等設計標準・同解説 耐震設計, 丸善, 1999.10.
12) 山田幸弘・舘山勝・青木一二三・米澤豊司・北野陽堂・矢崎澄雄：セメント改良補強土橋台の設計法の検討, 第56回土木学会年次学術講演会, 2001.9.
13) 舘山勝, 小島謙一, 澤田亮, 堀井克己：大地震時に対応した新しい地震時土圧, 鉄道総研報告, Vol.14, No.1, 2000.1.
14) 青木一二三, 米澤豊司, 渡邊修, 舘山勝, 龍岡文夫：ジオテキスタイルを用いたセメント改良補強土橋台の現地載荷試験結果, 第18回ジオシンセティックスシンポジウム, 2003.12.
15) Itasca Consulting Group：FLAC-Fast Lagrangian Analysis of Continua. User's Manual, 1995.
16) 鉄道建設・運輸施設整備支援機構：セメント改良補強土橋台 設計・施工指針（案）, 2004.2.

付属資料15 締結装置の強度と変形（直結8形レール締結装置）

1. はじめに

地震時の走行安全性からみた角折れ・目違いに対する横圧の限界値として，「鉄道構造物等設計標準・同解説（耐震設計）」では締結装置の耐力を勘案し 98 kN という値を用いているが，この限界値は一般に使用されている締結装置の実強度に対して比較的安全側に定められたものである．

本資料では，著大な横圧作用に対する締結装置の強度と変形特性について，スラブ軌道に使用される直結8形レール締結装置を用いて実験により確認した結果を示す．

2. 試験方法

付属図 15.1 および付属図 15.2 に示すように，試験軌きょうは，スラブ上に直結8形レール締結装置を8組取り付け，60 kg レールを敷設したものとした．

載荷方法は，付属図 15.1 に示すように，レール締結装置の直上または締結装置の中間のレール頭部に載荷用治具を取り付け，これと反力架台（H型鋼をボルトでスラブ上に固定）との間にジャッキを挿入して，

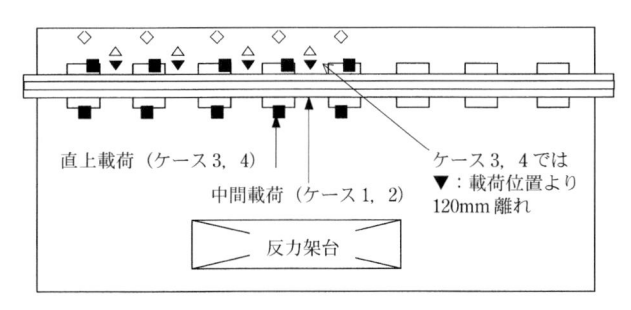

付属図 15.1 載荷位置および測定位置

付属図 15.2 試験状況

水平荷重（最大 200 kN）を加える方法とした．測定項目を**付属表 15.1** に，測定位置を**付属図 15.1** に示す．

試験ケースは，**付属表 15.2** に示すように，載荷位置およびタイプレート固定用の締結ボルトの緊締トルクを変えた4ケースとした．緊締トルクとしては，標準の 350 N·m とボルト軸力が低下した場合を想定した 210 N·m の2通りを設定した．

付属表 15.1　測定項目

測定項目		符号	測点数	測定位置
水平荷重		●	1	載荷位置
タイプレート変位		◇	5	タイプレート5箇所
レール小返り変位	頭部	△	4	締結装置間の中間
	底部	▼	4	締結装置の直上
六角ボルト軸力		■	10	タイプレート5枚分

注）測定位置は**付属図 15.1** に示す．

付属表 15.2　試験ケース

試験ケース	載荷条件	緊締トルク (N·m)	ボルト軸力 (kN)
1	締結中間	350	(80)
2	締結中間	210	(48)
3	締結直上	350	(80)
4	締結直上	210	(48)

注）ボルト軸力は，目標値である．

3. 試験結果

各ケースの載荷位置における荷重とレール頭部変位の関係および最大荷重時のレール頭部変位の分布を**付属図 15.3** に示す．また，試験結果をまとめて**付属表 15.3** に示す．表中の各変位量は，載荷位置もしくは載荷位置直近の測定位置における最大荷重時の値である．

試験を行った4ケースの中でレール頭部変位が最大となるケース2の場合，載荷位置におけるその最大

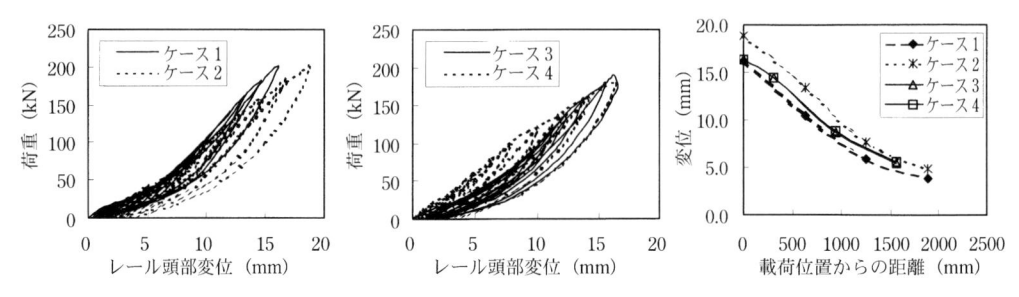

付属図 15.3　レール頭部変位と最大荷重時の頭部変位の分布

付属表 15.3　最大荷重時の各部の最大変位およびタイプレートの滑り出し荷重

ケース	最大荷重 (kN)	最大変位 (mm)			タイプレートの滑り出し荷重 (kN)
		レール頭部	レール底部	タイプレート	
1	200.3	16.1	3.5	1.0	151.4
2	200.0	18.8	5.0	3.4	40.5
3	190.0	16.3	4.1	1.3	131.2
4	180.0	16.4	4.7	2.6	80.0

付属資料15　締結装置の強度と変形（直結8形レール締結装置）　175

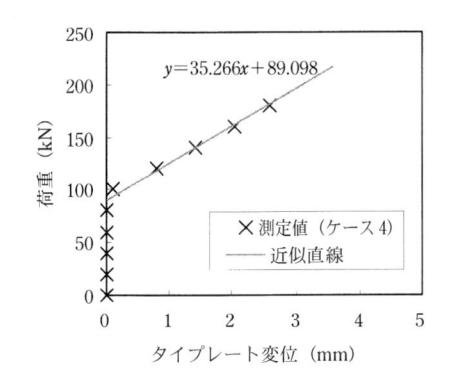

付属図 15.4　載荷位置におけるタイプレート変位

変位は 18.8 mm，そのときのタイプレート変位は 3.4 mm となった．また，タイプレートの滑り出し荷重は 40.5 kN であった．これらは，過去の知見[2]からみて，タイプレートを2本のボルトで締結した構造で締結ボルトの軸力が60%程度に低下した場合の横圧抵抗値 45 kN とほぼ一致する結果となった．

また，すべてのケースにおいて，水平荷重 200 kN までの載荷では締結ばねおよび締結ボルト等の部材に破壊は生じなかった．

付属図 15.4 に，緊締トルクを下げたケース4の載荷位置における荷重とタイプレート変位の関係を示す．タイプレートの締結孔はレールの左右調節のため，タイプレートが±10 mm 移動出来るように設計されているが，載荷荷重 200 kN の範囲ではタイプレート変位が調整限界まで至っていないことがわかる．

この結果から，従来横圧の限度値として 98 kN が用いられてきたが，緊締トルクが十分でない場合でも，少なくとも 200 kN の横圧に対して締結装置の健全性が保たれると考えられる．

4. まとめ

著大な横圧作用に対する締結装置の強度と変形特性について把握するために，スラブ軌道に使用される直結8形レール締結装置を用いた実験を行った．その結果，次のようなことが得られた．

- 試験条件の最も厳しいケース（載荷位置が締結間隔中央でかつボルト軸力を標準の60%に低減した場合）における最大荷重時のレール頭部変位は 18.8 mm であり，このときのタイプレート変位は 3.4 mm であった．このタイプレート変位は，レールの左右調節代である±10 mm 以内に収まっている．
- 水平荷重 200 kN の範囲では，スラブおよび締結装置の健全性が十分に保たれることが確認された．この状態は，軌道の損傷レベル1を満足するものであると考えられる．

参考文献

1) 長藤敬晴他：レール締結装置の機能向上，鉄道総研報告，Vol. 6, No. 11, 1992.11.
2) 梅田静也他：弾性まくらぎ直結軌道（B形）用締結装置の設計試験，鉄道技術研究所速報，No. A-85-38, 1985.3.

付属資料16　車両の軌道からの逸脱防止対策等の例

大きな地震動により車両が脱線した後の被害低減のための工夫として，車両の軌道からの逸脱を防ぐ対策方法が考えられる．

逸脱防止対策については，新潟県中越地震における新幹線脱線後の挙動などを踏まえて，現在，種々のものが開発されている．

ここでは，地上側および車両側の対策の例を示す．**付属図16.1**は，軌きょう内に設置するもので，逸脱防止ガードと呼ばれるものである．また**付属図16.2**は，車両の軸箱下面などに設置するもので，車両ガイドと呼ばれるものである．

さらに，これらの逸脱防止対策のほかに，脱線の危険性を低減させる工夫のひとつとして脱線防止ガード構造の検討も行われている．

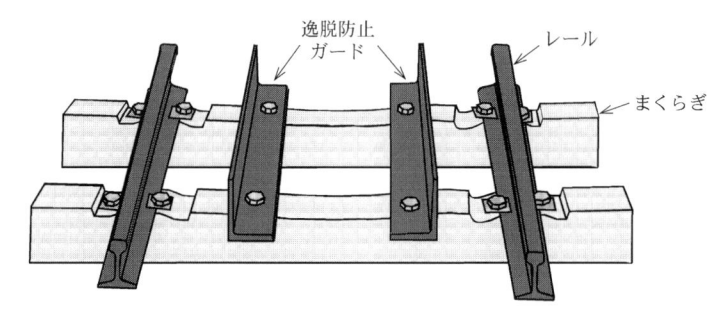

(a) バラスト軌道の場合

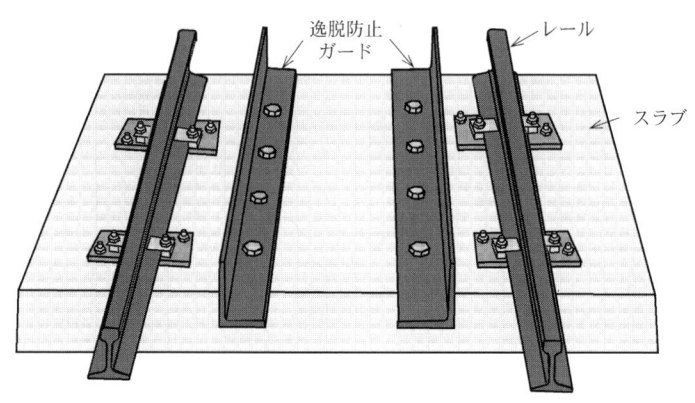

(b) スラブ軌道の場合

付属図 16.1 逸脱防止ガードの例

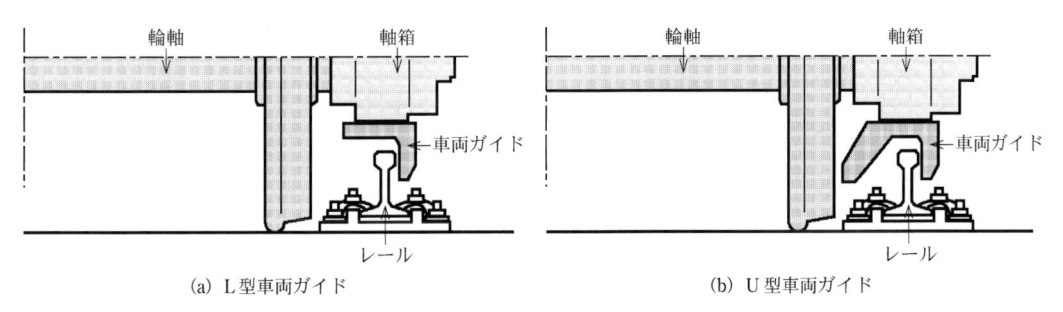

付属資料 16　車両の軌道からの逸脱防止対策等の例　　177

(a) L型車両ガイド　　(b) U型車両ガイド

付属図 16.2　車両ガイドの例

平成 18 年 2 月
鉄道構造物等設計標準・同解説──変位制限

平成 18 年 2 月 20 日　発　　　行
令和 7 年 4 月 20 日　第 7 刷発行

編　者　　公益財団法人　鉄道総合技術研究所

発行者　　池　田　和　博

発行所　　丸善出版株式会社
　　　　　〒101-0051　東京都千代田区神田神保町二丁目17番
　　　　　編集：電話 (03) 3512-3266／FAX (03) 3512-3272
　　　　　営業：電話 (03) 3512-3256／FAX (03) 3512-3270
　　　　　https://www.maruzen-publishing.co.jp

© 公益財団法人　鉄道総合技術研究所，2006

組版／中央印刷株式会社
印刷・製本／大日本印刷株式会社

ISBN 978-4-621-08127-3 C3351　　　　Printed in Japan

本書の無断複写は著作権法上での例外を除き禁じられています．